Ralph Weißel · Franz Schubert

Digitale Schaltungstechnik

Mit 245 Abbildungen

Springer-Verlag Berlin Heidelberg NewYork
London Paris Tokyo Hong Kong 1990

Prof. Dr.-Ing. Ralph Weißel
Prof. Dr.-Ing. Franz Schubert
Fachhochschule Hamburg
Fachbereich Elektrotechnik
Berliner Tor 3
2000 Hamburg 1

ISBN 3-540-52418-5 Springer-Verlag Berlin Heidelberg NewYork
ISBN 0-487-52418-5 Springer-Verlag NewYork Berlin Heidelberg

CIP-Titelaufnahme der Deutschen Bibliothek
Weissel, Ralph:
Digitale Schaltungstechnik / Ralph Weissel ; Franz Schubert. –
Berlin ; Heidelberg ; NewYork ; London ; Paris ; Tokyo ; HongKong : Springer, 1990
ISBN 3-540-52418-5 (Berlin ...)
ISBN 0-387-52418-5 (NewYork ...)
NE: Schubert, Franz:

Druck: Color-Druck Dorfi GmbH, Berlin; Bindearbeiten: Lüderitz & Bauer, Berlin
2068/3020/543210 – Gedruckt auf säurefreiem Papier

Vorwort

Dieses Buch gibt eine Einführung in die digitale Schaltungstechnik. Ausgehend von den Kenngrößen der Impulstechnik (Abschnitt 2), werden die bei digitalen Schaltungen üblichen elektronischen Schalter im Abschnitt 3 beschrieben. Die Abschnitte 4 bis 6 behandeln die Eigenschaften und Entwurfsmethoden für Schaltkreisfamilien, Kippschaltungen und Speicher. Neben den klassischen Netzwerkberechnungsmethoden wird ein Weg der Schaltungssimulation mit SPICE gezeigt. Der Abschnitt 7 zeigt Schaltungsprinzipien für die Umsetzung analoger Signale in digitale und umgekehrt.

Dieses Buch entstand teilweise aus Skripten zur Vorlesung "Digitale Schaltungstechnik", die wir seit 1987/88 an der Fachhochschule Hamburg halten.

Das Buch soll sowohl Studenten der Elektrotechnik, der Informatik und der angewandten Physik von Universitäten und Fachhochschulen als auch Entwicklern in der Industrie helfen, digitale Schaltungen zu verstehen und zu entwerfen.

Die Autoren bedanken sich bei den Kollegen Prof. Dr.-Ing. Bruno Giesl, Prof. Dr.-Ing. Peter Pernards und Prof. Dr.-Ing. Ulrich Vogelsang für viele Anregungen, die wir aus Gesprächen und schriftlichen Unterlagen entnommen haben.

Hamburg, im Februar 1990

Ralph Weißel

Franz Schubert

Inhaltsverzeichnis

1 Einleitung

1.1 Digitale Schaltungen

In der digitalen Schaltungstechnik werden Methoden zur Analyse und zum Entwurf von elektronischen Schaltungen behandelt. Diese Schaltungen erzeugen und verarbeiten digitale Signale oder setzen analoge Signale in digitale Signale um oder umgekehrt.
Das logische Verhalten komplexer Schaltungen mit einer schaltalgebraischen Beschreibung ist in der digitalen Schaltungstechnik von untergeordneter Bedeutung.
Das physikalische Verhalten von passiven und aktiven Bauelementen bestimmt maßgeblich die Eigenschaften digitaler Schaltungen. Die wichtigsten Bauelemente sind Widerstände, Kapazitäten, Induktivitäten, Dioden, Bipolartransistoren, MOS-Feldeffekttransistoren, gesteuerte Quellen und Operationsverstärker.
Für die Entwicklung von digitalen Schaltungen ist daher das Zusammenwirken aller Bauelemente zu berücksichtigen. Bei integrierten Schaltungen treten durch die geringen Abstände und durch Sperrschichtisolationen parasitäre Effekte auf, die das Verhalten ebenfalls beeinflussen.
Durch die immer komplexeren Schaltungen mit vielen nichtlinearen Bauelementen ist die Berechnung mit einfachen Knoten- und Maschenregeln kaum noch möglich. Schaltungsanalyseprogramme (z.B. SPICE [1.1]) sind daher eine wesentliche Hilfe des Entwicklers.
In der Vergangenheit wurden neue Schaltungen zur Erprobung auf Experimentierplatinen "fliegend" aufgebaut, d.h. gelötet oder über eine Wickeltechnik verdrahtet ("Wire Wrapping"). Das Verhalten wurde an der offenen Schaltung gemessen. Nach einer mehr oder weniger intensiven Fehlersuche und eventuellen Änderungen der berechneten Bauelementwerte wurden gedruckte oder integrierte Schaltungen "von Hand" entworfen.

Diese Methode ist seit Mitte der achtziger Jahre aus Kostengründen und wegen des zu hohen Zeitaufwandes nicht mehr haltbar. Mit der Einführung des "elektronischen Layouts" wurden Entwicklungsmethoden gesucht, die ausschließlich mit einem Rechnersystem ausgeführt werden können. Layout-Programme für die Plazierung von Bauelementen und zur Festlegung von Verbindungsstrombahnen wurden schnell akzeptiert. Die Schaltungen mit allen Bauelementen lassen sich bei vielen Systemen schematisch eingeben. Durch die bequeme Eingabe sind bei komfortablen Systemen die Voraussetzungen für die Ausführung einer Schaltungssimulation erfüllt. Mit Hilfe eines "elektronischen Laborplatzes" ("Analog Workbench") läßt sich die komplette Schaltungsentwicklung simulieren, so daß ein Experimentieraufbau entfallen kann.

1.2 Analoge und digitale Signale

Eine analoge Größe kann innerhalb eines betrachteten Bereiches (Intervalles) unendlich viele Zustände annehmen. Bei analogen Signalen mit der physikalischen Darstellung z.B. als Strom oder Spannung bilden die Signalparameter analoge Nachrichten und Daten kontinuierlich ab. Analoge Signale sind daher wertkontinuierlich und zeitkontinuierlich.

Tastet man analoge Signale ab (z.B. mit einer Abtast/Halte-Schaltung), so sind die Signale weiterhin wertkontinuierlich, aber zeitdiskret.

Digitale Größen können innerhalb eines gegebenen Intervalles nur eine endliche Anzahl von Zuständen annehmen.
Die Signalparameter von digitalen Signalen stellen Nachrichten oder Daten dar, die nur aus Zeichen bestehen.
Ein Zeichen ist aus der Sicht der Informationstheorie ein Symbol zur Darstellung von Informationen aus einer endlichen Menge von definierten Zeichen (= Zeichenvorrat).

Nachrichten und Daten stellen kontinuierliche Funktionen oder Zeichen dar zum Zwecke der Weitergabe bzw. der Informationsverarbeitung.

Digitale Signale sind zeitdiskret. Wegen des endlichen Wertebereiches sind sie auch wertdiskret. Durch eine Quantisierung lassen sich zeitdiskrete analoge Signale mit Hilfe der Analog/Digital-Umsetzung in digitale Signale umformen.

Die wichtigste Gruppe der digitalen Signale sind die binären Signale, die nur zwei Zustände annehmen können. Die Zustände werden mit "0" und "1" gekennzeichnet. Jeder Zustand ist bestimmten Pegelbereichen zugeordnet. Der Pegelbereich mit positiveren Spannungswerten heißt HIGH, der mit den negativeren Werten LOW. Man spricht auch vom H-Pegel und vom L-Pegel.
Bei einer Zuordnung 0 = L und 1 = H spricht man von "positiver Logik" und für 0 = H und 1 = L von "negativer Logik". Die Zuordnung zur positiven Logik ist heute üblich.
Die erlaubten Pegelbereiche an den Eingängen von TTL- und CMOS-Logikschaltungen liegen zwischen U_{IL} = 0 V und 0,8 V für LOW und U_{IH} = 2,0 V und 5,0 V für HIGH bei einer Betriebsspannung von U_{CC} = 5,0 V.
Bei dynamischen Schaltungen werden Vorgänge auch durch Flanken ausgelöst ("Edge Triggering"). Mit einer Flanke wird der Übergang von LOW nach HIGH (= positive Flanke) und von HIGH nach LOW (= negative Flanke) bezeichnet.

Durch binäre Signale lassen sich numerische und alphanumerische Informationen über ein festgelegtes Zuordnungsschema kodieren.
Diese Kodierung ist bei alphanumerischen Informationen durch Normung festgelegt. Ein Beispiel ist der ASCII-Kode ("American Standard Code for Information Interchange"), der weltweit verbreitet ist.
Numerische Kodierungen lassen sich nach dem Stellenwert vornehmen ("polyadischer Kode"). Der numerische Wert W wird als Zahl bezeichnet und enthält

$$n = B^N = 2^N$$

verschiedene Zahlen der Basis B = 2 (Binärsystem) von 0 bis $2^N - 1$.

Ausgehend von der Wertigkeit der J-ten Stellen Z_J (= "Binary Digit" = "Bit") folgt

$$W = Z_{N-1} \cdot 2^{N-1} + Z_{N-2} \cdot 2^{N-2} + \ldots + Z_J \cdot 2^J + \ldots + Z_1 \cdot 2^1 + Z_0 \cdot 2^0$$

Z_J = 0 oder 1 von J = 0 bis N-1.
Eine Folge von N zusammenhängenden Stellen als Einheit bezeichnet man als "Wort" mit der Wortbreite (oder -länge) N.

Bei großen Zahlen entstehen sehr große Wortbreiten. Bei der schriftlichen Darstellung können sich leicht Fehler einschleichen. Aus diesem Grunde werden Zahlen auch in Sedezimalform (= Hexadeximalform) zur Basis B = 16 angegeben. Die Stellenwertigkeiten liegen zwischen 0 bis 9 und A bis F. Die Buchstaben A bis F stehen für die sonst zweistelligen Dezimalzahlen 10 bis 15.

Datenworte können in paralleler Form oder in serieller Form übertragen und verarbeitet werden.
Die Übertragung von parallelen Datenworten ist sehr schnell und dauert nur eine Taktimpulsbreite. Es werden aber N Datenleitungen benötigt.
Für die Übertragung serieller Daten benötigt man nur eine Leitung, die Übertragungsdauer beträgt jedoch N Taktimpulse.

Die Verarbeitung von parallelen Daten ist sehr viel schneller als bei seriellen Daten. Der Schaltungsaufwand ist bei der parallelen Datenverarbeitung im allgemeinen niedriger.

Die Umsetzung der Datenbreiten zur Übertragung in paralleler oder serieller Form wird durch Multiplexer oder Schieberegister vorgenommen [1.2 und 1.3].

Folgende Datenwortbreiten sind gebräuchlich:

4 Bit = 1 Nibble:	Dezimal- Sedezimalzahlen,
8 Bit = 1 Byte:	alphanumerische Daten, Festkommazahlen niedriger Auflösung,
12 Bit:	Meßinformationen mit Vorzeichen und Betrag,
16 Bit = 1 Word:	allgemeine numerische Daten,
32 Bit = 1 Longword:	numerische Daten hoher Auflösung,
64 Bit:	Daten in Exponentmantissenform (Gleitkommadarstellung).

Werden die Datenworte seriell übertragen, so sind zusätzliche Start- und Stoppbits zur Synchronisation erforderlich.

Für das Erkennen und die Korrektur von Fehlern werden bei der parallelen und seriellen Datenübertragung zusätzliche Bits hinzugefügt. Mit dieser Redundanz lassen sich Fehler erkennen und gegebenenfalls korrigieren.

2 Definitionen und Kenngrößen der Impulstechnik

Digitale Logikschaltungen werden mit Signalen angesteuert, die nur zwei Zustände repräsentieren: die Pegel LOW und HIGH oder die Variablen mit den Werten "0" und "1". Diese Pegel stehen für bestimmte Zeiten an den Eingängen der logischen Schaltung an. Die logische Schaltung verarbeitet die Eingangspegel und liefert an den Ausgängen Pegel, die in einem funktionalen Zusammenhang zu den Eingangspegeln stehen.
Bei einem Schaltnetz stehen die Ausgangsfunktionen nach Ablauf von internen Verzögerungszeiten zur Verfügung. Bei Schaltwerken mit Speicherverhalten wird die zeitliche Vorgeschichte mit in die logischen Verknüpfungen einbezogen.
Da nur zwei Zustände auftreten, stellen sich im Idealfall rechteckimpulsförmige Signalverläufe ein.
Bei vielen Digitalschaltungen läßt sich der Einfluß von Induktivitäten und Kapazitäten nicht vernachlässigen. Diese Energiespeicher führen zu merklichen Verfälschungen der Rechteck-Impulsform. Bei speziellen Schaltungen mit metastabilem Verhalten werden diese Energiespeicher gezielt genutzt. Dies führt zu Impulsen, die dreieckförmige, trapezförmige oder exponentialförmige Anteile besitzen.
In den folgenden Teilabschnitten werden die Kenngrößen von Impulsen und das Impulsverhalten einfacher passiver Zweitore angesprochen. Eine genauere Beschreibung impulstechnischer Vorgänge ist der Literatur [2.1 und 2.2] zu entnehmen.

2.1 Formen und Kenngrößen von Impulsen

In der Norm DIN 5488 wird der elektrische Impuls als Vorgang mit beliebigem zeitlichen Verlauf bezeichnet, dessen Augenblickswerte in bestimmten Zeitabschnitten von null verschieden sind.
Ein Impuls ist somit ein Signal mit stationärem Anfangs- und Endwert. In endlichen Zeitintervallen treten Signaländerungen zwischen diesen Werten auf. Der Impuls wird durch folgende Begriffe charakterisiert:

Anstiegszeit ("rise time") = T_R,
Abfallzeit ("fall time") = T_F,
Impulsdauer ("duration time") = T_D,

Impulsamplitude (" pulse amplitude")	$= U = U_{MAX} - U_{MIN}$,
Impulsdach ("pulse top")	$= U_{MAX}$,
Impulssohle ("pulse bottom")	$= U_{MIN}$,
Dachschräge ("ramp off")	$= d = U_D / U$ und
Überschwingen ("overshoot")	$= OS = U_{OS} / U$.

Bei periodischen Impulsen sind zusätzlich anzugeben:

Pausendauer ("pause time")	$= T_P$,
Periodendauer ("periode")	$= T = T_D + T_P$,
Frequenz ("repetition frequency")	$= f = 1/T$ und
Tastgrad ("duty cycle")	$= v_T = T_D / T$.

Das Bild 2.1 zeigt einen verfälschten Rechteckimpuls mit Angabe der einzelnen Begriffe.

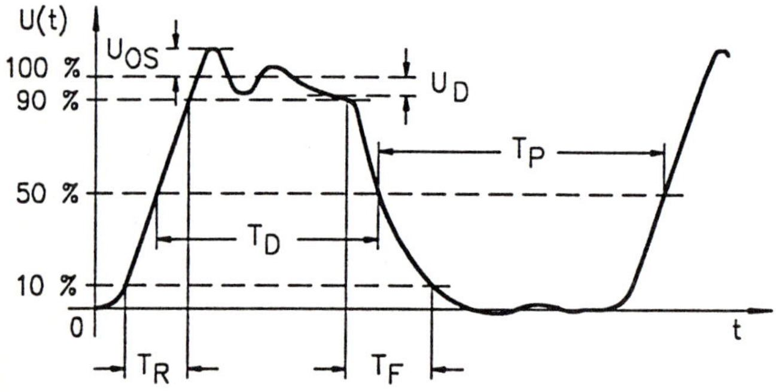

Bild 2.1. Impulsdefinitionen

Die Definition der Dachschräge ist nur bei den Signalen sinnvoll, die einen nahezu linearen Abfall oder Anstieg der Amplitude aufweisen.
Die Anstiegs- und Abfallzeiten werden zwischen den Werten $0{,}1 \cdot (U_{MAX} - U_{MIN})$ und $0{,}9 \cdot (U_{MAX} - U_{MIN})$ gemessen. Die Impuls- und die Pausendauer werden bei $0{,}5 \cdot (U_{MAX} - U_{MIN})$ oder bei der Umschaltschwelle U_S einer Logikschaltung bestimmt (bei TTL ist $U_S = 1{,}5$ V, vergl. mit Abschn. 4.2).
Die Werte von U_{MIN} und U_{MAX} stellen Mittelwerte der Minimal- und Maximalamplituden dar, d.h. die zum Teil kurzzeitig auftretenden Extremwerte durch Über- und Unterschwingen werden hier nicht berücksichtigt.

Rechteckimpulse mit extrem kurzer Impulsdauer bezeichnet man als "Nadelimpulse". Ausgehend von einer Impulsdauer T_D und einer Impulsamplitude U wird ein Impuls definiert, der für eine konstante Impulsfläche $T_D \cdot U$ beim Grenzübergang T_D gegen null eine unendlich hohe Amplitude zeigt. Dieser Impuls heißt "Dirac-Impuls" (Bild 2.2).

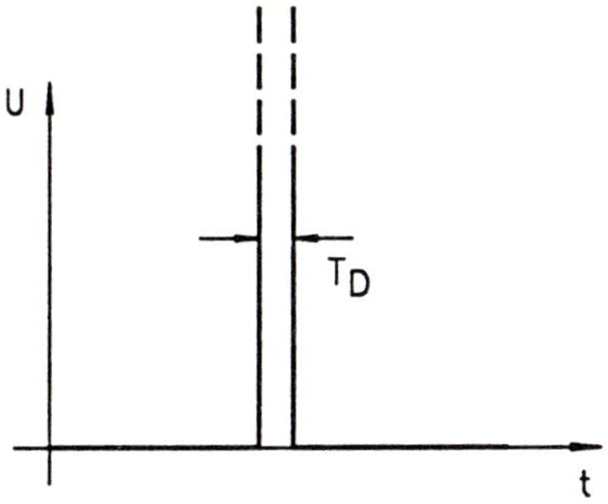

Bild 2.2. Dirac-Impuls

Reale Rechteckimpulse sind in der Praxis immer trapezförmige Impulse mit deutlich sichtbaren Anstiegs- und Abfallzeiten. Die Übergänge von U_{MIN} nach U_{MAX}, d. h. von LOW nach HIGH, oder von HIGH nach LOW werden als "positive" bzw. als "negative Flanken" bezeichnet.
Verkürzt man die Impulsdauer eines trapezförmigen Signales, so entsteht das dreieckförmige Signal, wenn das Impulsdach verschwindet und sich die Flanken berühren. Die Flankensteilheiten beim Impulsanstieg und beim -abfall sind konstant

$$\frac{dU}{dt} = \frac{U}{t} = \text{const.} \qquad (2.1)$$

Die Flankensteilheiten können aber unterschiedlich sein.

Dreieckförmige Impulse können entstehen, wenn man Energiespeicher lädt oder entlädt. Die Spannung an einer Kapazität steigt zeitlinear an, wenn man mit einem Konstantstrom lädt. Dieser Impuls ist dreieckförmig, wenn der Kondensator wieder über einen Konstantstrom entladen wird.

Durch Speichervorgänge bei Kapazitäten und Induktivitäten treten exponentialförmige Impulse auf.

Das Bild 2.3 zeigt diese genannten typischen Impulsformen.

Beim Einsatz elektronischer Schalter können sich wegen nichtlinearer Effekte unterschiedliche Lade- und Entlademechanismen zeigen. So ergibt sich beim Laden eines Kondensators über eine Spannungsquelle mit konstantem Schalterwiderstand ein exponentialfömiger Anstieg, beim Entladen sinkt die Spannung linear, weil der Schalter bei diesem Übergang ein Stromquellenverhalten zeigt. Es sind also alle Mischformen bei Impulsen möglich.

Für die Berechnung von Impulsgrößen werden die charakteristischen Signalgrößen der Signal- und Netzwerktheorie auch auf Impulse angewendet. Es gilt (exemplarisch für die Spannung):

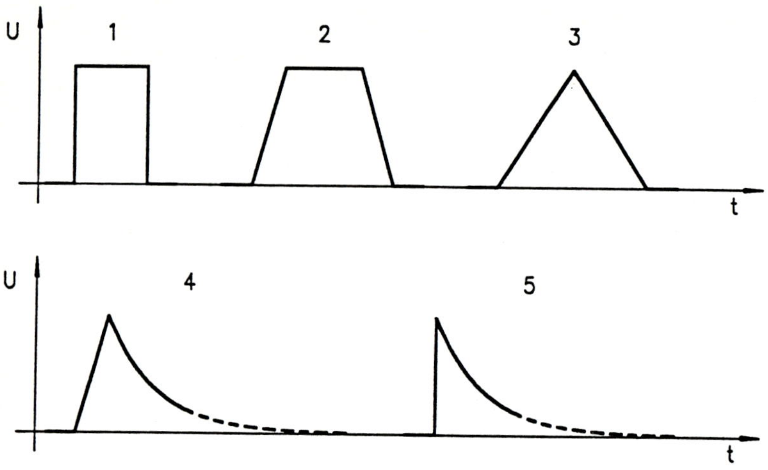

Bild 2.3. Impulsverläufe: Rechteckimpuls (1), Trapezimpuls (2), Dreieckimpuls (3), Impuls mit Dreieckanstieg und Exponentialabfall (4), Rechteckimpuls mit Exponentialabfall (5)

der lineare Mittelwert als Integral der Spannung bezogen auf einen Zeitbereich:

$$\overline{U} = \frac{1}{T} \int_{t_i}^{t_i + T} U(t) \cdot dt, \tag{2.2}$$

der Effektivwert als quadratischer Mittelwert ("RMS" = "Root Mean Square"):

$$U_{RMS} = \sqrt{\frac{1}{T} \int_{-T/2}^{T/2} U^2(t) \cdot dt}\ . \tag{2.3}$$

Der Quotient aus Impulsspitzenwert U_{MAX} und Mittelwert U_{RMS} heißt Scheitelwert oder "Crestfaktor". Es gilt

$$CF = \frac{U_{MAX}}{U_{RMS}}\ . \tag{2.4}$$

2.2 Impulsfunktionen

Für die mathematische Beschreibung eines Rechteckimpulses werden zeitverschobene Einheitssprungfunktionen verwendet.

Der Einheitssprung ist definiert als

$$S\ (t - ts\ ) = \begin{cases} 0 \text{ für } t < ts \\ 1 \text{ für } t \geq ts\ . \end{cases} \qquad (2.5)$$

Durch Überlagerung der zeitverschobenen Einheitssprungfunktionen folgt (Bild 2.4):

$$f\ (t) = U\ (t) = S\ (t - ts\ ) - S\ [\ t - (\ ts + T_D\ )]. \qquad (2.6)$$

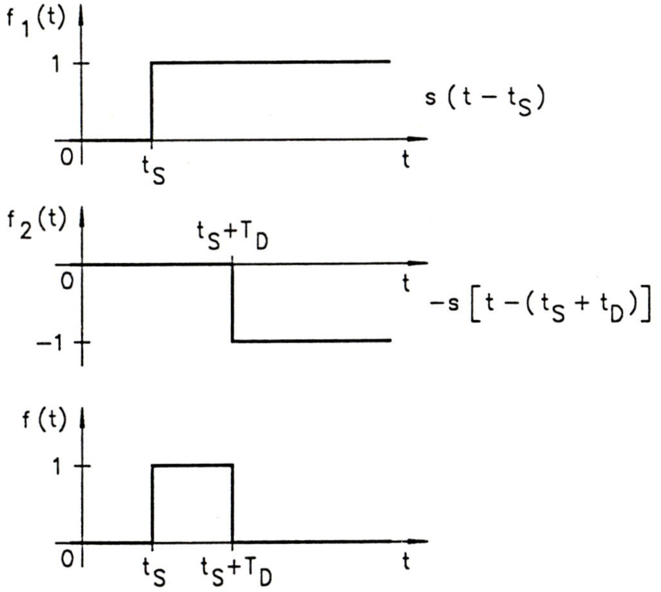

Bild 2.4. Rechteckimpuls zusammengesetzt aus zeitverschobenen Sprungfunktionen

Jede zeitlich veränderliche Funktion f (t) (= Signal) kann nach Fourier einer Frequenzfunktion F (ω), dem sog. "Spektrum", zugeordnet werden (ω ist die Kreisfrequenz = $2 \cdot \pi \cdot f$). Es gilt:

$$f\ (t) = \frac{1}{2 \cdot \pi} \int_{-\infty}^{\infty} F\ (\omega) \cdot \exp\ (\ j\omega \cdot t\ ) \qquad (2.7)$$

und

$$F\ (\omega) = \int_{-\infty}^{\infty} f\ (t) \cdot \exp\ (\ -j\omega \cdot t\ ). \qquad (2.8)$$

Für den in Bild 2.5a gezeigten Rechteckimpuls mit der Impulsamplitude A und der Dauer von - T/2 bis + T/2 ergibt sich F (ω) durch Integration (von $-\infty$ bis $-T/2$, von $-T/2$

bis $+T/2$ und von $+T/2$ bis $+\infty$):

$$F(\omega) = \frac{2 \cdot A \cdot \sin(\omega \cdot T/2)}{\omega} \qquad (2.9a)$$

$$= A \cdot T \cdot \frac{\sin(\omega \cdot T/2)}{(\omega \cdot T/2)} \qquad (2.9b)$$

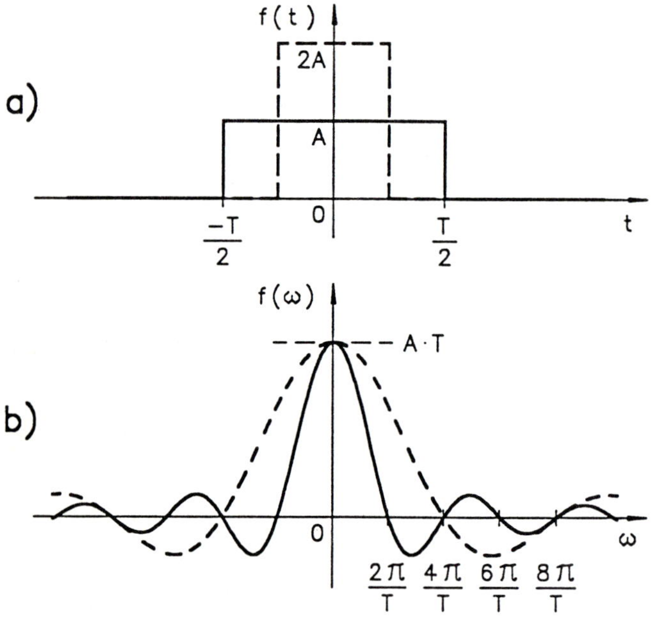

Bild 2.5. Rechteckimpuls und Spektrum

Diesen sog. $\sin x / x$-Verlauf des Spektrums (die auftretenden Frequenzkomponenten im Rechteckimpuls) zeigt Bild 2.5b. Ein schmalerer Impuls mit der Amplitude $2 \cdot A$ von $-T/4$ bis $+T/4$ hat ein anderes Spektrum mit anderen Nullstellen auf der Frequenzachse ω. Der Dirac-Impuls (Grenzfall $T \longrightarrow 0$) führt zu einem kontinuierlichen Spektrum, da die Nullstellen im Unendlichen auftreten. Es sind somit alle Frequenzen mit der jeweiligen Amplitude $A \cdot T$ enthalten.

Diese Rechnung zeigt, daß die Bauelemente und Übertragungsglieder bei Systemen mit sehr kurzer Impulsdauer über sehr große Frequenzbandbreiten verfügen müssen.

2.3 Impulsverhalten passiver Zweitore

Das Zweitor, in der Vergangenheit als "Vierpol" bezeichnet, ist eine Schaltung mit zwei Eingangsanschlüssen und zwei Ausgangsanschlüssen (Bild 2.6).

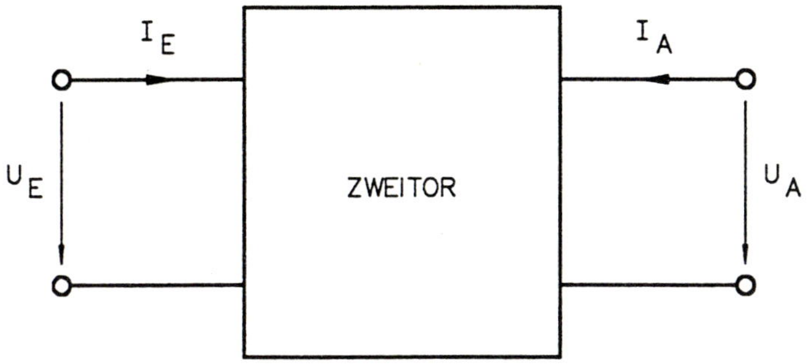

Bild 2.6. Zweitor (allgemein)

Mit Hilfe der Netzwerktheorie für Zweitore läßt sich das lineare Verhalten von Schaltungen einfach berechnen.
Das Impulsverhalten von Hoch- und Tiefpässen für die sog. Halb-T-Schaltung oder Spannungsteilerschaltung mit einem Energiespeicher wird untersucht.

Die Hochpaßschaltung mit einem Energiespeicher läßt sich als CR-Schaltung (Bild 2.7) oder als RL-Schaltung (Bild 2.9) ausführen.

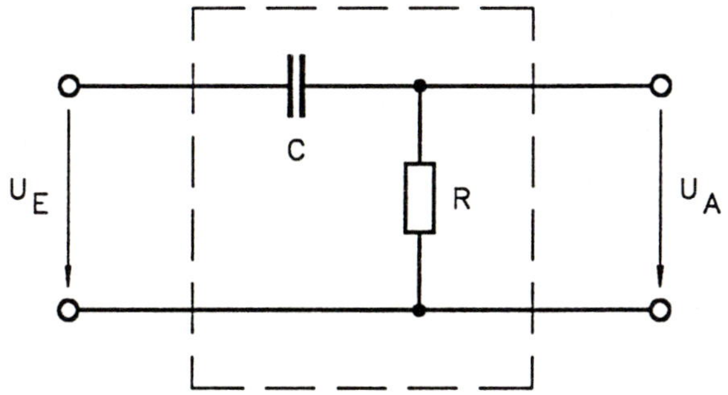

Bild 2.7. CR-Hochpaß

Bei dem CR-Hochpaß wird zum Zeitpunkt t_S eine Rechteckspannung mit der Amplitude U angelegt. Ausgehend von einer sehr kurzen Anstiegszeit ($T_R \longrightarrow 0$) der Rechteckspannung gilt für Zeiten $t \geq t_S + 0$:

$$U = U_C(t) + U_R(t) \qquad (2.10)$$
$$= U_C(t) + R \cdot I(t).$$

Mit

$$I(t) = C \cdot \frac{dU_C}{dt} \qquad (2.11)$$

folgt

$$U = U_C(t) + R \cdot C \cdot \frac{dU_C}{dt} \qquad (2.12)$$

Unter Berücksichtigung der Randbedingungen $U_C(t = 0) = 0$ und $U_C(t = \infty) = U$ folgt die Lösung

$$U_C(t) = U \cdot \left(1 - \exp\left(-\frac{t}{\tau}\right)\right), \qquad (2.13)$$

$$U_R(t) = U - U_C(t) = U \cdot \exp\left(-\frac{t}{\tau}\right) = U_A(t) \qquad (2.14)$$

und

$$I(t) = \frac{U_R(t)}{R} = \frac{U}{R} \cdot \exp\left(-\frac{t}{\tau}\right) \qquad (2.15)$$

mit der Zeitkonstanten

$$\tau = R \cdot C. \qquad (2.16)$$

Die Verläufe der Spannungen und des Stromes zeigt das Bild 2.8. Zum Zeitpunkt τ ist die Spannung U_R auf den Wert $0{,}37 \cdot U$ abgesunken, U_C ist auf $0{,}63 \cdot U$ gestiegen. Nach $4{,}6 \cdot \tau$ gilt $U_R = 0{,}01 \cdot U$ und $U_C = 0{,}99 \cdot U$. Der Kondensator ist nahezu aufgeladen.

Die Spannung am Ausgang $U(t)$ zeigt ein differenzierendes Verhalten. Man bezeichnet die Schaltung daher als "Differenzierglied".

Die RL-Schaltung (Bild 2.9) zeigt ebenfalls ein differenzierendes Verhalten. Beim Anlegen einer Rechteckspannung mit der Amplitude U zum Zeitpunkt t_S folgt für die Zeiten $t \geq t_S + 0$:

$$U = U_R(t) + U_L(t), \qquad (2.17)$$

$$= R \cdot I_L(t) + U_L(t).$$

Mit

$$U_L(t) = L \cdot \frac{dI_L}{dt} \qquad (2.18)$$

folgt

$$U = R \cdot I_L(t) + L \cdot \frac{dI_L}{dt} \qquad (2.19)$$

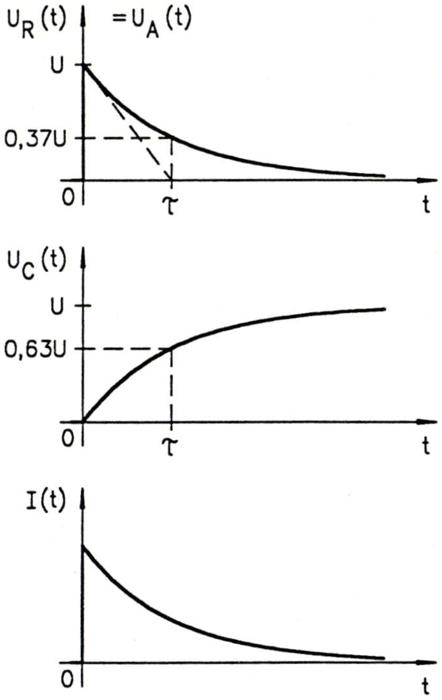

Bild 2.8. Impulsverläufe bei einem CR-Hochpaß mit Rechteckimpulsansteuerung

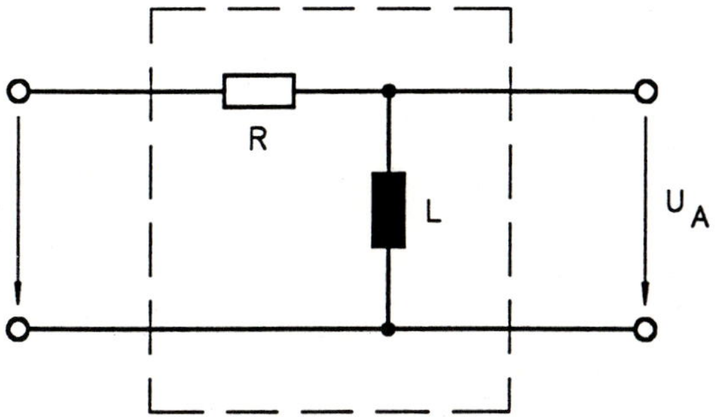

Bild 2.9. RL-Hochpaß

Unter Berücksichtigung der Randbedingungen I_L (t = 0) = 0 und I_L (t = ∞) = U/R folgt die Lösung

$$I_L(t) = \frac{U}{R} \cdot \left(1 - \exp\left(-\frac{t}{\tau}\right)\right), \qquad (2.20)$$

$$U_L(t) = U \cdot \exp\left(-\frac{t}{\tau}\right) = U_A(t) \qquad (2.21)$$

und

$$U_R\,(t) = R \cdot I_L\,(t) = U \cdot \left(1 - \exp\left(- \frac{t}{\tau} \right) \right) \tag{2.22}$$

mit der Zeitkonstanten

$$\tau = \frac{L}{R}\,. \tag{2.23}$$

Werden die Hochpässe mit einer Rechteckspannung am Eingang ausgesteuert, so tritt bei der abfallenden Flanke ein Ausgangsimpuls mit negativer Amplitude auf. Dieser Sachverhalt läßt sich durch Überlagerung berechnen, weil sich der Rechteckimpuls aus zwei überlagerten zeitlich verschobenen Sprungfunktionen zusammensetzt (siehe Bild 2.4 und Definitionsgleichung 2.6).

Für eine beliebige Rechteckfolge (Bild 2.10) stellen sich bei CR- und RL-Hochpässen die folgenden Extremwerte der Ausgangsspannung im eingeschwungenen Zustand ein:

$$U_{AMAX} = U \cdot \frac{1 - \exp\left(- \frac{T_P}{\tau} \right)}{1 - \exp\left(- \frac{T}{\tau} \right)} \tag{2.24}$$

und

$$U_{AMIN} = - U \cdot \frac{1 - \exp\left(- \frac{T_D}{\tau} \right)}{1 - \exp\left(- \frac{T}{\tau} \right)} \tag{2.25}$$

mit $U = U_{MAX} - U_{MIN}$

und $T = T_D + T_P$.

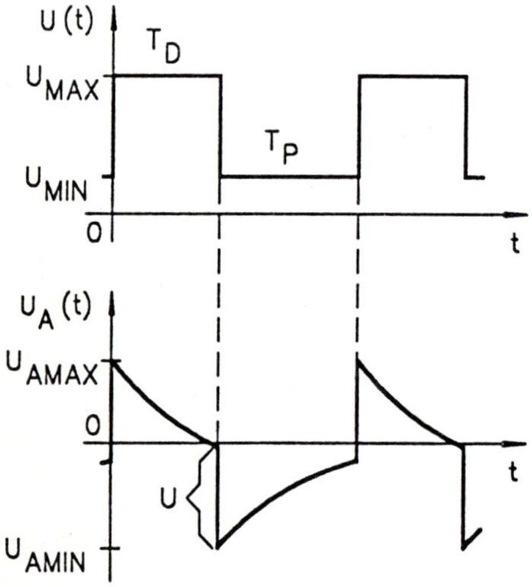

Bild 2.10. Spannungsverläufe bei einem Hochpaß mit Rechteckimpulsansteuerung

Für $\tau \gg T_D$ läßt sich die Dachschräge des Hochpasses angeben (Bild 2.11).

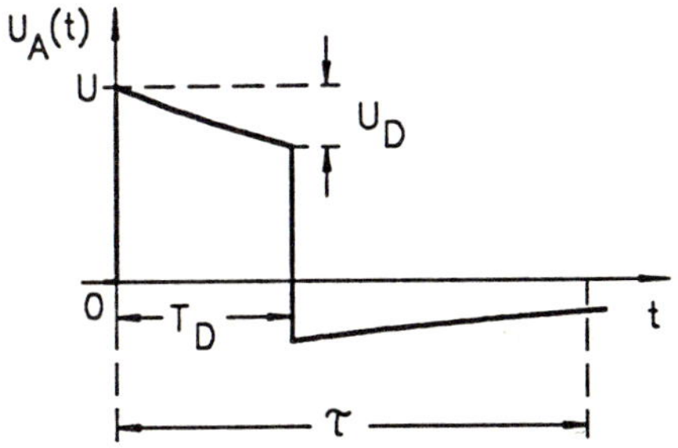

Bild 2.11. Dachschräge bei einem Hochpaß

Es gilt:

$$U_A(t) = U \cdot \exp\left(-\frac{t}{\tau}\right), \qquad (2.26)$$

$$\approx U \cdot \left(1 - \frac{t}{\tau} + \frac{1}{2!} \cdot \left(\frac{t}{\tau}\right)^2 - \frac{1}{3!} \cdot \left(\frac{t}{\tau}\right)^3 + \ldots - \ldots + \ldots\right).$$

Durch Abbruch der Reihe nach dem linearen Glied und $t = T_D$ folgt

$$U_A(t = T_D) \approx U \cdot \left(1 - \frac{T_D}{\tau}\right), \qquad (2.27)$$

die Spannungsabsenkung durch die Dachschräge

$$U_D = U - U_A(t = T_D) \qquad (2.28)$$

und

$$\approx U \cdot \frac{T_D}{\tau}. \qquad (2.29)$$

Daraus folgt die relative Dachschräge

$$d \approx \frac{T_D}{\tau}. \qquad (2.30)$$

Ein Tiefpaß ist als RC- oder LR-Schaltung aufgebaut (Bild 2.12 und 2.13).
Bei dem RC-Tiefpaß wird die Ausgangsspannung U_A am Kondensator abgegriffen. Unter Berücksichtigung der Gleichungen (2.10) bis (2.15) folgen mit den Randbedingungen $U_C(t = 0) = 0$ und $U_C(t = \infty) = U$:

$$U_C(t) = U \cdot \left(1 - \exp\left(-\frac{t}{\tau}\right)\right) = U_A(t), \qquad (2.31)$$

$$U_R(t) = U - U_C(t) = U \cdot \exp\left(-\frac{t}{\tau}\right), \qquad (2.32)$$

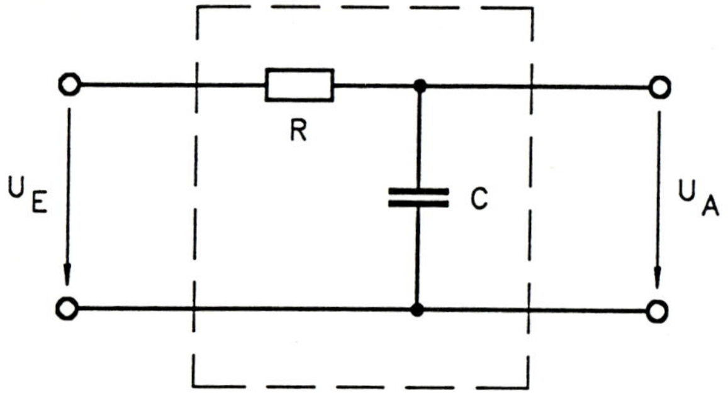

Bild 2.12. RC-Tiefpaß

$$I(t) = \frac{U_R(t)}{R} = \frac{U}{R} \cdot \exp\left(-\frac{t}{\tau}\right) \qquad (2.33)$$

und die Zeitkonstante

$$\tau = R \cdot C. \qquad (2.34)$$

Für $T \ll \tau$ wirkt die Schaltung integrierend, man spricht daher vom Integrierglied.

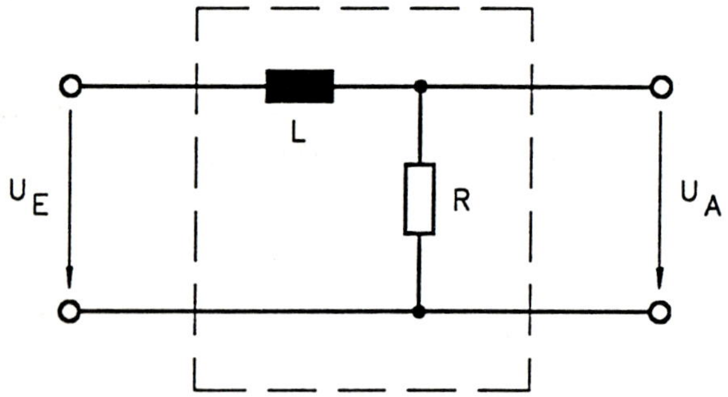

Bild 2.13. LR-Tiefpaß

Die Ausgangsspannung für den LR-Tiefpaß (Bild 2.13) lautet analog

$$U_R(t) = U \cdot \left(1 - \exp\left(-\frac{t}{\tau}\right)\right) = U_A(t) \qquad (2.35)$$

mit der Zeitkonstanten

$$\tau = \frac{L}{R}. \qquad (2.36)$$

Für den eingeschwungenen Zustand lassen sich die minimalen und maximalen Ausgangsspannungen (Bild 2.14) durch Exponentialfunktionen unter Berücksichtigung der Anfangs- und Endwerte bestimmen:

$$U_{AMAX} = \frac{U_{MAX} - U \cdot \exp\left(-\frac{T_D}{\tau}\right) - U_{MIN} \cdot \exp\left(-\frac{T}{\tau}\right)}{1 - \exp\left(-\frac{T}{\tau}\right)} \qquad (2.37)$$

und

$$U_{AMIN} = \frac{U_{MIN} + U \cdot \exp\left(-\frac{T_P}{\tau}\right) - U_{MAX} \cdot \exp\left(-\frac{T}{\tau}\right)}{1 - \exp\left(-\frac{T}{\tau}\right)} \qquad (2.38)$$

mit $U = U_{MAX} - U_{MIN}$

und $T = T_D + T_P$.

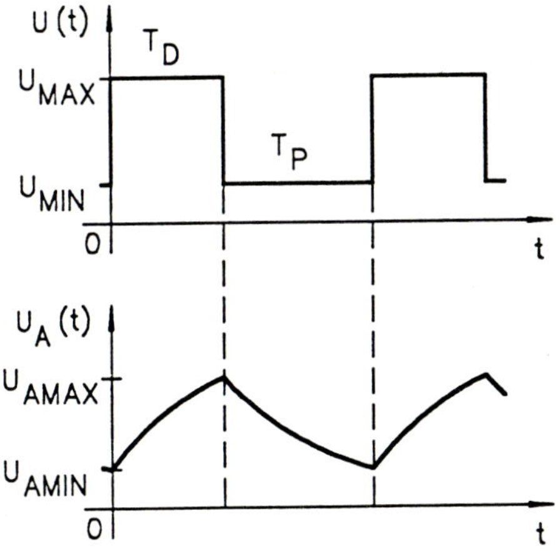

Bild 2.14. Spannungsverläufe bei einem Tiefpaß mit Rechteckimpulsansteuerung

In der digitalen Schaltungstechnik findet man sehr häufig Zweitore mit nur einer Zeitkonstanten. Bei diesen Schaltungen läßt sich die Aufstellung von Differentialgleichungen umgehen, wenn man direkt zur allgemeinen Lösung der Differentialgleichung 1. Ordnung greift. Treten am Ausgang eines Zweipols (Bild 2.15) folgende exponentielle Verläufe (Beispiel 1 oder Beispiel 2) auf, so gilt bei Kenntnis des Anfangswertes $U(t_S + 0)$, des Endwertes $U(t = \infty)$ und der Zeitkonstanten τ folgende Lösung:

$$U(t) = U(t = \infty) + \left[U(t_S + 0) - U(t = \infty)\right] \cdot \exp\left(-\frac{t - t_S}{\tau}\right) \qquad (2.39)$$

Setzt man für $t = T^*$, so erhält man für diesen Zeitpunkt eine bestimmte Spannung $U(t = T^*)$. Im umgekehrten Falle kann man durch Kenntnis (z.B. durch Messung) von $U(t = T^*)$ die zugehörige Zeit T^* bestimmen. Aus (2.39) folgt durch Umformung

$$T^* = t_S + \tau \cdot \ln\left(\frac{U(t=\infty) - U(t_S + 0)}{U(t=\infty) - U(T^*)}\right). \qquad (2.40)$$

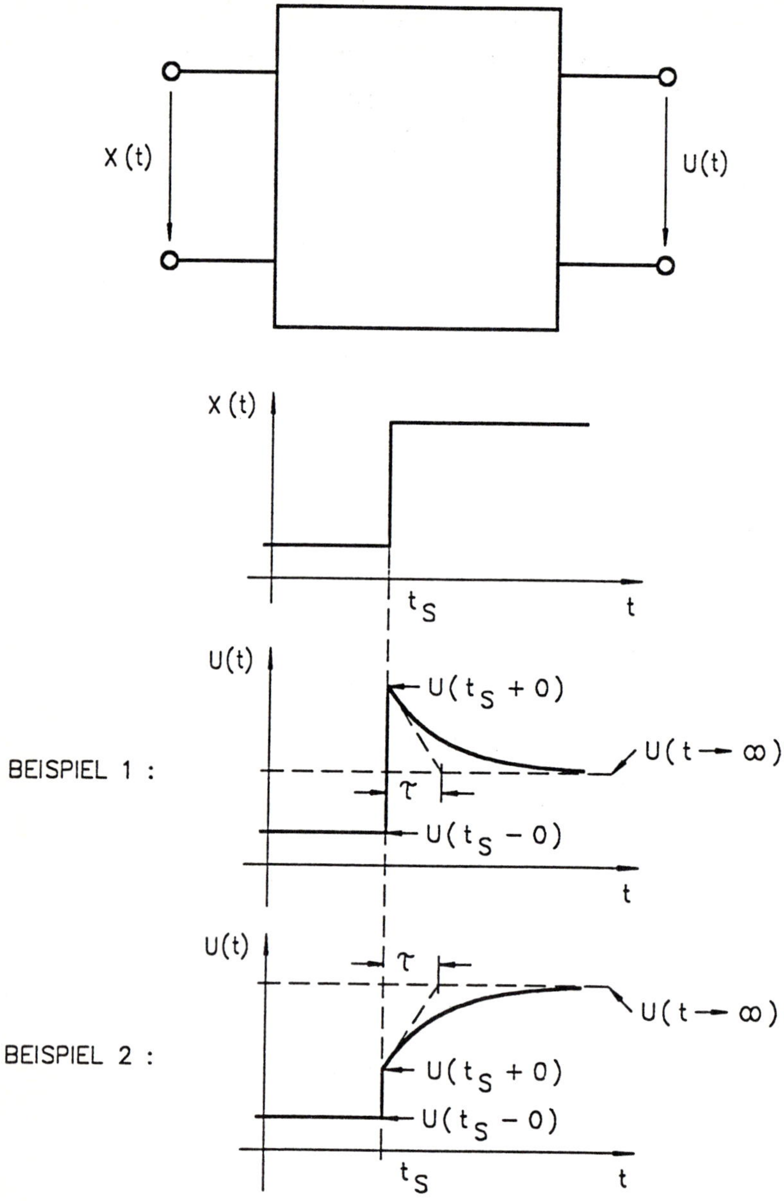

Bild 2.15. Impulsverläufe und Kennwerte von Systemen, die mit Differentialgleichungen 1. Ordnung beschrieben werden

Zur Bestimmung beliebiger Zeitabschnitte T in einem exponentiellen Verlauf (ohne Unterbrechung und nur mit einer Zeitkonstanten) gilt, wenn sich die Spannung in der Zeit T um ΔU geändert hat:

$$T = \tau \cdot \ln\left(\frac{\Delta U}{U(t=\infty) - U(T)}\right). \qquad (2.41)$$

Zur Bestimmung der Anstiegszeit wird $\Delta U = 0{,}9 \cdot U - 0{,}1 \cdot U = 0{,}8 \cdot U$ gesetzt. Daraus folgt $T_R = 2{,}2 \cdot \tau$.

Das Übersichtsbild 2.16 zeigt alle Kombinationen mit Sprungantworten von einfachen RC-Schaltungen, die sich mit der Spannungsteilerschaltung realisieren lassen. Die zugehörigen Anfangs- und Endwerte der Sprungantworten und die Zeitkonstanten sind aus der Tabelle 2.1. zu ersehen.

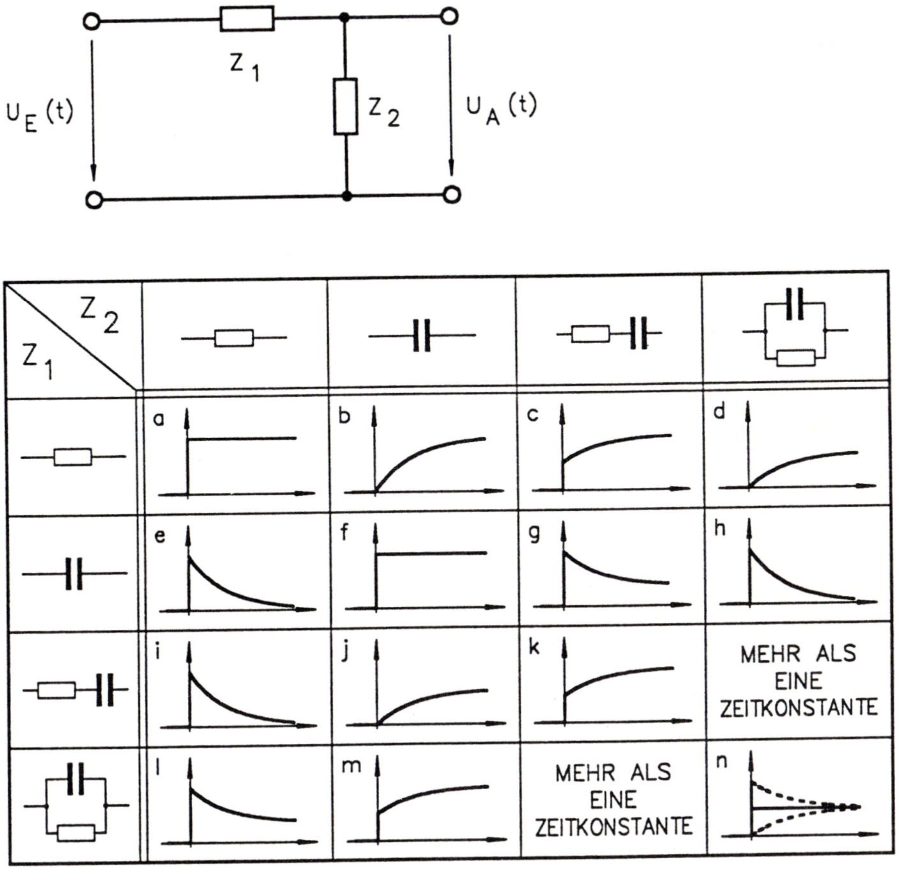

Bild 2.16. Zusammenstellung vom Impulsverläufen für RC-Spannungsteiler

Tabelle 2.1. Anfangs- und Endwerte (U_0 und U_∞) der Ausgangsspannungen von RC-Spannungsteilern mit zugehörigen Zeitkonstanten τ (für Bild 2.16)

a: $U_0 = \frac{U \cdot R_2}{R_1 + R_2}$ $U_\infty = \frac{U \cdot R_2}{R_1 + R_2}$ $\tau = 0$	**b:** $U_0 = 0$ $U_\infty = U$ $\tau = R_1 \cdot C_2$	**c:** $U_0 = \frac{U \cdot R_2}{R_1 + R_2}$ $U_\infty = U$ $\tau = (R_1 + R_2) \cdot C_2$	**d:** $U_0 = 0$ $U_\infty = \frac{U \cdot R_2}{R_1 + R_2}$ $\tau = \frac{R_1 \cdot R_1 \cdot C_2}{R_1 + R_2}$
e: $U_0 = U$ $U_\infty = 0$ $\tau = R_2 \cdot C_1$	**f:** $U_0 = \frac{U \cdot C_1}{C_1 + C_2}$ $U_\infty = \frac{U \cdot C_1}{C_1 + C_2}$ $\tau = 0$	**g:** $U_0 = U$ $U_\infty = \frac{U \cdot C_1}{C_1 + C_2}$ $\tau = \frac{R_2 \cdot C_1 \cdot C_2}{C_1 + C_2}$	**h:** $U_0 = \frac{U \cdot C_1}{C_1 + C_2}$ $U_\infty = 0$ $\tau = R_2 \cdot (C_1 + C_2)$
i: $U_0 = \frac{U \cdot R_2}{R_1 + R_2}$ $U_\infty = U$ $\tau = (R_1 + R_2) \cdot C_1$	**j:** $U_0 = 0$ $U_\infty = \frac{U \cdot C_1}{C_1 + C_2}$ $\tau = \frac{R_1 \cdot C_1 \cdot C_2}{C_1 + C_2}$	**k:** $U_0 = \frac{U \cdot R_2}{R_1 + R_2}$ $U_\infty = \frac{U \cdot C_1}{C_1 + C_2}$ $\tau = \frac{(R_1 + R_2) \cdot C_1 \cdot C_2}{C_1 + C_2}$	mehr als eine Zeitkonstante
l: $U_0 = U$ $U_\infty = \frac{U \cdot R_2}{R_1 + R_2}$ $\tau = \frac{R_1 \cdot R_1 \cdot C_1}{R_1 + R_2}$	**m:** $U_0 = \frac{U \cdot C_1}{C_1 + C_2}$ $U_\infty = U$ $\tau = R_1 \cdot (C + C_2)$	mehr als eine Zeitkonstante	**n:** $U_0 = \frac{U \cdot C_1}{C_1 + C_2}$ $U_\infty = \frac{U \cdot R_2}{R_1 + R_2}$ $\tau = \frac{R_1 \cdot R_2 \cdot (C_1 + C_2)}{R_1 + R_2}$

2.4 Schalter-Kondensator-Technik

Die Herstellung von genauen Widerständen bei integrierten Digitalschaltungen ist sehr schwierig. Widerstands-Schwankungen bis 20 % sind keine Seltenheit. Benötigt man aber Widerstände mit größerer Genauigkeit für Zeitschaltungen, Filter oder für lineare (analoge) Teilschaltungen in Digital-ICs, so ist eine neues Verfahren, die Schalter-Kondensator-Technik geeignet.

Ein Widerstand wird durch einen integrierten Kondensator und zwei elektronische Schalter (MOS-Feldeffekttransistoren) ersetzt. Das Prinzip und die MOS-Transistorrealisierung ist im Bild 2.17 gezeigt.

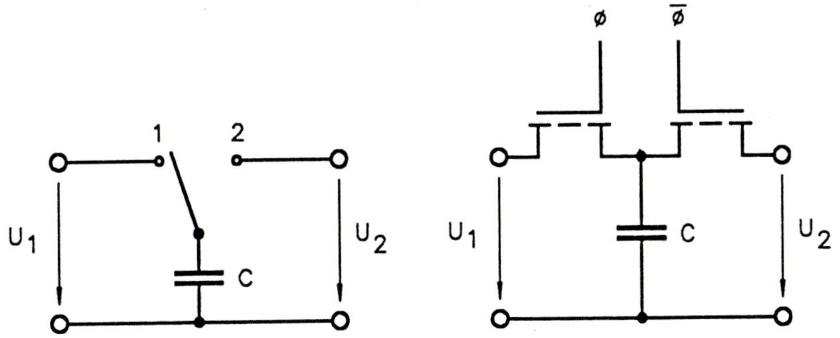

Bild 2.17. Schalter-Kondensator-Prinzip und Realisierung

In der Stellung 1 der Prinzipschaltung wird der Kondensator mit der Ladung $Q_1 = C \cdot U_1$ geladen. In Stellung 2 entlädt sich der Kondensator bei externer Last an den Ausgangsanschlüssen auf $Q_2 = C \cdot U_2$. Ein Teil der Ladung $\Delta Q = Q_1 - Q_2$ wird also vom Eingang zum Ausgang übertragen.
Durch periodisches Umschalten mit der Periode $T = 1/f$ ergibt sich der Strom

$$I = \frac{\Delta Q}{T}, \tag{2.42}$$

$$= \frac{C \cdot (U_1 - U_2)}{T}, \tag{2.43}$$

$$= f \cdot C \cdot (U_1 - U_2). \tag{2.44}$$

Für einen äquivalenten ohmschen Widerstand gilt

$$I = \frac{U_1 - U_2}{R} \tag{2.45}$$

$$= (U_1 - U_2) \cdot G \tag{2.46}$$

Durch Koeffizientenvergleich der beiden Schaltungen folgt mit (2.43) bis (2.46)

$$R \mathrel{\hat{=}} \frac{T}{C} \tag{2.47}$$

bzw.

$$G \mathrel{\hat{=}} f \cdot C. \tag{2.48}$$

Die Herstellung von genauen MOS-Kondensatoren ist viel einfacher als die Herstellung präziser Widerstände. Ein besonderer Vorteil der Schalter-Kondensator-Technik ist, daß der äquivalente Widerstand R über die Periodendauer T bzw. die Frequenz f extern verändert werden kann.

3 Elektronische Schalter

In der digitalen Schaltungstechnik werden Dioden und Transistoren als elektronische Schalter verwendet. Für die technologische Realisierung sind die folgenden Parameter von Interesse:

Schalterwiderstand im Ein- und Auszustand (R_{ON} und R_{OFF}), Schaltgeschwindigkeit und Signaldurchlaufverzögerungszeit, erlaubter Signalbereich (Strom und Spannung), Steuerung des Schalters (leistungslos oder leistungsbehaftet, potentialgetrennt) und Preis der Schaltung.

Diese Parameter werden im folgenden mit den verschiedenen technisch realisierbaren Schaltelementen diskutiert.

3.1 PN- und Schottky-Dioden

Der einfachste elektronische Schalter ist die Halbleiterdiode. Für Dioden mit PN- und Schottky-Übergängen werden das statische und das dynamische Verhalten aufgezeigt. Mit Hilfe von Dioden können logische Verknüpfungen wie UND und ODER realisiert werden. Diese Grundschaltungen werden besonders häufig bei TTL-Schaltkreisen verwendet.

3.1.1 Statisches Verhalten von Dioden

Ausgehend von der idealen Kennlinie einer Diode ergeben sich die in Bild 3.1 gezeigten Spannungsverläufe.

Durch die Ventilwirkung der Diode werden nur die positiven Teile der Generatorspannung U (t) an den Lastwiderstand R geleitet. Die negativen Anteile der Generatorspannung mit der Amplitude U_1 fallen an der gesperrten Diode ab. Das Bild 3.2 zeigt die Ersatzschaltungen für einen idealen Schalter.

Reale Halbleiterdioden entstehen durch Diffusion p- und n-dotierter Bereiche (PN-Diode) oder durch einen Metall/Halbleiter-Übergang (Kennzeichnung: Kleinbuchstaben für die Dotierungskonzentration und Großbuchstaben für die Dotierungsart in Verbindung mit den Bauelementbezeichnungen). Als halbleitendes Material verwendet man Silizium. In der Vergangenheit wurde auch Germanium wegen der geringen Durchlaßspannung verwendet.

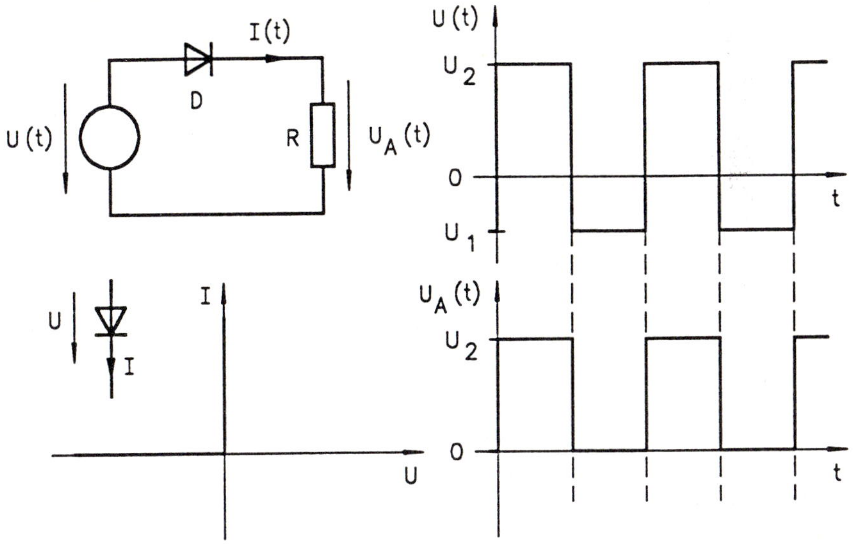

Bild 3.1. Ideale Diode als Schalter

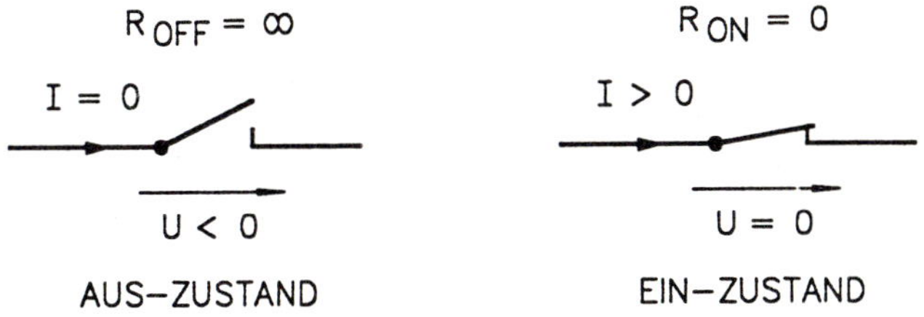

Bild 3.2. Ersatzschaltungen eines idealen Schalters

Wegen der hohen Sperrströme, geringer Durchlaßspannungen und einer heute nicht mehr gebräuchlichen Technologie werden Germanium-Schaltdioden nicht mehr hergestellt. Für superschnelle Schaltungen verwendet man heute dotiertes Galliumarsenid als Diodenmaterial. Es lassen sich PN-Dioden ud Schottky-Dioden herstellen.
Reale Dioden zeigen endliche Werte für die Durchlaß- und Sperrwiderstände R_F und R_R (= R_{ON} bzw. R_{OFF}) und für die Durchlaß- und Sperrspannungen U_F und U_R. Wegen der nichtlinearen Kennlinie sind die einzelnen Größen arbeitspunktabhängig. Der Sperrwiderstand und die Durchlaßspannung sind stark temperaturabhängig. Die Durchlaßspannung zeigt einen Temperaturkoeffizienten von ≈ - 2 mV/K, der im erlaubten Temperatureinsatzbereich (z.B. von - 55 °C bis + 150 °C) zu extremen Arbeitspunktverschiebungen führen kann.
Das Bild 3.3 zeigt die Kennlinien von drei Dioden (Germanium = Ge, Silizium = Si und Schottky/N-Silizium-Barriere = SB). Die Vorteile der Schottky-Diode liegen bei niedrigen Durchlaßspannungen und kurzen Schaltzeiten.

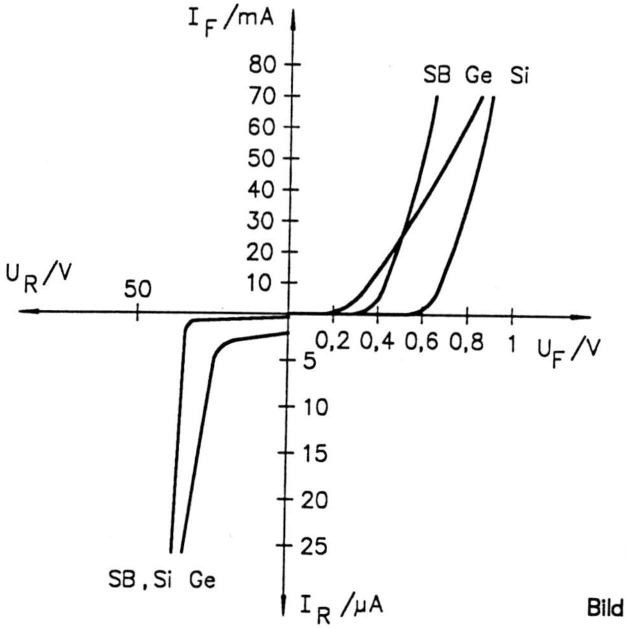

Bild 3.3. Kennlinien von Schaltdioden

Die Kennlinie einer Halbleiter-Diode läßt sich näherungsweise durch einen exponentiellen Verlauf angeben [3.1]:

$$I = I_S \cdot \left[\exp\left(\frac{U}{U_T}\right) - 1\right] \qquad (3.1)$$

mit dem Sättigungsstrom

$$I_S = K_0 \cdot T^{3/2} \cdot \exp\left(-\frac{W_{G0}}{e \cdot \eta \cdot U_T}\right). \qquad (3.2)$$

U_T ist die Temperaturspannung = ($k \cdot T/e$) = 26 mV bei Raumtemperatur, η eine Konstante (≈ 2) für reale Dioden. Der Wert K_0 ist abhängig von der Dotierung und von der Geometrie der Diode. Für W_{G0} ist der Bandabstand zwischen Valenzband und Leitungsband bezogen auf T = 0 K einzusetzen.

Der exponentielle Verlauf der Diodenkennlinie wird zur Vereinfachung der Schaltungsberechnung vielfach durch eine idealisierte Knickkennlinie ersetzt. Das Bild 3.4 zeigt die typischen Darstellungsweisen mit den Widerstandsabschnitten R_F für die Durchlaßrichtung, R_R für die Sperrrichtung und R_{BR} für den Durchbruch in Sperrrichtung. Bei der idealisierten Knickkennlinie ist der Sperrwiderstand bis U_F wirksam. In dem rechten Teilbild ist der Strom I bei U_F gleich null (Ersatzschaltung der Reihenschaltung einer idealen Diode mit einer Spannungsquelle U_F und einem Widerstand R_F). Durch den parallel geschalteten Sperrwiderstand R_R fließt für den Teilbereich 0 V < U < U_F ein negativer Strom I, der sich physikalisch aber nicht einstellen kann.

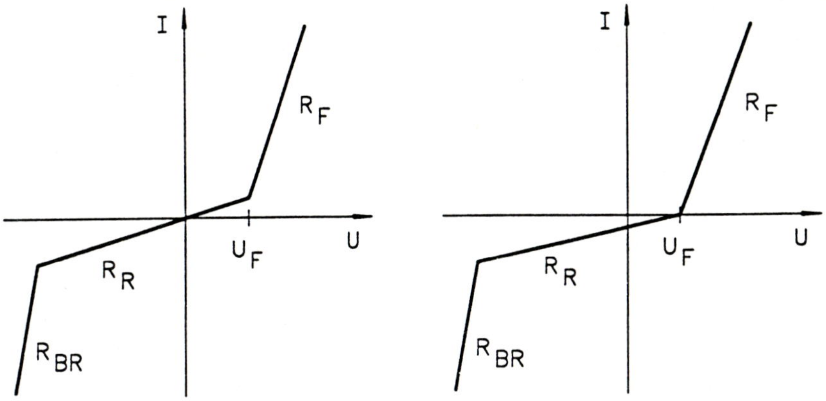

Bild 3.4. Idealisierte Diodenkennlinien

Bei dem Ersatzschaltbild (Bild 3.5) befindet sich für $U > U_F$ die Diode im Durchlaßzustand (Schalterstellung S = 1) und für $U < U_F$ im Sperrzustand (S = 2). Da der Durchlaßwiderstand bei Schaltdioden sehr klein ist ($R_F \approx 1$ bis 20 Ω), wird in vielen Fällen mit einer konstanten Durchlaßspannung U_F gerechnet ($U_F \gg I \cdot R_F$).

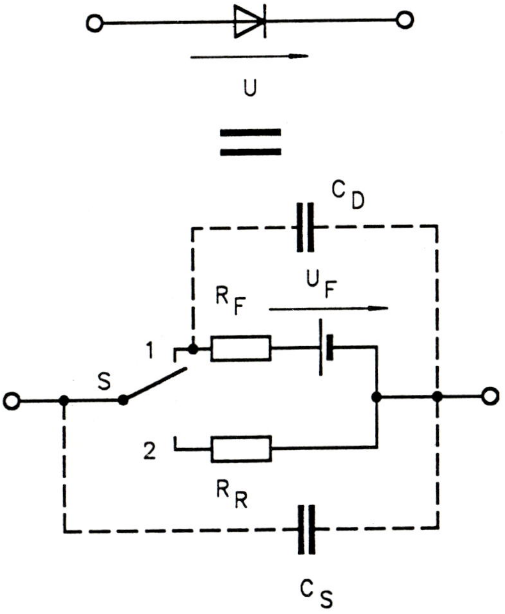

Bild 3.5. Ersatzschaltung einer Diode

Die typischen Werte U_F = 0,3 bis 0,45 V für Schottky-Dioden und U_F = 0,6 bis 0,8 V für Silizium-PN-Dioden bestimmen daher das statische Schaltverhalten bei den Logikschaltungen mit Bipolartransistoren (vergl. mit Abschn. 5.2).

Die Durchbruchsspannung wird durch den Lawineneffekt bestimmt. Bei einer kritischen Feldstärke in der Sperrschicht entstehen immer mehr Träger durch Stoßionisation, die somit einen lawinenartigen Stromanstieg verursachen [3.2]. Die Sättigungsstromstärke I_S steigt auf einen viel größeren Wert I_{SO}. Die Durchbruchspannung U_{BR} steigt bei weiterer Stromerhöhung nur sehr gering an. Dieser Effekt wird für die Z-Dioden genutzt. Das Bild 3.6 zeigt einen typischen Kennlinienverlauf. Z-Dioden werden vereinzelt für störsichere Logikschaltungen verwendet, um zwischen großen Spannungspegeln zu unterscheiden. Wegen des niedrigen Widerstandes R_{BR} beim Durchbruch eignen sich Z-Dioden sehr gut zur Referenzspannungserzeugung ($U_{REF} = U_{BR}$).

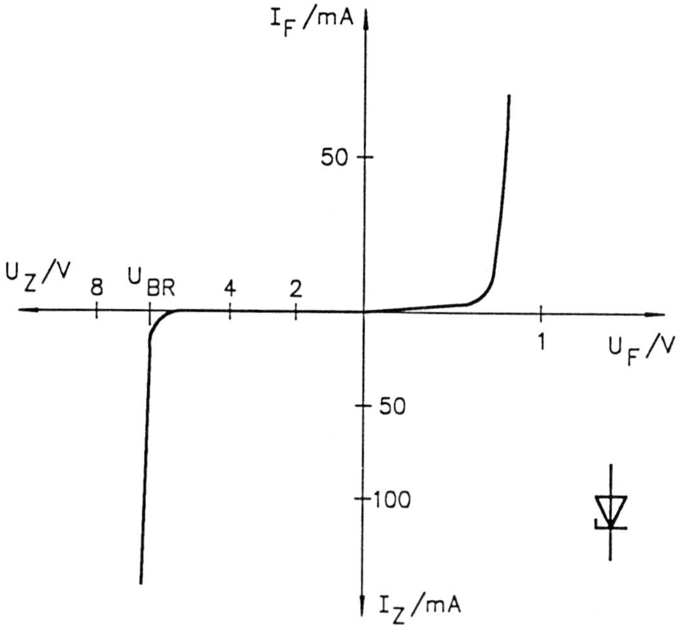

Bild 3.6. Kennlinie einer Z-Diode

Bei Sperrspannungen $U < U_{BR}$ fließt der stark temperaturabhängige Sperrstrom I_R. Der Temperaturkoeffizient wird aus (3.2) berechnet:

$$\frac{d\,I_S}{d\,T} \cdot \frac{1}{I_S} = \frac{3}{2 \cdot T} + \frac{W_{GO}}{e \cdot T \cdot \eta \cdot U_T} . \qquad (3.3)$$

Für Silizium liegt dieser Wert bei ca. 8 bis 14 %/K, eingesetzt in (3.2) ergibt sich eine Verdopplung bis Verdreifachung des Sperrstromes pro 8 K Temperaturerhöhung. Bei Raumtemperatur (T = 300 K) stellen sich bei Silizium Sperrströme von ca. 0,1 bis 10 nA ein.

3.1.2 Dynamisches Verhalten von Dioden

In dem Ersatzschaltbild (Bild 3.5) sind die Kapazitäten C_D und C_S zu erkennen. C_D ist die Diffusionskapazität, sie entspricht dem Quotienten aus Minoritätsträgerladungsänderung und Flußspannungsänderung. C_D ist daher nur in Flußrichtung wirksam. Durch die Parallelschaltung zu R_F ist C_D stark verlustbehaftet.
Die Sperrschichtkapazität C_S ist spannungsabhängig. Sie tritt im Durchlaß- und im Sperrbereich auf, auch wenn kein Strom fließt. Parallel dazu liegt eine konstante Gehäusekapazität. Aufbaubedingt können auch Zuleitungsinduktivitäten und Bahnwiderstände das dynamische Verhalten beeinflussen.
Das Impulsverhalten der Diode (Bild 3.7) wird stark durch die Beschaltung beeinflußt. Die Höhe der Spannungen, Ströme und des äußeren Widerstandes R gehen ein (vergl. mit Bild 3.1).

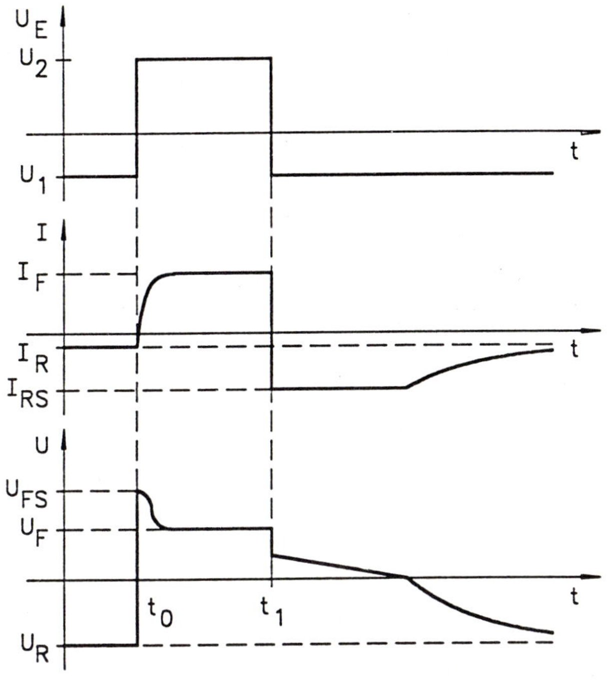

Bild 3.7. Impulsverhalten der Diodenschaltung

Beim Einschalten (t_0) muß sich die Raumladungszone aufbauen, dadurch wirkt zunächst noch der Sperrwiderstand R_R. Dies führt kurzzeitig zu einer hohen Flußspannung

$$U_{FS} = \frac{R_F}{R_F + R} \cdot U_2. \qquad (3.4)$$

Durch den ansteigenden Strom I_F entsteht die Raumladung, die Durchlaßspannung sinkt auf den stationären Wert U_F. Die zugehörige Zeit t_f ist sehr gering und kann gegen die anderen Schaltzeiten vernachlässigt werden.
Beim Ausschalten (t_1, Bild 3.7) fließt wegen der hohen Anzahl von Ladungsträgern im Bahngebiet in der sog. "Speicherphase" ein nahezu konstanter negativer "Ausräumstrom" I_{RS}, der durch den äußeren Stromkreis vorgegeben wird. Die Diode verbleibt somit durch die gespeicherten Minoritätsträger für die Speicherzeit t_s in Durchlaßrichtung. Man bezeichnet diesen Vorgang als "Sperrverzögerung".
Für Spannungen ≤ 0 V an der Sperrschicht ergibt sich eine Entladung von C_S über R mit der Entladezeitkonstanten $\tau_r = C_S \cdot R$. Daraus ergibt sich

$$t_r = 2{,}2 \cdot R \cdot C_S. \qquad (3.5)$$

Bei der Speicherzeit

$$t_s = \tau_v \cdot \ln\left(1 + \frac{I_F}{I_R}\right) \qquad (3.6)$$

ist der Speicherzeitfaktor τ_v ein technologischer Diodenparameter. Der Speicherzeitfaktor liegt im bereich von einigen Nanosekunden bis Mikrosekunden [3.2].
Viele Hersteller geben die Summe aus t_s und t_r an, die man als Erholungszeit t_{rr} bezeichnet.

3.1.3 Schottky-Diode

Bei schnellsten PN-Schaltdioden ist $t_{rr} \geq 4$ ns. Dieser Wert läßt sich nur mit Schottky-Dioden unterschreiten. Bei der Schottky-Diode ist die Diodenwirkung auf den Metall-Halbleiter-Übergang zurückzuführen. Es wird ein metallurgisch inniger Kontakt zwischen dem Metall und dem N-dotierten Material (Silizium oder GaAs) hergestellt. Den prinzipiellen Aufbau zeigt Bild 3.8.

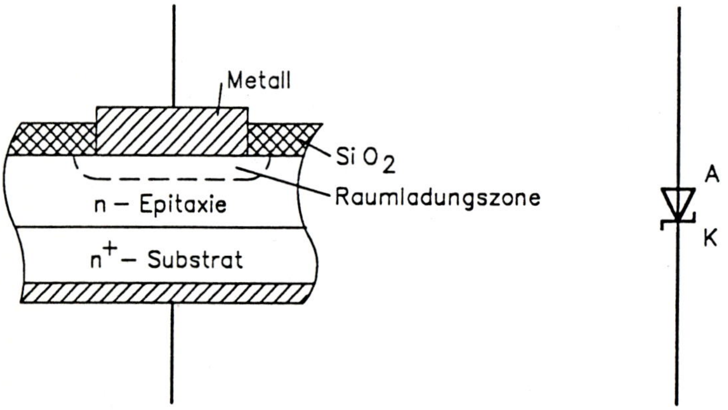

Bild 3.8. Aufbau einer Schottky-Diode

Aus dem physikalischen Bändermodell geht hervor, daß durch unterschiedliche Austrittsarbeiten beim Metall und beim N-Halbleiter durch die konstante Fermi-Energie eine Energiedifferenz, die sog. Schottky-Barriere, auftritt. Wegen der kleineren Austrittsarbeit im Halbleiter gegenüber dem Metall gelangen Elektronen leichter vom Halbleiter ins Metall als umgekehrt. Durch die Verarmung von Elektronen im Halbleiter entsteht eine Diffusionsspannung, die den Ladungsausgleich verhindert. Durch eine äußere Spannung läßt sich die Sperrschicht modulieren. Durch Verbreiterung sperrt die Diode, durch Aufhebung leitet sie. Die Elektronen sind Majoritätsladungsträger; als Folge stellen sich bei Schottky-Dioden sehr viel kleinere Speicherzeiten als bei PN-Dioden ein.
Der Metall-Halbleiter-Übergang sorgt für kleine Durchlaßspannungen, aber auch für kleine Sperrspannungen.

3.2 Diodenschaltungen

Durch die Ventilwirkung von Dioden lassen sich sehr einfach logische Verknüpfungen herstellen. Das Bild 3.9 zeigt die beiden Grundschaltungen für die ODER-Verknüpfung und die UND-Verknüpfung. Werden die Eingangspegel anodenseitigzugeführt und liegt der Lastwiderstand von den gemeinsamen Katoden gegen Masse, so haben wir eine ODER-Schaltung. Ein H-Pegel an einem oder an mehreren Eingängen I_1 bis I_n wird an den Widerstand R, vermindert um die Diodendurchlaßspannung, weitergegeben. Die Tabelle 3.1. zeigt das ODER-Verhalten für die sog. "positive Logik" (d. h. L-Pegel = 0 und H-Pegel = 1) . Bei der "negativen Logik" (L-Pegel = 1 und H-Pegel = 0) arbeitet diese Schaltung als UND-Gatter.

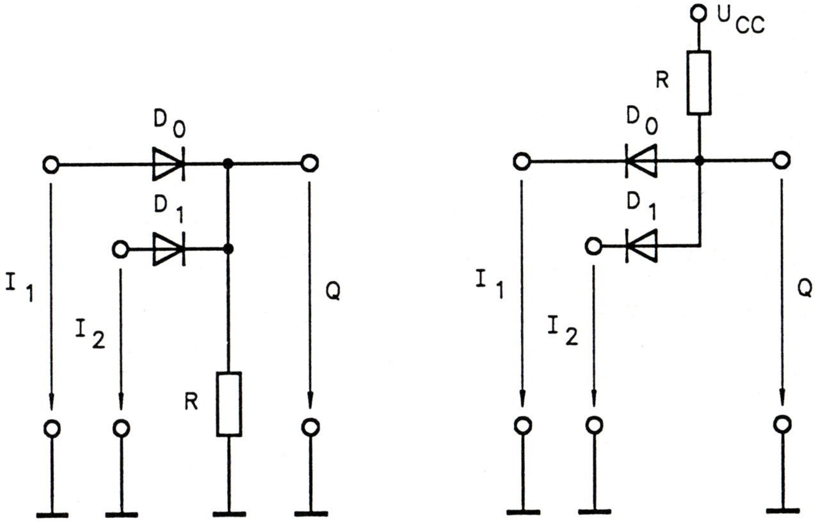

Bild 3.9. Diodengatter

Vertauscht man die Richtungen der Dioden, d.h. die Eingangspegel werden an die Katoden geführt, so stellt sich bei Verdrahtung des Lastwiderstandes R zwischen den gemeinsamen Anoden und der Versorgungsspannung U_{CC} eine UND-Schaltung für die positive Logik ein. Die Tabelle 3.2. zeigt das Verhalten der UND-Schaltung. Für die negative Logik entspricht dies einer ODER-Schaltung.
Da die positive Logik fast ausschließlich angewendet wird, werden die Schaltungen nach ihrem Verhalten bei der positiven Logik benannt.

Tabelle 3.1. ODER-Schaltung für positive Logik

Eingänge		Ausgang	
I_2	I_1	Q	Q
L	L	L	0
L	H	H	1
H	L	H	1
H	H	H	1

Tabelle 3.2. UND-Schaltung für positive Logik

Eingänge		Ausgang	
I_2	I_1	Q	Q
L	L	L	0
L	H	H	1
H	L	H	1
H	H	H	1

3.3 Der Transistor als Schalter

Mit Hilfe von Dioden lassen sich Grundverknüpfungen wie UND und ODER realisieren. Die Signalinvertierung (NICHT-Funktion) läßt sich mit Dioden nicht realisieren. Die Eingangsströme bei Diodenschaltungen sind hoch und werden durch die Pegelhöhe und den Widerstand R vorgegeben. Bei Verwendung von Transistoren lassen sich diese Nachteile vermeiden, da die Steuerung beim Bipolartransistor über die Basis (bzw. über das Gate beim MOS-Transistor) erfolgt. Für die Schaltstufen wird hauptsächlich die Emitterschaltung verwendet. Die Augangsstufen enthalten häufig zwei Transistoren; einer in Emitterschaltung, der andere in Kollektorschaltung. Bei MOS-Schaltungen entspricht die Sourceschaltung der Emitterschaltung. Das Bild 3.10 zeigt vier invertierende Schaltstufen in Emitter- oder Sourceschaltung ("Inverter" genannt), die mit Transistoren realisiert werden können. Der PNP-Transistor wird wegen technologischer Probleme und seiner niedrigeren Schaltgeschwindigkeit bei integrierten Digitalschaltungen vermieden. Der MOS-Transistor mit P-Kanal ("PMOS") wird heute nur noch bei CMOS-Schaltungen als Komplementärtransistor eingesetzt. Er ist so geschaltet, daß er beim Sperren des N-Kanal-Transistors ("NMOS") leitet und beim Leiten des N-Kanal-Transistors sperrt.
Folgende Beziehungen gelten für die Transistoren mit den Indizes E = Emitter, B = Basis, C = Kollektor, D = Drain, G = Gate und S = Source:

Bipolartransistor:

$I_E + I_B + I_C = 0,$
$U_{CE} - U_{BE} - U_{CB} = 0.$

MOS-Transistor:

$I_D = I_S \; (I_G = 0),$
$U_{DS} - U_{GS} - U_{DG} = 0.$

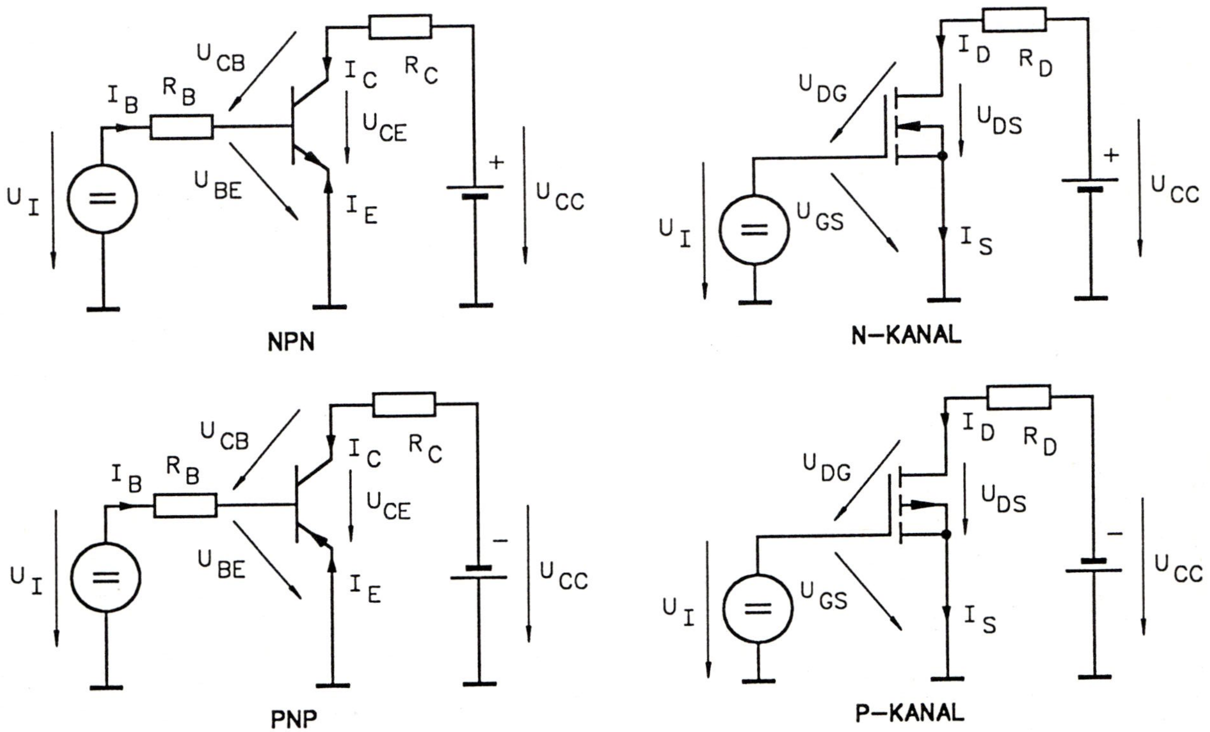

Bild 3.10. Schaltstufen (Inverter) mit Bipolar- und MOS-Transistoren

Im Normalbetrieb gilt für die Transistoren:

NPN: U_{CC}, U_{BE}, U_{CE}, U_{CB}, I_B, $I_C > 0$;
$I_E < 0$ (wegen der Definition)

NMOS: U_{CC}, U_{GS}, U_{DS}, $I_D > 0$

PNP: U_{CC}, U_{BE}, U_{CE}, U_{CB}, I_B, $I_C < 0$;
$I_E > 0$ (wegen der Definition)

PMOS: U_{CC}, U_{GS}, U_{DS}, $I_D < 0$

Ein großer Unterschied zeigt sich in der Größe des Steuerstromes. Der Basisstrom ist größer als null, bei MOS-Transistoren ist der Gatestrom durch statische Steuerung null.

Für die Transistoren gelten folgende Verstärkungsdefinitionen:

bei NPN und PNP:

Stromverstärkung $\beta = \dfrac{\Delta I_C}{\Delta I_B}$,

Stromverstärkung $B_N = \dfrac{I_C}{I_B}$,

Stromverstärkung $-\alpha = \dfrac{\Delta I_C}{\Delta I_E}$,

Stromverstärkung $-A_N = \dfrac{I_C}{I_E}$,

Steilheit $S = \dfrac{\Delta I_C}{\Delta U_{BE}}$.

bei NMOS und PMOS:

Steilheit $S = \dfrac{\Delta I_D}{\Delta U_{GS}}$,

3.3.1 Strom- und Spannungsschalter

Mit Hilfe elektronischer Schalter werden Spannungen oder Ströme an einen Lastwiderstand R geschaltet (EIN-Zustand). Im AUS-Zustand fällt keine Spannung mehr am Lastwiderstand R ab (Bild 3.11). Beim Spannungsschalter wird im EIN-Zustand über den "geschlossenen" Schalter die Spannung U_O an den Widerstand R geführt. Beim Stromschalter wird der eingeprägte Strom der Quelle über einen Umschalter geführt. In der Stellung EIN kann an R eine Spannung $U_R = I_O \cdot R$ abfallen. In der Stellung AUS wird der Strom über einen Ableitwiderstand R_A geführt. An R fällt somit keine Spannung ab.

Bei elektronischen Schaltern ist es üblich, den EIN-Zustand mit dem Index "X" oder "ON" zu kennzeichnen. Der AUS-Zustand wird durch den Index "Y" oder "OFF" gekennzeichnet.

Das Verhalten des idealen Schalters läßt sich durch eine Kennlinie (Bild 3.12) mit dem zugehörigen Lastwiderstand R angeben. Auf den Schnittpunkten der Achsen und des Lastwiderstandes liegen U_{SX}, I_{SX} und U_{SY}, I_{SY}.

Der mechanische Schalter zeigt annäherungsweise das ideale Verhalten. Elektronische Schalter wie Dioden und Transistoren weisen im EIN-Zustand Restspannungen U_{SX} auf.

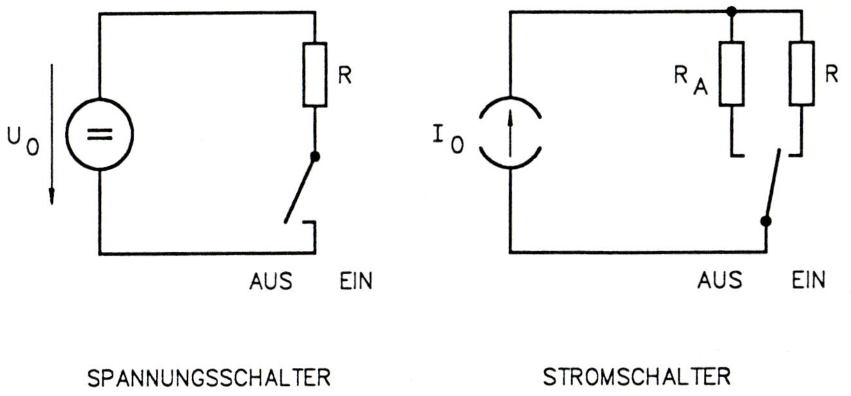

Bild 3.11. Schalterprinzipien

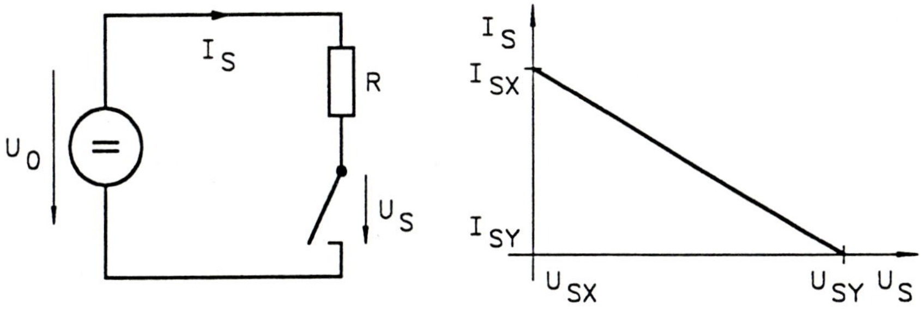

Bild 3.12. Kennlinie des idealen Schalters

Dies ist durch EIN-Widerstände und Sättigungsspannungen bedingt. Im AUS-Zustand stellt sich ein endlicher Sperrwiderstand und somit ein Leckstrom I_{SY} ein. Dadurch ergeben sich, wie Bild 3.13 zeigt, andere Werte für die Schalterspannungen und -ströme. Der Vorteil von elektronischen Schaltern liegt im nahezu trägheitslosen Schaltvorgang. Durch den Aufbau stellen sich parasitäre Kapazitäten C_S ein, die bei hohen Frequenzen das Schaltverhalten merklich beeinflussen können.

Daher muß das trägheitsbehaftete Schalten zwischen den Arbeitspunkten auf den gestrichelten Linien berücksichtigt werden.

Als elektronischer Schalter ist der in Bild 3.14 gezeigte NPN-Transistor geeignet. Die Schalterstrecke liegt zwischen Kollektor C und Emitter E. Über die Steuerelektrode Basis B wird dem Transistor eine Spannung U_{BE} oder ein Strom I_B zugeführt. Der Pegel des Steuersignales bestimmt die Schnittpunkte im Ausgangskennlinienfeld mit dem Lastwiderstand R. Steuert man die Basis mit einem Strom aus, so stellen sich die Arbeitspunkte bei $I_B = 0$ und bei I_{BU} bzw. I_{BX} ein.

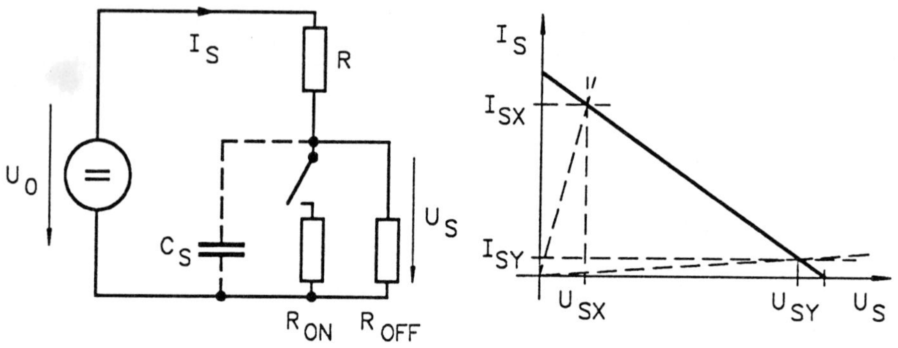

Bild 3.13. Kennlinie des nichtidealen Schalters

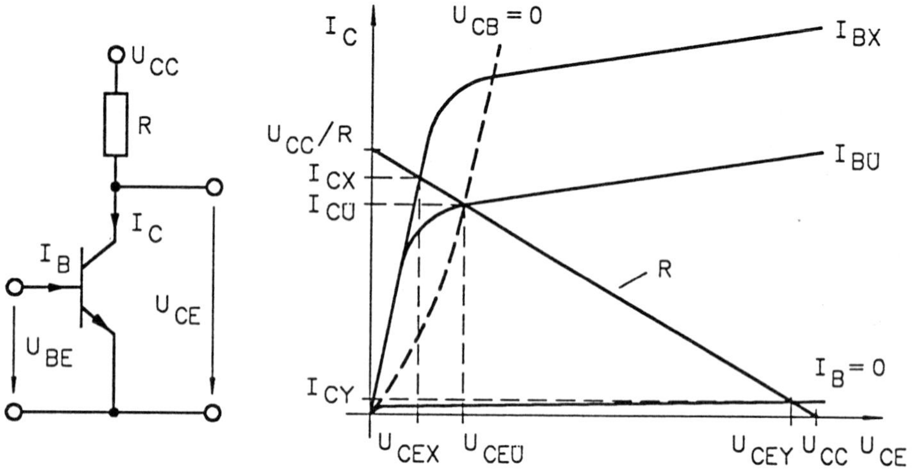

Bild 3.14. Gesättigter Transistorschalter mit zugehöriger Kennlinie

Die gestrichelte Grenzkurve gibt die Spannung U_{CB} = 0 V an, es ist also $U_{BE} = U_{CE}$. Diese Grenzkurve wird als "Übersteuerungsgrenze" bezeichnet. Der Schnittpunkt der Grenzkurve mit der Arbeitsgeraden des Widerstandes R gibt den Strom an der Übersteuerungsgrenze $I_{CÜ}$ an. Für Werte größer $I_{CÜ}$ geht der Transistor in die Sättigung ($U_{CE} \leq U_{BE}$). Wir verlassen den (linearen) Aussteuerbereich, der Kollektorstrom ist nicht mehr das Produkt aus Basisstrom und Stromverstärkungsfaktor B_N. Eine Erhöhung des Basisstromes I_{BX} führt nur noch zu einer sehr geringen Erhöhung des Kollektorstromes auf I_{CX}.

Für die Realisierung eines Stromschalters mit Transistoren greift man auf die Differenzverstärkerschaltung zurück, die häufig in der analogen Schaltungstechnik verwendet wird (z.B. in Eingangsstufen von Operationsverstärkern, vergl. mit Abschn. 5.1). Diese Schaltung sorgt für eine Stromverteilung. Das Bild 3.15 zeigt die Grundschaltung mit der Emitterstromquelle I_{EE}, deren Konstantstrom in Abhängigkeit von den Basisansteuerungen in den beiden Kollektorkreisen verteilt wird. Die Basis des einen Transistors (hier T_2) wird auf ein festes Potential gelegt, z.B. Masse bei zwei Versorgungsspannungen. Durch Aussteuerung von T_1 um das feste Potential von T_2 (z.B. Masse) läßt sich der Strom verteilen. Bei extremer Aussteuerung sperrt der eine Transistor, der andere führt den Maximalstrom I_{EE}.

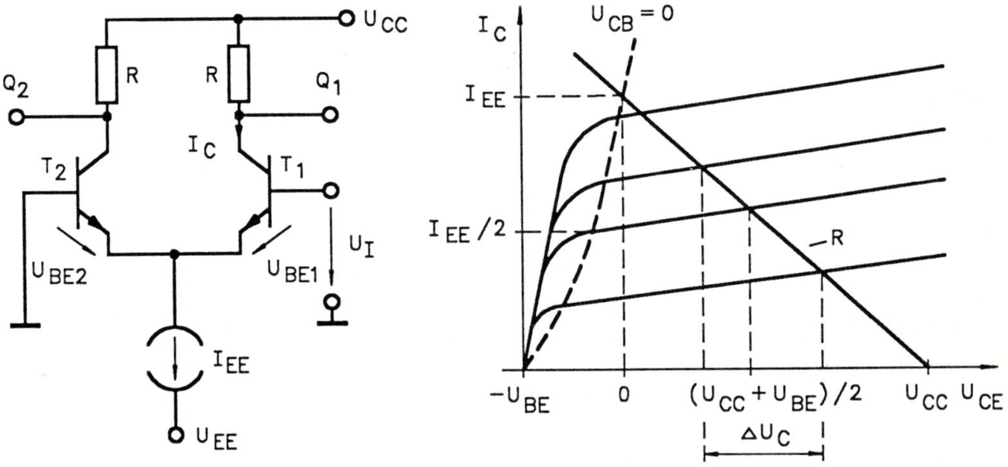

Bild 3.15. Stromschalter als ungesättigter Transistorschalter mit zugehöriger Kennlinie

Das Ausgangskennlinienfeld (Bild 3.15) zeigt, daß beim Sperren des Transistors das Kollektorpotential der Versorgungsspannung entspricht. Am zugehörigen Widerstand R_C fällt keine Spannung ab. Der andere Widerstand übernimmt nun die Funktion des Ableitwiderstandes R_A von Bild 3.11.

In der Praxis ist bei einem Stromschalter die Maximalaussteuerung verboten, um eine Übersteuerung zu vermeiden. Man steuert z.B. zwischen $0{,}1 \cdot I_{EE}$ und $0{,}9 \cdot I_{EE}$ aus. Der merkliche Differenzspannungshub ΔU_C zwischen Q_2 und Q_1 reicht für die logische Unterscheidung zwischen H- und L-Pegel aus.

Logische Schaltungen, die nach dem Stromschalterprinzip arbeiten, werden als ECL-Schaltungen ("Emitter Coupled Logic") bezeichnet.

3.4 Inverter mit Bipolartransistoren

In diesem Abschnitt steht der Inverter in Emitterschaltung im Vordergrund. Es wird der gesättigte Spannungsschalter untersucht und berechnet. Die Sättigung sorgt für kleinste Restspannungen am geöffneten Transistorschalter. Die Sättigung und somit die Ansteuerung bestimmen die Schaltzeiten des Transistors. Zur Verringerung von Schaltzeiten werden zwei Methoden diskutiert. Das dynamische Verhalten wird stark durch die ausgangsseitige Belastung beeinflußt. Dies gilt besonders für kapazitive und induktive Lasten.

3.4.1 Gesättigte Transistorinverter

Das Bild 3.16 zeigt ein einfaches Ersatzschaltbild für den statischen Transistorschalter. Aus $I_C = I_{CBO} - A_N \cdot I_E$ und $B_N = 1/(1 - A_N)$ folgt

$$I_C = B_N \cdot I_B + (1 + B_N) \cdot I_{CBO}. \qquad (3.7)$$

Der Kollektorreststrom $I_{CBO} \approx 0{,}5$ bis 20 nA kann bei Siliziumtransistoren im allgemeinen vernachlässigt werden.
Der Stromverstärkungsfaktor B_N der Emitterschaltung gilt für den Normalbetrieb mit gesperrter Kollektordiode. B_N ist nicht konstant, er hat bei mittleren Strömen ein Maximum und fällt bei kleinen und größen Stromen teilweise auf den halben Wert des Maximums. Für die Aussteuerung eines Transistorschalters sind verschiedene Schnittpunkte der Arbeitsgeraden mit Kennlinienkurven im Ausgangskennlinienfeld zu berücksichtigen. Aus dem Bild 3.17 sind vier Bereiche zu entnehmen. Es sind der Sperrbereich I, der für digitale Anwendungen verbotene Aussteuerbereich II, der Überlast-Teilbereich III mit der begrenzenden Leistungshyperbel und der Sättigungsbereich IV, der durch die Übersteuerungsgrenze vorgegeben ist.
Der Sperrbereich ist durch $I_B = 0$ begrenzt. Der Schnittpunkt der Kennlinie für $I_B = 0$ und einer Arbeitsgeraden R gibt den Arbeitspunkt P_0 im Sperrfall.

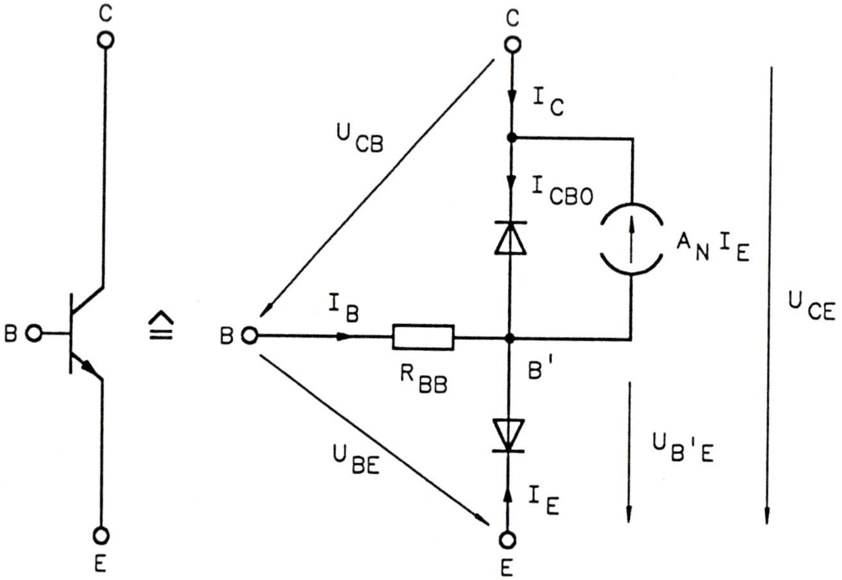

Bild 3.16. Einfaches Ersatzschaltbild des statischen Transistorschalters

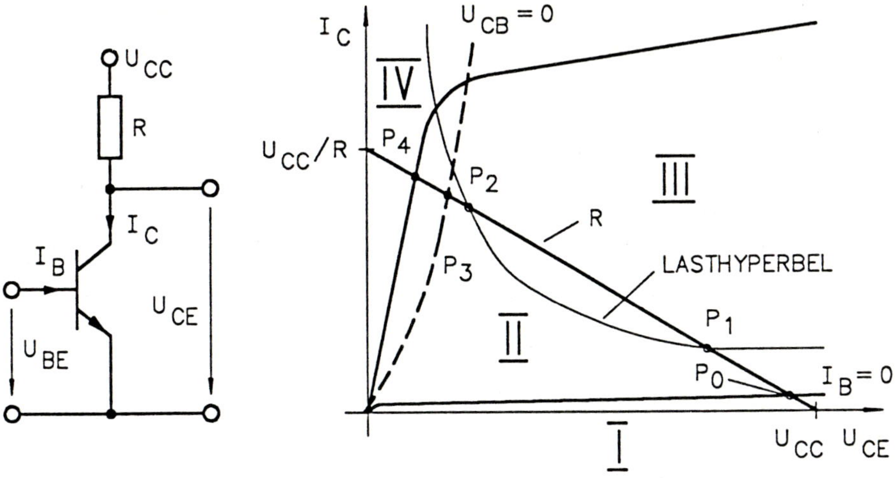

Bild 3.17. Transistorkenngrößen im Ausgangskennlinienfeld

Die Punkte P_1 und P_2 grenzen den Überlastbereich ein. Der Arbeitspunkt P_3 liegt auf der Übersteuerungsgrenze. Hier gilt:

$$B_N = \frac{I_{CÜ}}{I_{BÜ}}. \tag{3.8}$$

Bei kleinen Basisströmen I_B lassen sich die Werte an der Übersteuerungsgrenze für $U_{CB} = 0$ messen. Bei größeren Basisströmen ergeben sich falsche Werte, weil eine merkliche Spannung an dem internen Basisbahnwiderstand abfällt. Die Übersteuerunggrenze liegt somit bei der äußeren Spannung $U_{CB} = - I_B \cdot R_{BB}$.
Die zugehörige Kollektoremitterrestspannung $U_{CEÜ}$ liegt bei ca. 0,1 bis 1 V.
Wird der Kollektorstrom des Transistorschalters erhöht, so arbeitet der Transistor in der Sättigung (oberhalb des Arbeitspunktes P_3). Es stellt sich ein Kollektorstrom

$$I_{CX} > I_{CÜ},$$

$$I_{CX} = \frac{U_{CC} - U_{CEX}}{R} \tag{3.9}$$

ein. Die Erhöhung des Kollektorstromes ist mit einer m-fachen Stromübersteuerung im Basiskreis verbunden. Es gelten folgende Definitionen für den Übersteuerungsgrad

$$m = \frac{I_{BX}}{I_{BÜ}} \tag{3.10}$$

und mit (3.8):

$$m = B_N \cdot \frac{I_{BX}}{I_{CÜ}}. \tag{3.11}$$

Durch die Übersteuerung sinkt die Restspannung von $U_{CEÜ}$ auf U_{CEX} ab.

Für eine hohe Schaltsicherheit wird $m \geq 1$ gewählt, damit Ströme $I_C \geq I_{CÜ}$ wegen der vorhandenen Bauelemente-Toleranzen sicher erreicht werden.

Für einen Transistorschalter im EIN-Zustand ergibt sich somit für den EIN-Widerstand

$$R_{ON} = \frac{U_{CEX}}{I_{CX}}. \qquad (3.12)$$

Im AUS-Zustand fließt für $I_B = 0$ ein Kollektorreststrom I_{CBO}, wir erhalten einen Widerstand

$$R_{OFF} = \frac{U_{CY}}{I_{CY}} \approx \frac{U_{CC}}{I_{CEO}}. \qquad (3.13)$$

Der einfachste Transistorinverter besteht aus einem Transistor als Schalter, einem Basisvorwiderstand R_B zur Stromeinprägung und dem kollektorseitig angeordneteten Lastwiderstand R_C (Bild 3.10). In dem Schaltbild 3.18 ist die Grundschaltung durch einen Basisableitwiderstand R_A erweitert worden. Bei einem NPN-Transistor hat U_B Massepotential oder ist negativ. Dieser Widerstand R_A verbessert das Sperrverhalten, weil sichergestellt wird, daß die $U_{BEY} \leq U_{BES}$ ist. Die Spannung U_{BES} bezeichnet man als Schwellspannung, bei dieser Spannung ist $I_B = 0$ unter Einbeziehung des auftretenden Reststromes I_{CBO}. Bei Siliziumtransistoren liegt U_{BES} bei ca. 0,4 bis 0,6 V.

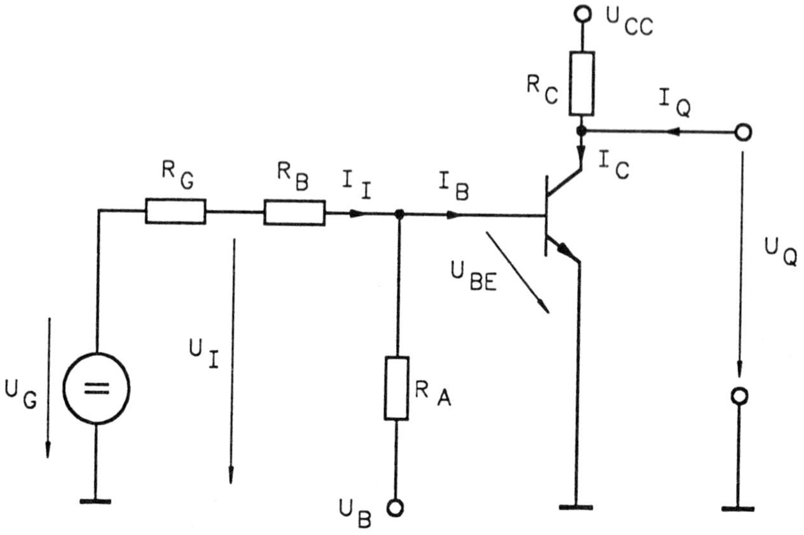

Bild 3.18. Transistorschalter mit Basisableitwiderstand

Bei der Berechnung eines Transistorschalters muß man die Toleranzgrenzen aller Bauelemente berücksichtigen. Mit Hilfe von Empfindlichkeitsanalysen lassen sich Grenzwerte für jede Schaltung ermitteln. In der heutigen Zeit ist es unumgänglich, mit Schaltungssimulationsprogrammen zu arbeiten. Mit Hilfe des Programmpaketes SPICE (siehe Abschnitt 8) lassen sich Grenzbereiche durch Eingabe von Minimal- und Maximalwerten der Modellparameter berechnen. In der Vergangenheit wurde eine vereinfachte Methode angewendet, um einen hohen Rechenaufwand zu vermeiden. Man gibt für jedes Bauelement, für alle Versorgungsspannungen und alle Pegel minimale und maximale Werte an und berechnet die Schaltung für den schlechtesten Fall ("worst case"). Für diese "Worst case-Rechnung" werden die Größen durch Unterstreichnung für Minimalwerte und durch Überstreichung für Maximalwerte gekennzeichnet (Beispiel: $U_{CCmin} = \underline{U}_{CC}$, $R_{Cmax} = \overline{R}_C$). Dieses Verfahren wird heute nur noch selten angewendet. Es darf nur benutzt werden, wenn die Überlegungen "physikalisch" sinnvoll sind. Wegen des Rechenaufwandes ist die Anwendung auf einfache Schaltungen begrenzt. Am Beispiel des Transistorschalters wird der Rechengang aufgezeigt. Es sollen ausgangsseitig Lastströme I_Q mit berücksichtigt werden. Lastströme, die in den Ausgang hinein fließen, erhalten ein positives Vorzeichen. Die Quelle (Generator) am Eingang soll nicht nur durch den Inverter belastet werden. Eine zusätzliche Belastung der Quelle durch weitere Schaltstufen wird über den Strom I_I berücksichtigt.

Transistorinverter im EIN-Zustand (Bild 3.18):

Es gilt für den minimalen Streuwert

$$\underline{m} = \underline{B}_N \cdot \frac{\underline{I}_{BX}}{\overline{I}_{CX}} \geq m \text{ (gefordert)}. \qquad (3.14)$$

Für den Basisstrom

$$I_{BX} \geq \overline{I}_{BX} = \underline{m} \cdot \frac{\overline{I}_{CX}}{\underline{B}_N} \qquad (3.15)$$

mit dem Kollektorstrom

$$\overline{I}_{CX} = \frac{\overline{U}_{CC} - \underline{U}_{CEX}}{\underline{R}_C} + \overline{I}_{QX} \qquad (3.16)$$

gilt

$$\underline{I}_{BX} = \frac{\underline{U}_{GX} - \overline{U}_{BEX} - \overline{R}_{GX} \cdot \overline{I}_{IX}}{\overline{R}_{GX} + \overline{R}_B} - \frac{\overline{U}_{BEX} - \overline{U}_B}{\underline{R}_A}. \qquad (3.17)$$

Durch Einsetzen von I_{CX} und I_{BX} ergibt sich die folgende Ungleichung:

$$\frac{\underline{U}_{GX} - \overline{U}_{BEX} - \overline{R}_{GX} \cdot \overline{I}_{IX}}{\overline{R}_{GX} + \overline{R}_B} - \frac{\overline{U}_{BEX} - \overline{U}_B}{\underline{R}_A} \geq \frac{\underline{m}}{\underline{B}_N} \cdot \left(\frac{\overline{U}_{CC} - \underline{U}_{CEX}}{\underline{R}_C} + \overline{I}_{QX} \right) \qquad (3.18)$$

Aus dieser Ungleichung läßt sich der untere Grenzwert des Ableitwiderstandes berechnen:

$$R_A \geq \frac{\overline{U}_{BEX} - \overline{U}_B}{\dfrac{\underline{U}_{GX} - \overline{U}_{BEX} - \overline{R}_{GX} \cdot \overline{I}_{IX}}{\overline{R}_{GX} + \overline{R}_B} - \dfrac{\underline{m}}{\underline{B}_N} \cdot \left(\dfrac{\overline{U}_{CC} - \underline{U}_{CEX}}{\underline{R}_C} + \overline{I}_{QX} \right)}. \qquad (3.19)$$

Aus der Halbleiterphysik ist bekannt, daß mit abnehmender Temperatur die Stromverstärkung B_N abnimmt und U_{BEX} zunimmt ($\Delta U_{BE}/\Delta T \approx -2$ mV/K). Es müssen daher Transistordaten für die tiefste Betriebstemperatur herangezogen werden.

Transistorinverter im AUS-Zustand:

Der maximale Streuwert von $\overline{U}_{BEY}$ muß folgende Bedingungen erfüllen:

$$\overline{U}_{BEY} \le U_{BEY} \text{(gefordert)} < \overline{U}_{BES}. \qquad (3.20)$$

Aus der Schaltung (Bild 3.18) folgt:

$$\overline{U}_{BEY} = (\overline{U}_{GY} - \underline{R}_{GY} \cdot \underline{I}_{IY}) \cdot \frac{\overline{R}_A}{\underline{R}_{GY} + \underline{R}_B + \overline{R}_A} + \underline{U}_B \cdot \frac{\underline{R}_{GY} + \underline{R}_B}{\underline{R}_{GY} + \underline{R}_B + \overline{R}_A}. \qquad (3.21)$$

Aus (3.20) und (3.21) ergibt sich ein maximaler Wert für

$$R_A \le \frac{(\overline{U}_{BEY} + \underline{U}_B) \cdot (\underline{R}_{GY} + \underline{R}_B)}{\overline{U}_{GY} - \underline{R}_{GY} \cdot \underline{I}_{IY} - \overline{U}_{BEY}} \qquad (3.22)$$

Zur Ermittlung der Werte der Widerstände R_A und R_B ist eine grafische Lösung besonders einfach und sinnvoll. Man trägt R_A als Funktion von R_B mit (3.19) und (3.22) auf. Die Schnittmenge der beiden Grenzkurven von R_A gibt den erlaubten Bereich für die Widerstände an. Berücksichtigt man die Toleranz der beiden Widerstände, so muß erreicht werden, daß dieses Toleranzrechteck in den Grenzkurvenbereich fällt [3.3].

Parallelschaltung von Ausgängen

Zu Eintakt-Transistorschaltern können mehrere gleichartig aufgebaute Schalter parallelgeschaltet werden, die durch diese Verdrahtung eine logische Verknüpfung realisieren. Bei positiver Logik und einem NPN- oder N-Kanal-Transistorschalter nach Bild 3.10 wird am Ausgang eine ODER-Verknüpfung hergestellt ("wired OR").
Dadurch lassen sich Logik-Gatter (z. B. Diodenschaltungen) einsparen. Bei integrierten Schaltungen gibt es Ausgänge mit Transistoren (NPN oder N-Kanal), die extern mit einem Lastwiderstand beschaltet werden müssen. Für diese "open collector"- oder "open drain"-Schaltungen geben die Hersteller minimale und maximale Werte der Lastwiderstände an. Die Werte sind durch maximale H-Pegel und minimale L-Pegel, durch die Anzahl der Ein- und Ausgänge und durch die Eingangsströme der Schaltungen gegeben. Im Abschnitt 3.7 wird der Größenbereich des Lastwiderstandes berechnet.

3.4.2 Schalten kapazitiver Lasten

Das statische Verhalten eines Transistorinverters mit sprunghaftem Übergang der Arbeitspunkte für das Ein- und Ausschalten stellt sich im allgemeinen in der Praxis nicht ein. Die nicht zu vermeidenden kapazitiven Belastungen der Transistorschalter durch Parasitärkapazitäten, Eingangskapazitäten von nachfolgenden Schaltungen und durch Leitungen bewirken durch Umladevorgänge langsame Zustandswechsel [3.4, 3.5]. Das Ersatzschaltbild mit dem ausgangsseitig angeordneten Lastkondensator C_L und die Impulsverläufe der Eingangs- und Ausgangsspannung zeigt Bild 3.19.

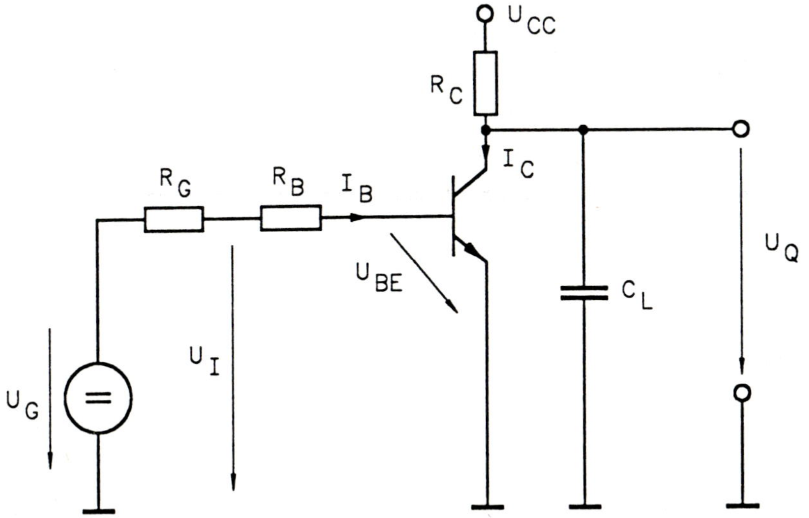

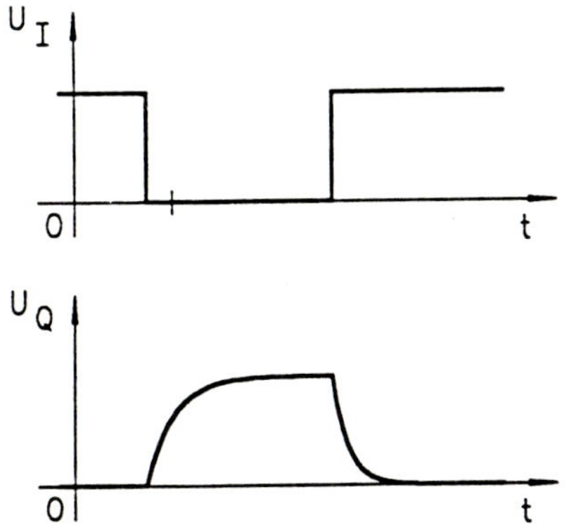

Bild 3.19. Transistor mit kapazitiver Last

Bei sprunghaftem Basisstromverlauf und trägheitslos angenommenem Transistor stellen sich die Umladezeiten T_E und T_A ein.

Das Ausgangskennlinienfeld (Bild 3.20) zeigt den zeitlichen Pfad der Kollektoremitterspannung und des Kollektorstromes. Eine feste zeitliche Zuordnung zu den Impulsverläufen ist diesem Bild aber nicht zu entnehmen.

Diese Pfade werden nur bei starken kapazitiven Lasten durchlaufen und stellen Grenzverläufe dar. In der Praxis findet man Pfade, die zwischen den Grenzkurven und dem Pfad auf der Widerstandsgeraden liegen.

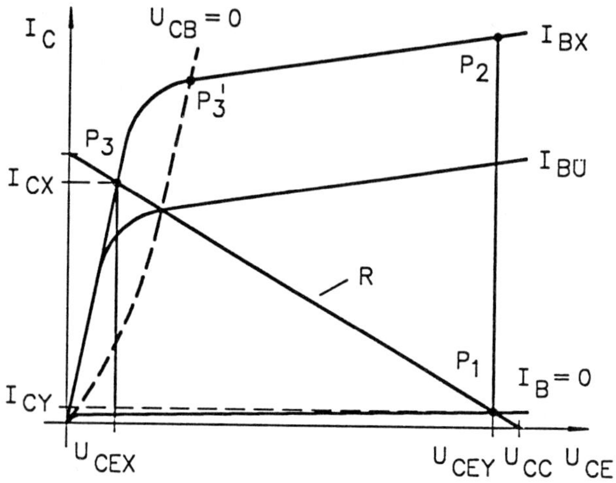

Bild 3.20. Dynamische Transistor-Umschaltkennlinie bei kapazitiven Lasten

Der Einschaltvorgang ist im Ausgangskennlinienfeld durch die Arbeitspunkte P_1 bis P_3 dargestellt. Beim Einschalten des Basisstromes von I_{BY} auf I_{BX} springt der Arbeitspunkt von P_1 auf P_2, durch die Ladungsspeicherung kann sich U_{CE} nicht sprunghaft ändern. Durch den hohen Ausgangswiderstand R_{CE} des Transistors im Aussteuerbereich fließt ein nahezu konstanter Kollektorstrom $I_C = B_N \cdot I_{BX}$ bis zum Arbeitspunkt P_3'. Im Sättigungsbereich sinkt der Strom auf den statischen Wert von I_{CX} (EIN-Zustand beim Arbeitspunkt P_3).

Für den Kondensatorumladevorgang gilt somit

$$I_C = \frac{U_{CC} - U_{CE}(t)}{R_C} - C \cdot \frac{dU_{CE}(t)}{dt} \qquad (3.23)$$

und mit $U_{CE}(t=0) \approx U_{CC}$

$$U_{CE}(t) = U_{CC} - I_C \cdot R_C \cdot \left(1 - \exp\left(-\frac{t}{R_C \cdot C_L}\right)\right). \qquad (3.24)$$

Für die Entladezeit gilt mit $I_C \approx m \cdot U_{CC} / R_C$, $U_{CE}(t = t_E) \approx U_{CEÜ}$, $ü = U_{CEÜ} / U_{CC}$ und $\tau = R_C \cdot C_L$:

$$t_E = \tau \cdot \ln\left(\frac{m}{m - 1 + ü}\right) \qquad (3.25)$$

Beim Ausschalten sperrt der Transistor, der Lastkondensator C_L wird von U_{CEX} auf U_{CC} über den Widerstand R_C geladen. Daraus folgt mit $\tau = R_C \cdot C_L$:

$$U_{CE}(t) = U_{CC} + (U_{CEX} - U_{CC}) \cdot \exp\left(-\frac{t}{\tau}\right) \qquad (3.26)$$

und mit der Definition für U_{CE} ($t = t_A$) = $0{,}9 \cdot U_{CC}$ und mit $x = U_{CEX} / U_{CC}$:

$$t_A = \tau \cdot \ln (10 \cdot (1 - x)) \qquad (3.27)$$

Die Ausschaltzeit läßt sich verkürzen, wenn man mit einer "Haltediode" und einer Hilfsspannung U_H den Endwert der Kondensatorspannung begrenzt. Das Bild 3.21 zeigt diese Schaltung mit zugehörigem Verlauf der Kondensatorspannung. Die Spannung an C_L ist somit auf $U_H + U_F$ begrenzt, der Endwert der Exponentialfunktion für den Ladevorgang bleibt aber erhalten. Für U_{CE} ($t = t_A^*$) muß nun $U_H + U_F$ gesetzt werden.
Es gilt für die verkürzte Ausschaltzeit

$$t_A^* = \tau \cdot \ln \left(\frac{U_{CC} - U_{CEX}}{U_{CC} - U_H - U_F} \right). \qquad (3.28)$$

Ein großer Nachteil der Haltediodenschaltung ist der begrenzte H-Pegel von $U_H + U_F$, der sich durch die Klammerschaltung einstellt.

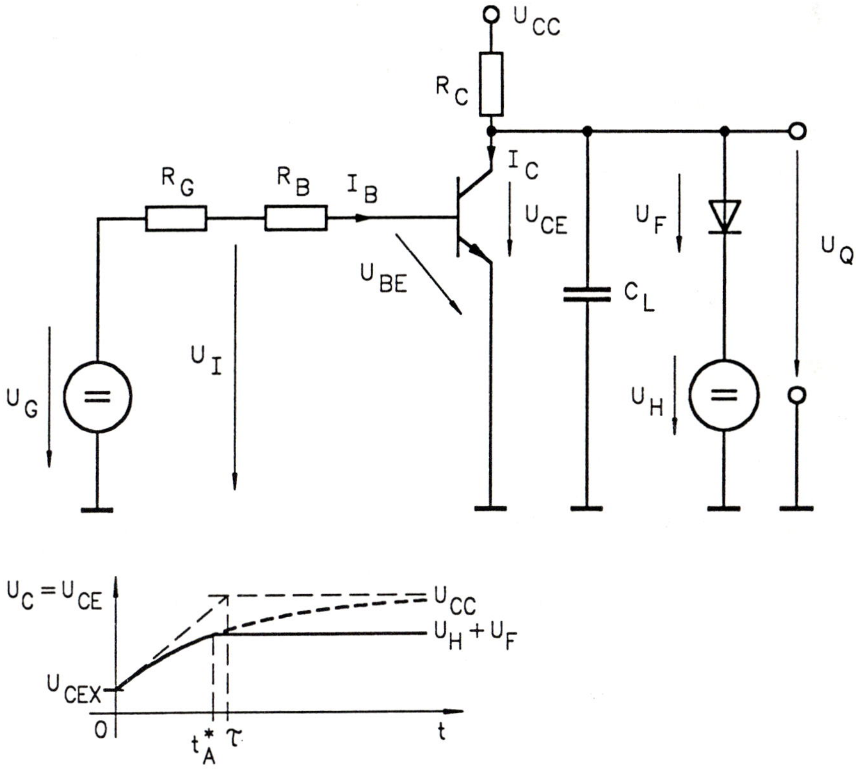

Bild 3.21. Transistorinverter mit Haltediode und Ausschaltimpulsverlauf

3.4.3 Schalten induktiver Lasten

Die induktive Last wird durch eine reine Induktivität L und einen ohmschen Anteil R_L als Reihenwiderstand dargestellt. Ausgehend von einem idealen Schalter sollen das Ein- und Ausschaltverhalten untersucht werden. Die Bilder 3.22 und 3.23 zeigen den Schalterkreis und die zugehörigen Impulsverläufe.

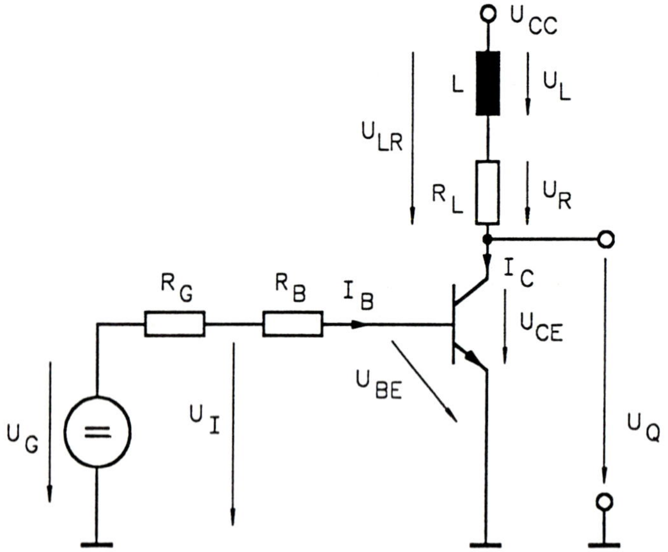

Bild 3.22. Transistorschalter mit induktiver Last

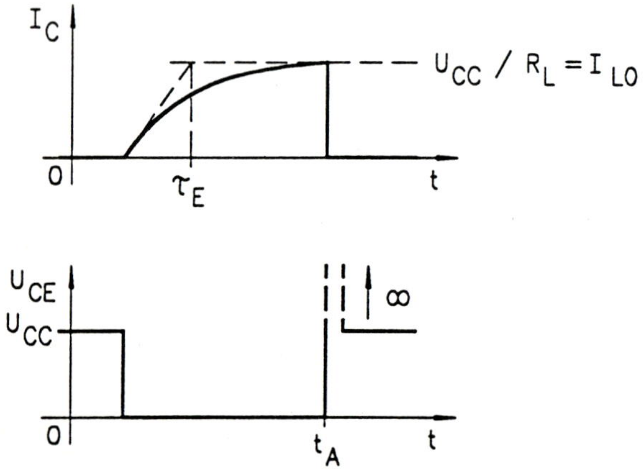

Bild 3.23. Verlauf des Kollektorstromes und der Kollektoremitterspannung bei induktiver Last

Für den induktiven Schalterkreis gilt

$$U_{CE}(t) = U_{CC} - R_L \cdot I_L(t) - L \cdot \frac{dI_L(t)}{dt} \qquad (3.29)$$

Beim Einschalten fließt der Strom

$$I_C(t) = \frac{U_{CC}}{R_L} \cdot \left[1 - \exp\left(-\frac{t}{\tau_E}\right)\right] \qquad (3.30)$$

mit $\tau_E = \frac{L}{R_L}$.

Am Schalter fällt keine Spannung ab ($U_{CE} = 0$ V).

Für den Ausschaltzeitpunkt t_A werden die Zeiten t_A^- direkt davor und t_A^+ direkt dahinter betrachtet. Zum Zeitpunkt t_A^- fließt der stationäre Strom

$$I_C(t_A^-) = I_{LO} = \frac{U_{CC}}{R_L},$$

zum Zeitpunkt t_A^+ fließt

$$I_C(t_A^+) = 0.$$

Beim Ausschalten tritt eine unendlich hohe Stromänderung auf. Eingesetzt in (3.29) stellt sich eine unendlich hohe Spannung am Schalter ein:

$$U_{CE} = U_{CC} + \infty = \infty.$$

In der Praxis erhält man kleinere Spannungen, weil der Stromanstieg begrenzt ist und/oder sich Spannungsdurchbrüche (oder Überschläge) einstellen.
Spannungsdurchbrüche bei elektronischen Schaltern führen häufig zum Defekt. Es werden daher Schutzschaltungen benötigt. Bei Bipolartransistoren muß gelten: $U_{CE} \leq U_{CEO}$ bzw. $U_{CE} \leq U_{CES}$ für $I_B < 0$! Der Kennlinienverlauf ist dem Bild 3.24 zu entnehmen. Die Arbeitspunkte für die Zustände AUS und EIN (P_1 und P_3) werden über Grenzkurvenverläufe erreicht. Bei MOS-Transistoren sind die entsprechenden Grenzwerte für die Spannung U_{DS} zu berücksichtigen.

Die einfachste Möglichkeit des Schutzes bietet die "Freilaufdiode", die parallel zur Induktivität geschaltet wird. Die Diode ist in Sperrichtung geschaltet (die Katode zeigt zum Potentialpunkt der Versorgungsspannung, siehe Bild 3.25a).
Wenn der Transistor zu sperren beginnt, wird der Strom über die Diode geleitet ("Freilauf"). Es tritt daher zum Zeitpunkt t keine Stromänderung auf. Ausgehend von einer idealen Diode (Ersatzschaltbild 3.25b) stellt sich im Freilaufkreis ein Strom

$$I_L(t) = I_{LO} \cdot \exp\left(-\frac{t}{\tau_A}\right) \qquad (3.31)$$

mit

$$I_{LO} = \frac{U_{CC}}{R_L}$$

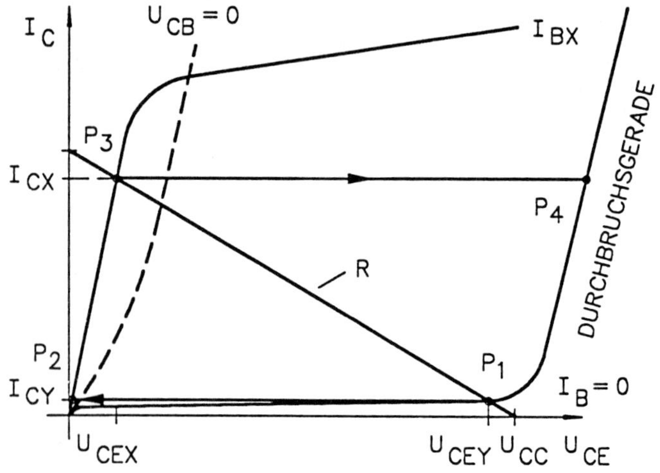

Bild 3.24. Dynamische Transistor-Umschaltkennlinie bei induktiven Lasten

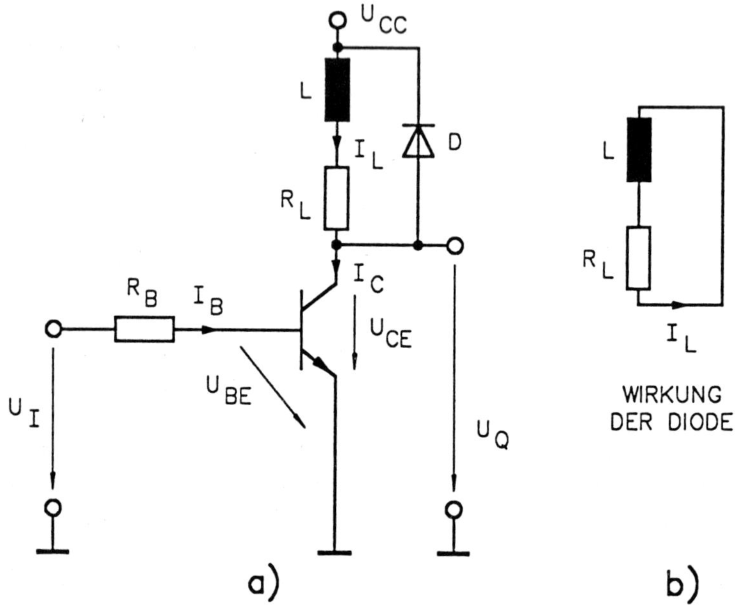

Bild 3.25. a) Induktiver Lastkreis mit Freilaufdiode und b) Ersatzschaltbild

und

$$\tau_A = \frac{L}{R_L}$$

ein. Als Abklingparameter wird die sog. "Halbwertszeit" t_H angegeben. Zum Zeitpunkt t_H fließt ein Freilaufstrom $I_L = I_{LO} / 2$. Aus (3.31) folgt

$$t = \tau_A \cdot \ln 2 \approx 0{,}69 \cdot \tau_A . \qquad (3.32)$$

Als maximale Spannung am Transistorschalter stellt sich die Betriebsspannung U_{CC} ein. Die magnetische Energie

$$E_L = \frac{L \cdot I_{LO}^2}{2} \qquad (3.33)$$

wird vollständig in Wärme umgesetzt.

Der große Vorteil der Freilaufdiodenschaltung besteht in der Schalter-Spannungsbegrenzung auf U_{CC}. Nachteilig ist aber das langsame Abklingverhalten mit hohen Halbwertszeiten. Die Abklingzeit des Stromes läßt sich auch durch andere Schutzschaltungen (Bild 3.26) verkürzen, wenn man Schalterspannungen U_{CE} zuläßt, die größer sind als U_{CC}. Die gezeigten drei Schaltungen sind üblich, um τ_A zu verringern.

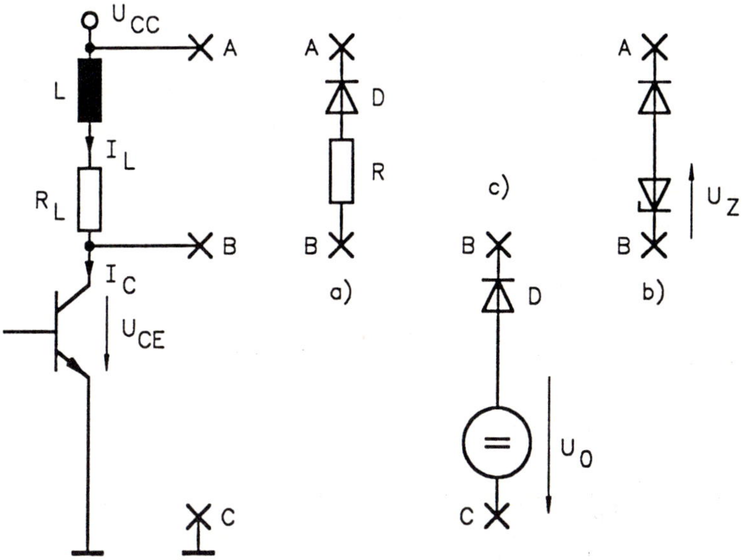

Bild 3.26. Schutzschaltungen für induktiv belastete Transistorinverter

Für die Berechnung der drei Schaltungen gilt das Ersatzschaltbild mit dem zugehörigen Stromverlauf (Bild 3.27).
Der Widerstand R_A im Ersatzschaltbild entspricht den Widerständen $R + R_F$ der Widerstands/ Dioden-Beschaltung, $R_F + R_O$ für die Dioden–Halteschaltung bzw. $R_F + R_Z$ für

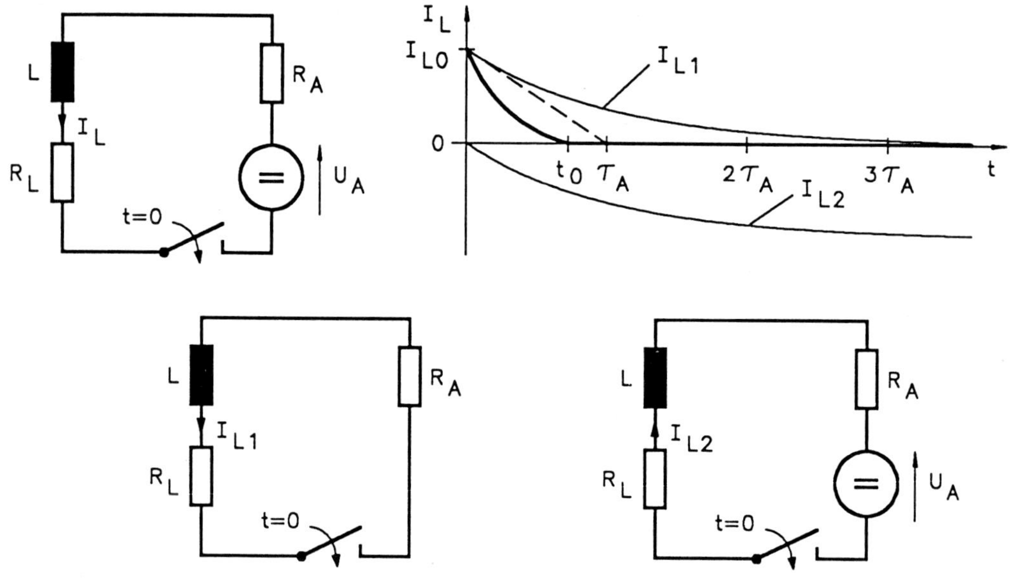

Bild 3.27. Ersatzschaltung und Stromverlauf der Schutzschaltungen

die Dioden/ Z-Dioden-Beschaltung (Bild 3.26a bis c). Das Ersatzschaltbild berücksichtigt somit die Fluß- und Durchbruchswiderstände der Dioden und Z-Dioden (R_F und R_Z), sowie den Innenwiderstand R_O der Hilfsspannungsquelle U_O (= U_A) bei der Halteschaltung. Bei der Z-Diodenschaltung ist $U_Z = U_A$ zu setzen (Bild 3.27).
Der Strom I_L wird in zwei Anteile aufgeteilt ($I_L = I_{L1} - I_{L2}$). Durch Anwendung des Überlagerungsprinzips wird I_{L1} über I_{LO} berechnet (für $U_A = 0$). Unter Einbeziehung von U_A läßt sich I_{L2} angeben:

$$I_L\ (t = 0) = \frac{U_{CC}}{R_L} = I_{LO}, \qquad (3.34)$$

$$I_L\ (t) = I_{L1}\ (t) - I_{L2}\ (t), \qquad (3.35)$$

$$I_{L1}\ (t) = \frac{U_{CC}}{R_L} \cdot \exp\left(- \frac{t}{\tau_A} \right), \qquad (3.36)$$

$$I_{L2}\ (t) = \frac{U_A}{R_A + R_L} \cdot \left(1 - \exp\left(- \frac{t}{\tau_A} \right)\right), \qquad (3.37)$$

und

$$\tau_A = \frac{L}{R_A + R_L}. \qquad (3.38)$$

Der Strom I_L erreicht bei der Abklingzeit t_O den Wert null. Durch die Dioden können keine negativen Ströme I_L auftreten.

Aus den Gleichungen (3.35) bis (3.37) ergeben sich die Halbwertszeit

$$t_H = \tau_A \cdot \left[\ln (2) - \ln \left(1 + \frac{R_L \cdot U_A}{R_L \cdot U_A + (R_A + R_L) \cdot U_{CC}} \right) \right] \tag{3.39}$$

und die Abklingzeit

$$t_O = \tau_A \cdot \ln \left(1 + \frac{U_{CC} \cdot (R_A + R_L)}{U_A \cdot R_L} \right). \tag{3.40}$$

Im Ausschaltzeitpunkt fließt der stationäre Strom I_{LO}, durch die Induktivität gegeben, über R_A und U_A im Abklingkreis weiter. Daraus ergibt sich in diesem Zeitpunkt die maximale Schalterspannung

$$U_{CEmax} = U_{CC} + U_A + R_A \cdot I_{LO}. \tag{3.41}$$

3.4.4 Gegentaktschalter

Die bisher besprochenen Transistorschalter arbeiteten alle nach dem Eintaktprinzip, d.h. im EIN-Zustand wird durch einen Schalter eine Verbindung mit der Versorgungsspannung hergestellt. Im AUS-Zustand sperrt der Schalter. Dieses Sperrverhalten stellt sich bei kapazitiven Lasten nicht trägheitslos ein, d.h. ein schneller Übergang von einer hohen zu einer kleinen Lastspannungen ist nicht möglich. Eintaktschalter begrenzen somit die Schaltgeschwindigkeit und die Maximalfrequenz des Systems.
Durch einen sog. "Gegentaktschalter" ist die schnelle Umschaltung möglich. Zwei komplementär gesteuerte Schalter (der eine ist im EIN-Zustand, der andere im AUS- Zustand oder umgekehrt) legen die Last entweder an die positive oder an die negative Versorgungsspannung.
Bei digitalen Logikschaltungen (z.B. TTL, CMOS) mit einer positiven Versorgungsspannung (z.B. U_{CC}) wird zwischen dieser und dem Massepotential (z.B. GND) umgeschaltet. Dies hat zur Folge, daß für jeden Zustand ein niederohmiger Pfad zur Verfügung steht. Bei kapazitiven Lasten stellen sich somit kleine Umladezeitkonstanten

$$\tau_{1,2} = (R_{ON\ 1,2} \parallel R_L) \cdot C_L \tag{3.42}$$

ein (Bild 3.28).

Schaltungstechnisch sind vier Prinzipien üblich:

1) Komplementäre Inverter:
   Eine Steuerspannung schaltet die Last über Komplementärtransistoren, die als Transistorschalter arbeiten, um (Bild 3.29). Als Lastwiderstand wirkt der komplementäre Transistor. Die Ausgangswiderstände sind sehr klein. Durch die geringen Restspannungen stehen an der Last nahezu die Versorgungsspannungen zur Verfügung. Bei Bipolartransistoren ist ein Widerstandsteiler zur Arbeitspunkteinstellung nötig.
   Bei der CMOS-Technik (vergl. mit den Abschnitten 3.6 und 4.5) kann man durch die leistungslose Steuerung und durch Vorgabe der Gateschwellspannung die Gates direkt verbinden.

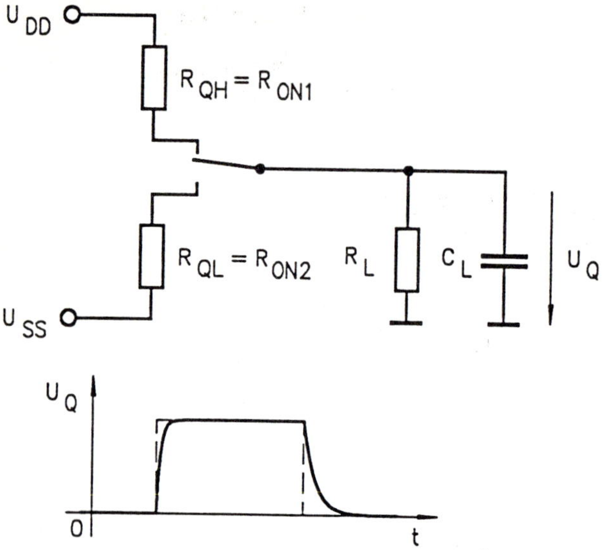

Bild 3.28. Ersatzschaltung des Gegentaktschalters und Signalverläufe

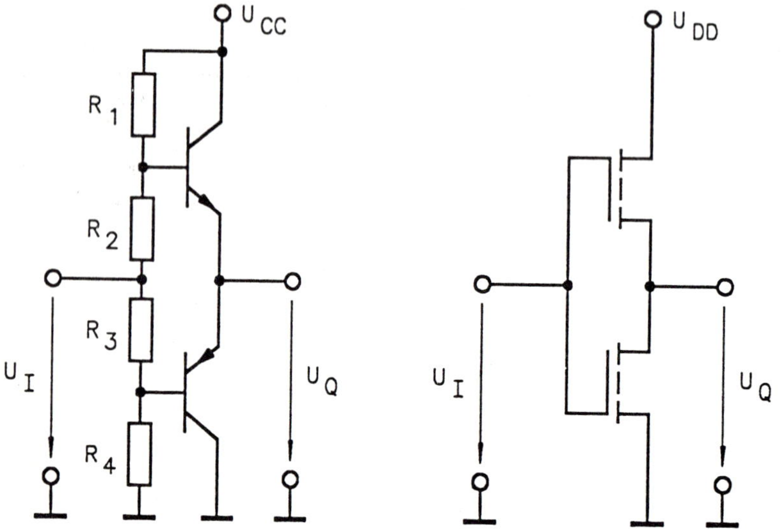

Bild 3.29. Gegentaktschalter mit komplementären Invertern (bipolar und CMOS)

Dieses Verfahren wird bei allen CMOS-Schaltungen ("Complementary Metal Oxide Semiconductor") und bei Bipolar-Leistungsstufen ("Gegentakt B-Endstufe") angewendet.

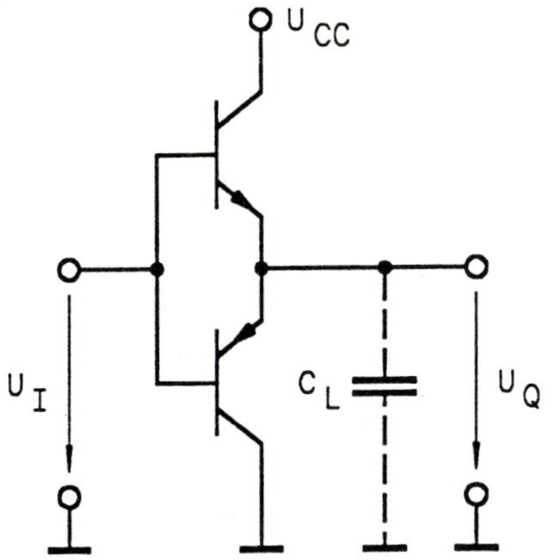

Bild 3.30. Gegentaktschalter mit komplementären Emitterfolgern

2) Komplementäre Emitterfolger:

Bei dieser Schaltung werden die Emitterwiderstände der beiden Emitterfolger durch komplementäre Transistoren ersetzt (Bild 3.30). Die Basen werden verbunden oder mit einem Netzwerk aus Widerständen und Pegelverschiebedioden beschaltet. Für digitale Anwendungen ist die Schaltung mit verbundenen Basen anwendbar, da Signalverzerrungen durch die Basis-Emitter-Strecken unerheblich sind [3.6]. Die Zeitkonstante für das Schaltverhalten wird durch die Ausgangswiderstände der Transistoren bestimmt. Der Ausgangswiderstand ist abhängig vom Innenwiderstand R_S der Quelle am Eingang, der Steilheit S und der Stromverstärkung β des Transistors und dem Lastwiderstand R_L. Es gilt nach [3.6] für den jeweils leitenden Transistor:

$$R_{OUT} = \left(\frac{1}{S} + \frac{R_S}{\beta}\right) \| R_L \qquad (3.43)$$

und für die Zeitkonstante

$$\tau = R_{OUT} \cdot C_L;$$

$$= \left[\left(\frac{1}{S} + \frac{R_S}{\beta}\right) \| R_L\right] \cdot C_L. \qquad (3.44)$$

Ein Nachteil dieser Schaltung ist die Verkleinerung des Hubes am Ausgang gegenüber dem Eingang um U_{BE} des NPN- bzw. PNP-Transistors.

3) Inverter–Emitterfolger

- Für diese Schaltungsvariante werden zwei Transistoren eines Leitungstyps (z.B. NPN) und eine Diode benötigt (Bild 3.31). Der Transistor T_2 arbeitet als Emitterfolger und sorgt für einen niederohmigen Ausgangswiderstand, der zu einer kleinen Zeitkonstanten τ_A bei der Ladung der Lastkapazität führt (siehe Gleichung 3.44).
  Zur Entladung der Lastkapazität dienen der Transistorschalter (Inverter) T_1 und die Bypass-Diode D. Aus dem Flußwiderstand der Diode R_F und dem Sättigungswider-

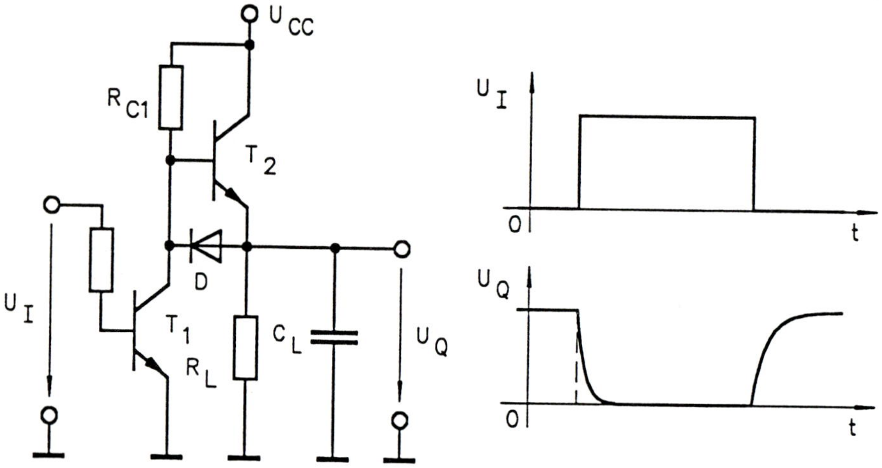

Bild 3.31. Gegentaktschalter mit direkter Signalansteuerung (Inverter-Emitterfolger)

stand R_{CEX} des Transitors T_1 ergibt sich die Zeitkonstante für die Entladung der Lastkapazität

$$\tau_E = \{(R_F + R_{CEX}) \| R_L\} \cdot C_L. \qquad (3.45)$$

Diese Schaltung wurde zeitweise bei langsamen störsicheren bipolaren Logikschaltungen mit hohen Logikpegeln angewendet (z.B. bei der Siemens LSL-Familie, Reihe FZxxx). Sie werden heute seltener eingesetzt. CMOS-Schaltungen mit hohen Logikpegeln können häufig LSL-Schaltungen ersetzen.

4) "Totem pole"-Schaltung

Diese Gegentaktschaltung wird als "Totem pole"-Ausgangsschaltung bezeichnet. Der Begriff wurde zuerst für TTL-Schaltungen (vergl. mit Abschnitt 4.2) benutzt. Der Name "Totem pole" (= Marterpfahl) soll andeuten, daß diese Gegentaktausgangsstufen "einzigartig" sind und nur die Pegel der zugehörigen Logikschaltung führen. Es dürfen keine weiteren Endstufen parallelgeschaltet sein (an einem Marterpfahl befindet sich auch nur ein Opfer!). Zu Eintakt-Transistorschaltern können bekanntlich mehrere gleichartig aufgebaute Schalter parallelgeschaltet werden, die durch diese Verdrahtung eine logische Verknüpfung realisieren.

Bei allen parallelgeschalteten Gegentaktausgangsstufen führt dies zu undefinierten Pegeln und zu Kurzschlüssen, wenn bei zwei Schaltungen jeweils die komplementär angeordnetenTransistoren leiten.
Bei "Totem pole"-Schaltungen befinden sich zwei NPN-Transistoren in der Endstufe, die von einem sog. "Split phase"-Treibertransistor T_1 angesteuert werden (Bild 3.32). Dieser Transistor T_1 weist zwei Arbeitswiderstände (R_1 und R_2) auf (im Kollektor- und im Emitterkreis). T_1 stellt daher gegenphasige Signale zur Verfügung. Am Emitter-

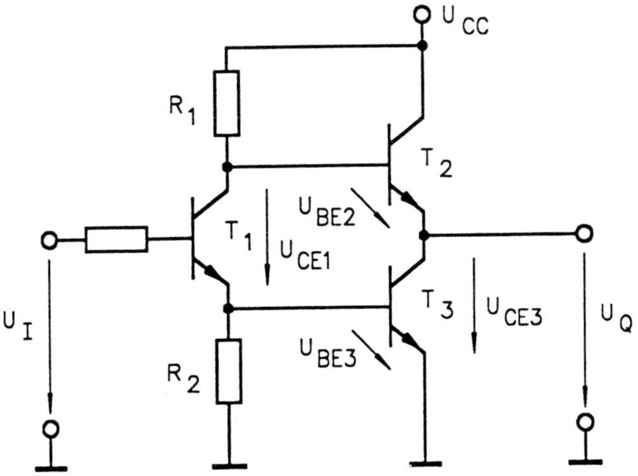

Bild 3.32. Prinzip des "Totem pole"-Gegentaktschalters mit gegenphasiger Signalansteuerung

anschluß ist das Signal in Phase (Emitterfolgerprinzip) und am Kollektor in Gegenphase (Inverterprinzip).
Bei der Berechnung der einzelnen Spannungen an den Transitoren fällt auf, daß der Transistor T_2 nicht sicher sperrt, wenn der Transistor T_1 leitet. Es gilt

$$U_{BE2} = U_{CEX1} + U_{BEX3} - U_{CEX3} \qquad (3.46a)$$

und somit folgt für $U_{CEX1} = U_{CEX3}$

$$U_{BE2} = U_{BEX3}. \qquad (3.46b)$$

Durch Einfügen einer Diode D in Durchlaßrichtung zwischen T_2 und T_3 oder durch Einbau eines Darlington-Transistors T_{2A}, T_{2B} [3.6] wird $0\ V \le U_{BE2} < U_{BES2} = U_{BEY2}$, da $U_F \le U_{BE2}$ ist (Bild 3.33). Durch die Aufteilung der Basis-Emitterspannungen bei T_{2A} und T_{2B} ergibt sich für die Darlingtontonschaltung pro Transistor

$$U_{BE2\ A,B} \approx U_{BEX3}/2 < U_{BEY}. \qquad (3.47)$$

Der Transistor T_2 sperrt nun sicher.
Alle Transistoren arbeiten für den leitenden Fall - bis auf den ausgesteuerten Transistor T_2 - im Sättigungsbetrieb.
Der Widerstand R_3 ist als Kurzschlußschutzwiderstand eingebaut worden. Bei Kurzschlüssen gegen Masse (GND) durch äußere leitende Verbindungen oder durch nicht erlaubtes Parallelschalten von TTL-Ausgängen wird der Strom im Schaltkreis begrenzt ($R_3 \approx 30\ \Omega$ bis $150\ \Omega$) und das "Durchbrennen" der Endstufe wird vermieden.

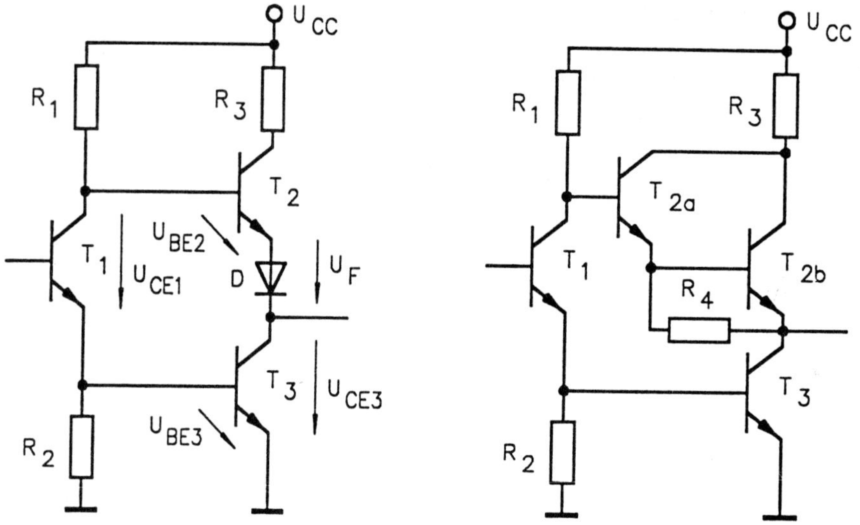

Bild 3.33. "Totem pole"-Schaltungsrealisierungen (mit Diode oder Darlingtontransistor)

Durch den Widerstand R3 und durch den Arbeitspunkt von T2 im Aussteuerbereich liegt der H-Pegel deutlich niedriger als die Betriebsspannung (typisch für TTL-Schaltungen ist $U_{CEY3} = U_{QH} \approx 3{,}2$ V bis 3,8 V, die Hersteller garantieren im schlechtesten Fall $U_{QHmin} = 2{,}4$ V).

3.4.5 Transistorschaltzeiten

Für die Berechnung von Transistorschaltzeiten sind detaillierte Kenntnisse der Halbleiterphysik unerläßlich. Die Ableitung der Gleichungen ist für den Anwender von untergeordnetem Interesse. Es sollen daher nur die Begriffe und stark vereinfachte Grundbeziehungen angegeben werden. In der Literatur [3.1 bis 3.5, 3.7, 3.8] findet man die theoretischen Ansätze.

Integrierte Bipolarschaltungen können nicht mit dieser Theorie behandelt werden, weil bei diesen Transistoren parasitäre Kapazitäten auftreten, so daß nur bei genauer Kenntnis der Technologie sinnvolle Ersatzschaltbilder entwickelt werden können. Betrachtet man z.B. das Übersteuerungsverhalten von Komparatoren oder von Operationsverstärkern, so wird man feststellen, daß bei diesen Schaltungen im Fall der Übersteuerung die Anstiegszeiten ansteigen. Dies widerspricht der Transistorschaltzeittheorie. Unter Berücksichtigung spannungsgesteuerter Stromquellen ist das Verhalten prinzipiell nachvollziehbar.

Bei komplexen Schaltungen ist es sinnvoller, dafür "Makromodelle" mit Kenngrößen wie Spannungsanstiegsgeschwindigkeit ("slewing rate") oder lastkapazitätsabhängiger Durchlaufverzögerungszeit anzugeben.

Reicht die grobe Beschreibung durch Makromodelle nicht aus, sollte man Simulationsprogramme wie SPICE (vergl. mit Abschnitt 8) heranziehen. Diese Programme sind aber nur so gut, wie die angenommenen Modelle für die Bauteile oder für interne Makromodelle mit der Physik und der Technologie übereinstimmen.

Bei der Aussteuerung eines einzelnen Transistorschalters in Emitterschaltung mit einem sprungförmigen Basisstrom stellt man bei der Betrachtung des Kollektorstromes fest, daß in der Einschaltphase nach einer Verzögerungszeit T_D der Kollektorstrom mit einer Anstiegszeit T_R auf seinen Endwert ansteigt. Beim Abschalten des Basistromes fließt der Kollektorstrom für eine bestimmte Zeit (= Speicherzeit T_S) weiter. Zusätzlich muß man in der Ausschaltphase die Abfallzeit T_F berücksichtigen (Bild 3.34).

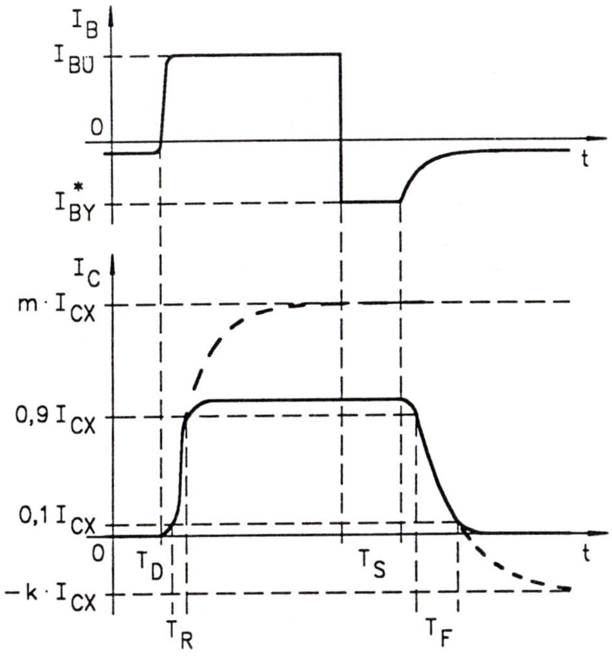

Bild 3.34. Zeitlicher Verlauf des Basisstromes und des Kollektorstromes für Schalttransistoren

Mit Hilfe der Ladungssteuertheorie läßt sich das zeitliche Verhalten prinzipiell erklären. Die Ladungseffekte im Basisraum können bei Ersatzschaltbildern durch Kapazitäten simuliert werden.

Als Verzögerungszeit wird die Zeit zwischen der ansteigenden Flanke des Basistromes und dem Zeitpunkt, bei dem der Kollektorstrom 10 % des Endwertes erreicht hat, definiert. Die spannungsabhängige Kapazität C_{BE} wird durch einen Mittelwert der Kapazität dargestellt. Für die Änderung der Basisladung gilt

$$\Delta Q = C_{BE} \cdot \Delta U_{BE} = C_{BE} \cdot (U_{BEX} - U_{BEY}) \approx I_B \cdot T_D. \quad (3.48)$$

Daraus ergibt sich die Verzögerungszeit

$$T_D \approx \frac{C_{BE} \cdot (U_{BEX} - U_{BEY})}{I_B}. \quad (3.49)$$

Dieses Modell [3.7] beschreibt diese Zeit nur sehr ungenau. Berücksichtigt man auch die Spannungsabhängigkeit der Kapazitäten und die Übersteuerung, so ist dies mit aufwendigen Berechnungen verbunden [3.5, 3.8].

Die Anstiegszeit ist die Zeit, während der der Kollektorstrom von 10 % auf 90 % des Endwertes angestiegen ist. In Abhängigkeit von der Größe des Übersteuerungsfaktors m möchte der Kollektorstrom I_C auf den Endwert $m \cdot B_N \cdot I_{BX}$ ansteigen. Als Maximalstrom kann aber nur I_{CX} fließen. Mit Berücksichtigung der Diffusionskapazität C_{BC} folgt unter Berücksichtigung von (3.11)

$$I_C(t) = m \cdot I_{CX} \cdot \left(1 - \exp\left(-\frac{t}{\tau_C}\right)\right). \quad (3.50)$$

Mit Berücksichtigung der Ströme $0{,}1 \cdot I_{CX}$ und $0{,}9 \cdot I_{CX}$ folgt durch Umstellung

$$T_R = \tau_C \cdot \ln\left(\frac{m - 0{,}1}{m - 0{,}9}\right): \quad (3.51)$$

Die Schaltzeitkonstante

$$\tau_C = B_N \cdot R_C \cdot C_{BC} + \tau_B \quad (3.52)$$

und die Minoritätsträgerlebensdauer in der Basis

$$\tau_B \approx \frac{1}{\omega_{BN}} \quad (3.53)$$

sind nach [3.2 und 3.5] abhängig von der Stromverstärkung B_N, dem Kollektorwiderstand R_C, der Sperrschichtkapazität C_{BC} und der Grenzkreisfrequenz der Emitterschaltung ω_{BN}.

Als "Einschaltzeit" T_E bezeichnet man die Summe aus Verzögerungszeit und Anstiegszeit. Da die Verzögerungszeit sehr viel kleiner ist als die Anstiegszeit, wird häufig $T_E \approx T_R$ gesetzt.

Die Speicherzeit T_S tritt nur bei Übersteuerung auf. Beim Umschalten der Basisspannung auf die Sperrspannung U_{BEY} bleibt die Kollektordiode solange leitend, bis die überschüssige Basisladung abgebaut ist. In dieser Zeit fließt weiterhin ein Kollektorstrom, durch den

Basisstrom $I_{BY}^* < 0$ wird die Basis entladen. Die Speicherzeit ist beendet, wenn der Kollektorstrom auf 90 % von I_{CX} abgesunken ist (Bild 3.34).

Mit der Rekombinationsrate τ_S und dem Ausschaltfaktor $k = \left| \frac{I_{BY}^*}{I_{BÜ}} \right|$ ergibt sich

$$T_S = \tau_S \cdot \ln\left(\frac{k + m}{k + 1}\right) + \tau_C \cdot \ln\left(\frac{k + 1}{k + 0{,}9}\right). \qquad (3.54)$$

Der zweite Term berücksichtigt den Stromabfall von I_{CX} auf $0{,}9 \cdot I_{CX}$.

Während der Abfallzeit T_F (nach Abbau der Überschußladung) nimmt der Kollektorstrom die gleiche Zeitkonstante τ_C an wie beim Anstieg. Es gilt

$$T_F = \tau_C \cdot \ln\left(\frac{k + 0{,}9}{k + 0{,}1}\right). \qquad (3.55)$$

Die Summe aus Speicherzeit T_S und Abfallzeit T_F wird als Ausschaltzeit T_A bezeichnet.

Die Zeitkonstante τ_C bestimmt wesentlich das Schaltverhalten des Bipolartransistors. Niedrige Stromverstärkungsfaktoren B_N und niederohmige Kollektorwiderstände R_C sorgen für ein schnelles Schaltverhalten. Die Hersteller von Schalttransistoren dotieren bei Schalttransistoren teilweise die Basis mit Gold. Dadurch wird die Minoritätsträgerlebensdauer τ_B herabgesetzt. Golddotierungen sind aber wegen der schnellen Diffusion in Silizium schwierig und nur in Grenzen beherrschbar. Die Ausbeute bei der Transistorherstellung schwankt durch diesen Golddotierprozeß.
Die Golddotierung wurde auch bei integrierten Schaltungen der TTL-Standardfamilie 74xxx angewendet. Die schon geschilderten Nachteile bewirkten ein hohes Preisniveau der Schaltungen. Der Einbau einer Schottky-Dioden zwischen Basis und Kollektor führte zu einer merklichen Schaltzeitverringerung (siehe Abschn. 3.4.6).
Der integrierte Herstellungsprozeß ist einfach und preiswert, folglich wurden alle neuen TTL-Schaltkreisfamilien in Schottky-Transistor-Technik ausgeführt (LS, S, ALS, AS und FAST, siehe Abschn. 4.2.2).

3.4.6 Maßnahmen zur Verringerung von Schaltzeiten

Zur Verringerung von Transistorschaltzeiten werden zwei unterschiedliche Schaltungen benutzt. Bei diskreten Schaltungen (also aus Einzelelementen aufgebaut, Bild 3.35) wird dem Basiswiderstand R_B eines Transistorinverters ein Beschleunigungskondensator ("Speed up"-Kondensator) parallelgeschaltet. Der Kondensator C_B sorgt dafür, daß beim Schalten der Generatorspannung U_G ein starker Verschiebestrom fließt. Dadurch steigt der Basisstrom über I_{BX} auf I_{BX}^* an, es tritt somit kurzzeitig eine höhere Übersteuerung auf. Dadurch verkürzen sich die Verzögerungszeit und die Anstiegszeit. Bei der Dimensionierung dieser Schaltung kann der Wert von m kleiner gewählt werden als bei normalen Transistorinvertern (die Übersteuerung muß nur während des Umschaltens wirksam sein!). Folglich ergeben sich kürzere Speicherzeiten. Beim Ausschalten wird dieser Vorgang durch den erhöhten Ausräumstrom verkürzt.

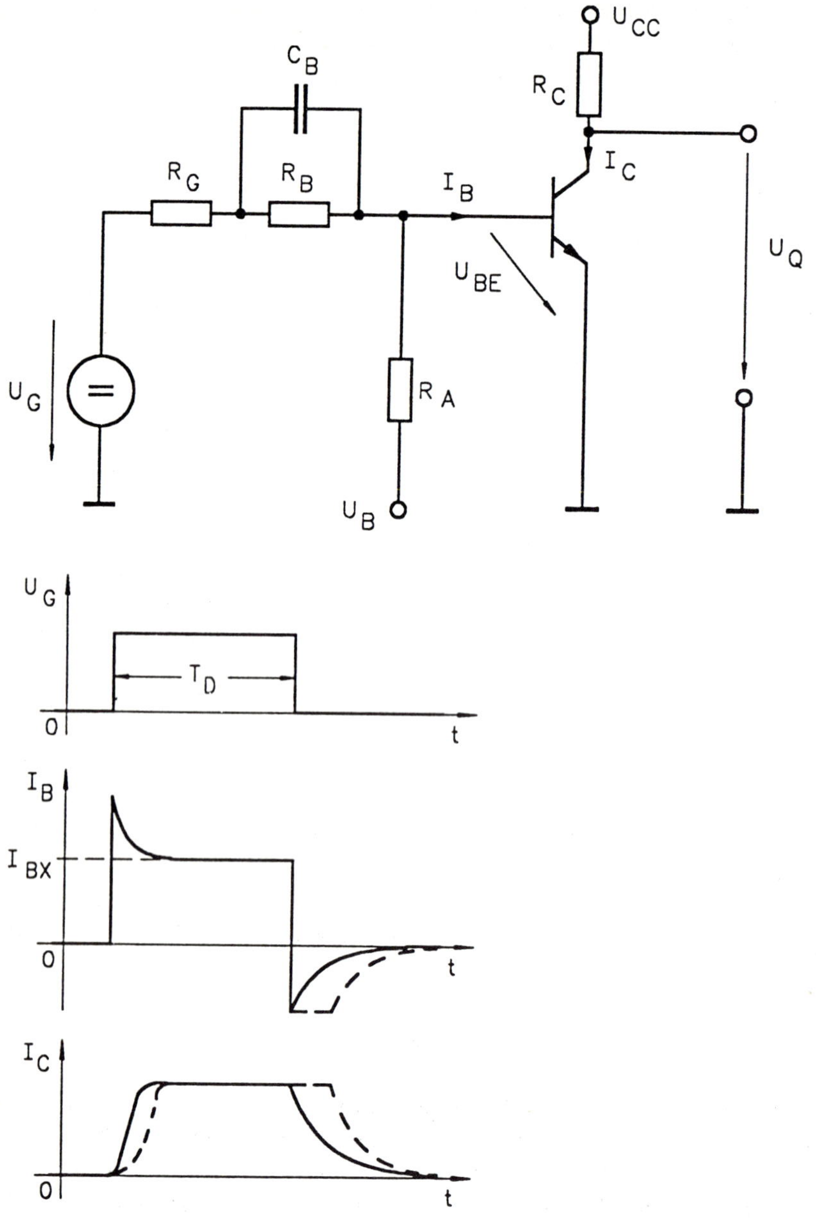

Bild 3.35. Transistorinverter mit "Speed up"-Kondensator und den zugehörigen Signalverläufen

Die minimale Größe des Beschleunigungskondensators C_B wird von den Transistorschaltzeiten bestimmt. In der Literatur werden verschiedene Gleichungen für C_B angegeben. Die Wirkung des Beschleunigungskondensators zeigt sich besonders in der Reduktion der

Ausschaltzeit T_A. Für einen schnellen Abbau der Basisladung Q_B läßt sich über den Zusammenhang $C_B = \Delta Q / \Delta U$ der Beschleunigungskondensator C_B bestimmen.
Für die Basisladung gilt näherungsweise

$$Q_B \approx I_B \cdot \tau_B . \tag{3.56}$$

Mit der abzubauenden Basisladung $\Delta Q = Q_B$, der Differenz des H- und L-Pegels der Generatorspannung $\Delta U = U_{GH} - U_{GL}$, der Grenzfrequenz f_{AN} in Basisschaltung und der Gleichung (3.53) läßt sich der untere Grenzwert

$$C_B \geq \frac{I_{CX}}{2 \cdot \pi \cdot f_{AN} \cdot (U_{GH} - U_{GL})} \tag{3.57}$$

angeben.

Ein oberer Grenzwert muß wegen der sicheren Entladung über die Widerstände R_B, R_G und R_A zwischen zwei Ansteuerimpulsen berücksichtigt werden. Läßt man bei C_B zum Zeitpunkt T_{ERH} (= "Erholzeitpunkt") eine Restladung von 10 % zwischen zwei Ansteuerimpulsen zu, so ergeben sich folgende Beziehungen:

$$\exp\left(-\frac{T_{ERH}}{\tau_B}\right) \leq 0{,}1 \tag{3.58}$$

mit

$$\tau_B = C_B \cdot [\, R_B \,\|\, (R_G + R_A)] . \tag{3.59}$$

Für einen Tastgrad $v_T = 0{,}5$ folgt

$$f = \frac{1}{2 \cdot T_{ERH}} \tag{3.60}$$

mit der Maximalfrequenz $\overline{f}$

$$C_B \leq \frac{1}{4{,}6 \cdot \overline{f} \cdot C_B \cdot [\, R_B \,\|\, (R_G + R_A)]} . \tag{3.61}$$

In vielen Fällen wird in der Praxis die Größe von C_B empirisch bestimmt.

Schottky-Transistor

Unabhängig von der Schaltfrequenz läßt sich das Schaltverhalten durch Einbau einer Sättigungsschutzdiode zwischen Basis und Kollektor verbessern (Bild 3.36). Bedingt durch den Spannungsabfall am inneren Basisbahnwiderstand $R_{BB} \cdot I_B$ muß die äußere Basis-Kollektorspannung U_{CB} größer als $U_{CB'} = 0$ V sein (vergl. mit Bild 3.16). Als Sättigungsschutzdioden verwendet man Schottky-Dioden, die sehr kleine Durchlaßspannungen $U_{FSD} \approx 0{,}3$ V bis 0,45 V, keine Speicherzeiten und geringe Sperrkapazitäten aufweisen.

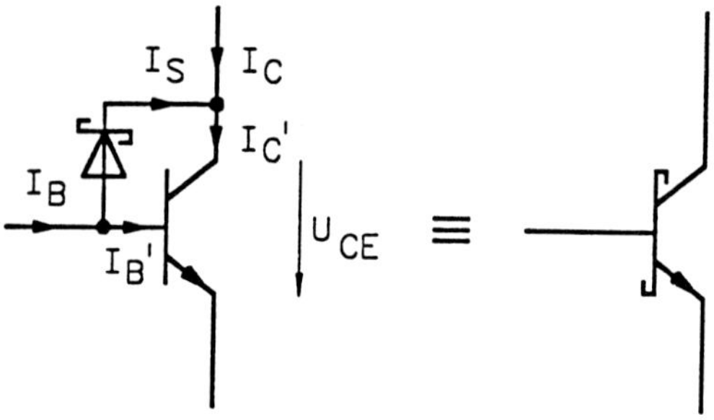

Bild 3.36. Transistor mit Schottky-Diode un
Verbund-Schaltbild des Schottky-Transisto

Bei modernen integrierten TTL-Schaltungen werden Schottky-Dioden zur Verringerung des Übersteuerungsgrades m verwendet, um die starken Schwankungen des Stromverstärkungsfaktors B zu kompensieren. Die Schottky-Diode leitet den überschüssigen Basisstrom I_S von der Basis zum Kollektor, die Kollektor-Emitter-Restspannung kann den Wert $U_{CEX} = U_{BEX} - U_{FSD}$ nicht unterschreiten. Der Transistor ist somit nur sehr schwach gesättigt.

Bei Transistoren mit größerem B_N wird entsprechend mehr Strom über die Diode abgeleitet. Dadurch erhöht sich natürlich der Kollektorstrom.

Ausgehend von einem Stromverstärkungsfaktor B_N des Transistors (ohne Schottky-Diode) stellt sich für die Kombination ein Stromverstärkungsfaktor B_S ein. Die Einzelströme sind dem Schaltbild 3.36 zu entnehmen.

Mit

$$I_B = I_B' + I_S \qquad (3.62)$$

und

$$I_C' = I_C + I_S \qquad (3.63)$$

folgt

$$\frac{I_C}{I_B} = B_S = B_N \cdot \left(1 - \frac{I_S}{I_B}\right) - \frac{I_S}{I_B}. \qquad (3.64)$$

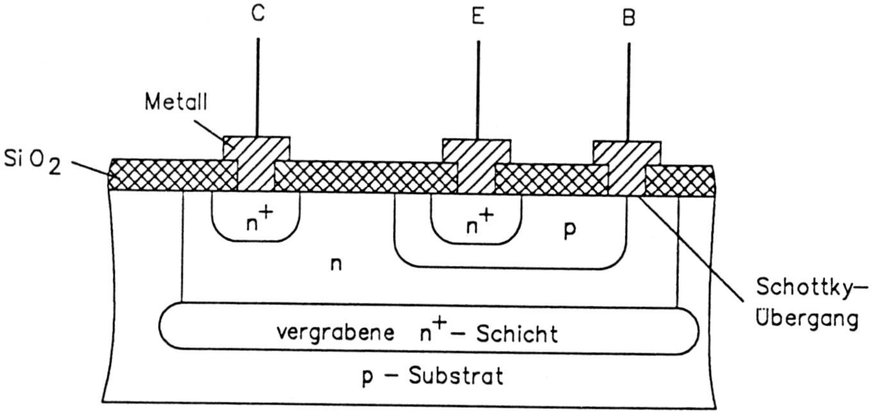

Bild 3.37. Technologischer Aufbau eines Schottky-Transistors

Die Integration läßt sich technologisch durch eine einfache Modifikation der lithografischen Basis-Kontaktmaske realisieren (Bild 3.37). Der metallische Basisanschluß sorgt für einen ohmschen Kontakt auf der hochdotierten P-Schicht und für einen Metall-Halbleiter-übergang auf der schwächer dotierten N-Schicht.
Der Einbau einer Schottky-Diode verkürzt die Ausschaltzeit T_A um den Faktor 10 bis 20.

3.5 MOS-Feldeffekttransistoren

Der MOS-Feldeffekttransistor ("MOSFET") hat seit seiner technologischen Beherrschung die gesamte Mikroeletronik verändert. Durch seine kleinen Abmaße und die leistungslose Steuerung ließen sich höchstintegrierte Schaltungen wirtschaftlich herstellen.

Der MOSFET dient als Transistorschalter, über die Gateelektrode wird die Leitfähigkeit des Kanals gesteuert. Die Kanalanschlüsse heißen Source (Quelle) und Drain (Senke). Die Ausbildung des leitenden Kanals ist abhängig vom Potential des Substrates (auch "Bulk" genannt).

Für das Verständnis des MOSFETs sollen die Technologie und die Physik in Kurzform beschrieben werden.

Der MOSFET, allgemeiner als MISFET bezeichnet, besteht aus einer Dreischichtstruktur:

M	Metall
O (I)	Oxid (Isolator) und
S	Semiconductor (Halbleiter).

Die Eigenschaften werden im wesentlichen durch eine dünne Isolationsschicht bestimmt. Die besten Eigenschaften weisen thermisch aufgewachsene Siliziumdioxidschichten (SiO_2) auf. Aus diesem Grunde haben fast alle Transistoren eine "Gateoxid-Isolation".
Als Metall wird häufig Aluminium verwendet. Aus physikalischen und technologischen Gründen wird in bestimmten MOS-Technologien das Metall durch hochdotiertes, niederohmiges polykristallines Silizium (aus der Gasphase als Schicht abgeschieden) ersetzt. Als Halbleitermaterial wird heute größtenteils Silizium verwendet. Galliumarsenid wird nur bei Hochgeschwindigkeitsschaltungen eingesetzt. Diese Transistoren haben ein Schottky-Gate, weil das Gateoxid sehr schlechte elektrische Eigenschaften zeigt.

Die aktive elektrische Zone beim MOSFET ist der Kanal, der sich im Halbleiter an der Oxidgrenzfläche befindet. Der Kanal bildet sich erst beim Beschalten des MOSFET. Das Schalterverhalten wird durch seinen Zustand ohne Gatesteuerspannung U_{GS} = 0 V beschrieben. Sperrt der Transistor, so spricht man vom selbstsperrenden MOSFET ("normally off type", "enhancement type" oder "Anreicherungstyp"). Leitet ein MOSFET bei U = 0 V, so haben wir einen selbstleitenden Transistor ("normally on type", "depletion type" oder "Verarmungstyp"). Das Bild 3.38 zeigt das Schnittbild eines selbstsper-

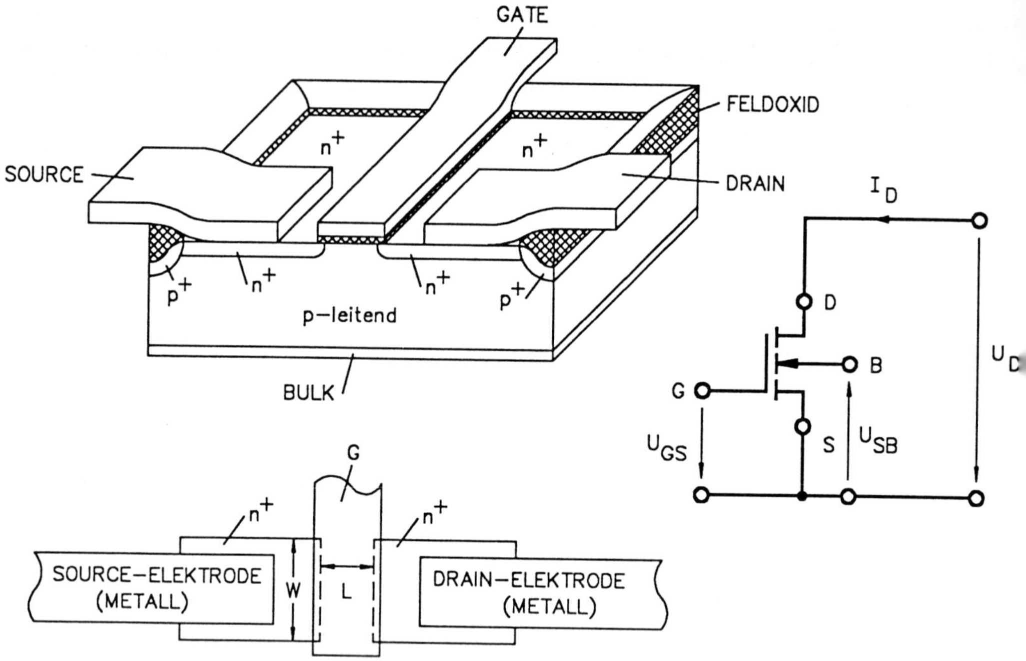

Bild 3.38. Schnitt, Draufsicht und Schaltzeichen eines N-Kanal-MOS-Feldeffekttransistors

renden MOSFETs mit den vier Anschlüsse Drain (D), Gate (G), Source (S) und Bulk (B).
Die Bereiche für Source und Drain des Halbleiters sind sind stark negativ (n^+) dotiert, das Pluszeichen über dem n soll dies andeuten. Diese Bereiche werden als Wannen bezeichnet. Zwischen den Wannen kann sich durch influenzierte Ladungen über ein entsprechendes Gatepotential der schon erwähnte Kanal unter dem SiO_2 ausbilden, in dem der Drainstrom vom Drain zur Source fließt.
Isoliert wird der einzelne Transistor durch das dicke Feldoxid, unter dem sich durch eine starke p-Dotierung kein merklicher Kanal ausbilden kann. Jeder Transistor wird durch einen Geometriefaktor, das (Kanal)-Breiten / Längenverhältnis W / L, charakterisiert.

Das Schaltzeichen zeigt die typischen Größen Gate-Sourcespannung U_{GS}, Drain-Sourcespannung U_{DS}, Source-Bulkspannung U_{SB} und Drainstrom I_D.

Typische Abmessungen sind:

Gateoxiddicke d_{ox} = 20 bis 110 nm,
Kanallänge L = 1 bis 7 µm und
Kanalbreite W = 5 bis 50 µm, maximal 600 µm.

MOSFETs mit hohen Kanalbreiten werden in Endstufen von CMOS-Schaltungen verwendet, da beim Treiben kapazitiver Lasten große Ströme auftreten.

Die Arbeitsweise eines MOSFETs soll für zwei Fälle untersucht werden:
1) für die Gate-Bulksteuerung ohne Drain-Sourcespannung und
2) für die Gate-Bulksteuerung mit Drain-Sourcespannung.

In den folgenden Beispielen werden nur N-Kanal-MOSFETs untersucht.
Bei P-Kanal-MOSFETs haben wir eine geänderte Dotierung (statt p wird n verwendet und umgekehrt), Elektronen sind Majoritätsträger und die Spannungen haben die entgegengesetzte Polarität.

1) Gate-Bulksteuerung ohne Drain-Sourcespannung

Die Anschlüsse S, D und B werden auf Massepotential gelegt. Eine negative Spannung U_{GB} bewirkt, daß an der SiO_2-Si-Grenzfläche ein starke Anhäufung von Majoritätsladungsträgern auftritt. Man bezeichnet diesen Vorgang als "Akkumulation" von Löchern in einem p-dotierten Material.
Eine ausgebreitete Sperrschicht um die Wannen herum schirmt die Bereiche von Source und Drain ab.

Durch die Erhöhung von U_{GB} wird die SiO_2-Si-Grenzfläche an Majoritätsträgern verarmt. Es gibt keine freien Ladungsträger mehr an der Grenzfläche. Für die Gate-Bulkspannung gilt $U_{GB} < U_{TH}$ (Bild 3.39). U_{TH} wird als "Schwellspannung" bezeichnet.

Steigt die Gate-Bulkspannung auf Werte $U_{GB} \geq U_{TH}$, so verschwinden alle Majoritätsträger aus der SiO_2-Si-Grenzfläche und man erhält durch "Inversion" eine dünne Schicht

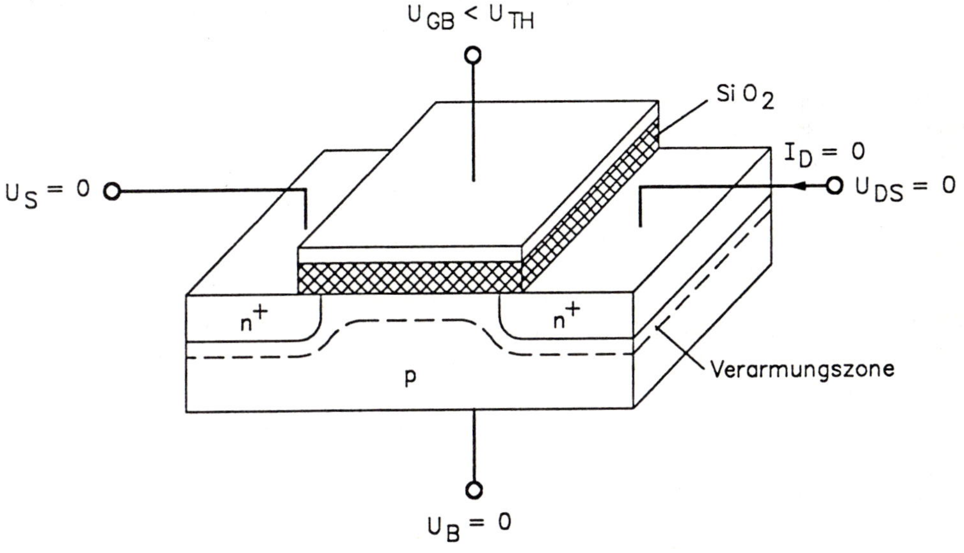

Bild 3.39. Ausbildung der Verarmungszone bei einem MOSFET

(= Kanal) aus Minoritätsträgern = Elektronen. Bei der Schwellspannung U_{TH} liegt die untere Grenze für die Kanalausbildung und somit für einen möglichen Stromfluß zwischen Drain und Source (Bild 3.40).

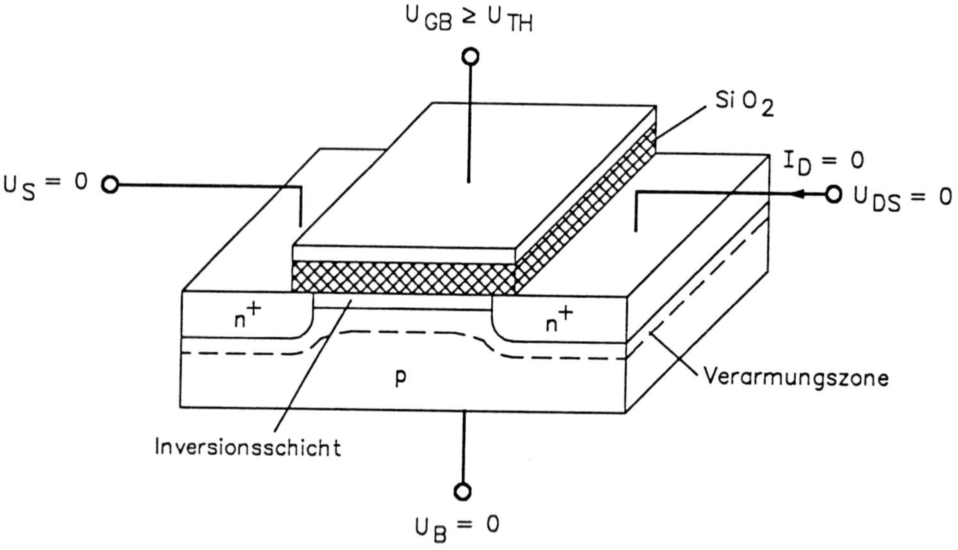

Bild 3.40. Ausbildung des Kanals durch Inversion

Durch Anlegen einer Gatespannung U_{GB} kann somit der Drainstrom I_D gesteuert werden. In den meisten Fällen ist es üblich, das Bulk mit der Source zu verbinden (U_{SB} = 0 V). Die Gate-Sourcespannung steuert den Schalter.
Für Spannungen U_{GS} - U_{TH} sperrt der Transistor. Er befindet sich entweder in der Akkumulation oder wahrscheinlicher in der Verarmung.

Für die Kanalausbildung mit $U_{GS} > U_{TH}$ sind zwei Bereiche interessant:
der nichtgesättigte oder ohmsche Bereich mit $U_{DS} \leq (U_{GS} - U_{TH})$ und
der gesättigte Bereich $U_{DS} > (U_{GS} - U_{TH})$.

Die Bilder 3.41 und 3.42 zeigen die Ausbreitung des Kanalbereiches im Schnitt. Durch den Spannungsabfall am Kanal stellt sich eine Verjüngung im Tiefenprofil des Kanals ein. Dies führt bei kleinen Werten von $U_{DS} \ll (U_{GS} - U_{TH})$ zu linearen EIN-Widerständen R_{DSON} Bei höheren Werten von U_{DS} macht sich die Spannungsabhängigkeit von R_{DSON} bemerkbar.
Bei Spannungen $U_{DS} \geq (U_{GS} - U_{TH})$ ergibt sich ein "Abschnüreffekt", weil am Drainende keine Ladungen mehr influenziert werden können. Die Sperrschicht dehnt sich so weit aus, bis die gesamte Kanallänge (und somit der Kanalquerschnitt) von der Sperrschicht eingeschnürt wird.

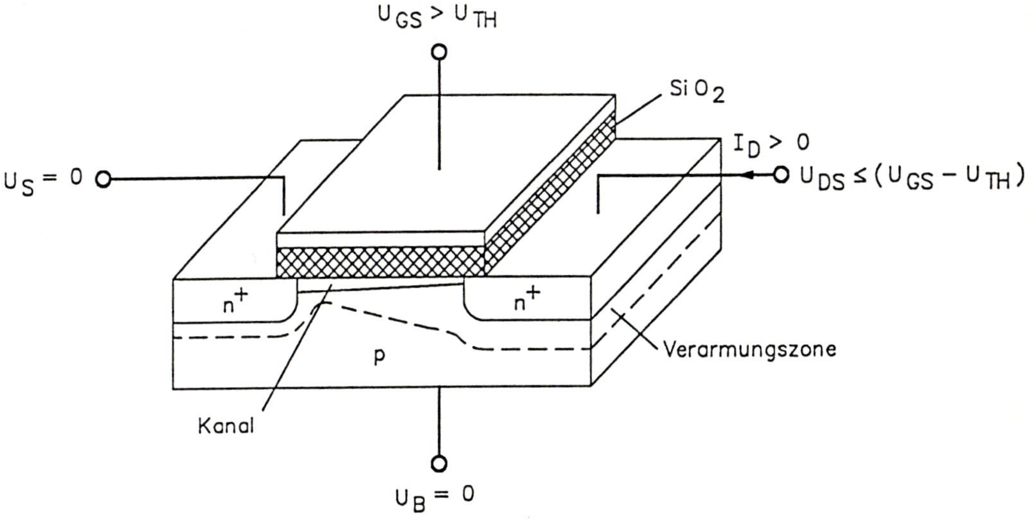

Bild 3.41. MOSFET im nichtgesättigten Bereich

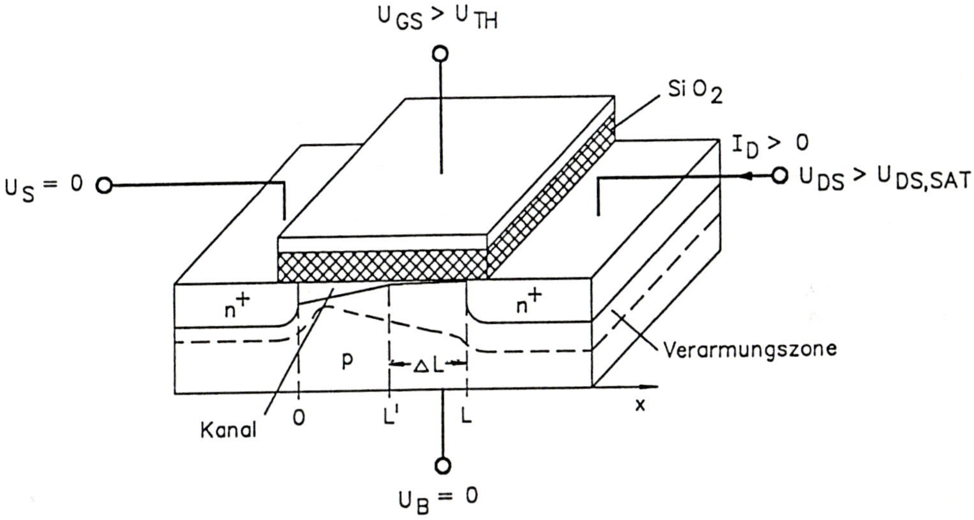

Bild 3.42. MOSFET im gesättigten Bereich

Durch den Einschnüreffekt wird der Strom I_{DS} nicht zu null. Das elektrische Feld zwischen Source und Drain beschleunigt Elektronen, die vom Sourceanschluß kommen, im Sperrschichtbereich. Für ein einfaches Modell kann man davon ausgehen, daß der Sättigungsgrenzstrom im Sättigungsbereich konstant weiterfließt. Dies ist aber in der Realität nicht der Fall. Es zeigt sich ein schwacher Anstieg des Drainstromes bei steigender Drain-Sourcespannung. Eine einfache Erklärung läßt sich durch die Verkürzung des aktiven nicht eingeschnürten Kanalbereiches geben. Diese Kanallängenverkürzung (auch Kanallängenmodulation genannt) um die Länge ΔL bewirkt, daß in der Sättigung nur die Länge $L' = L - \Delta L$ wirksam ist. In den Kennliniengleichungen für I_D wird dies durch einen Faktor λ berücksichtigt.

Für die Berechnung der Kennliniengleichungen eines MOSFETs werden die Gesetze der Elektrostatik angewendet.
Zur elektrische Beschreibung werden Koordinaten für Strom und Spannung eingeführt. In Richtung des Kanals (beginnend beim Sourceanschluß) zeigt der Weg Y. Senkrecht vom Kanal zur Bulkelektrode zeigt die Richtung von X. Für das einfache Modell im ohmschen, nichtgesättigten Bereich wird angenommen, daß die Kanaltiefe X linear mit ansteigender Kanallänge Y abnimmt.
Zur Vereinfachung wird $U_{SB} = 0$ V gesetzt, d.h. es besteht eine leitende Verbindung zwischen Source und Bulk.
Es gilt für den Strom das ohmsche Gesetz

$$I = \sigma \cdot A_Y \cdot E_Y \qquad (3.65)$$

mit der spezifischen Leitfähigkeit σ, der Querschnittsfläche des Kanals A_Y und der elektrischen Feldstärke E_Y beim Weg Y (von der Sourceelektrode aus gerechnet). Aus geometrischen Überlegungen folgt

$$A_Y = W \cdot dY. \qquad (3.66)$$

Das elektrische Feld in Kanalrichtung ist abhängig von der Spannung zwischen Source und dem Weg Y:

$$E_Y = \frac{dU_{YS}}{dY}. \qquad (3.67)$$

Die Kanalleitfähigkeit wird durch das transversale elektrische Feld E_X bestimmt. Im Weg Y stellt sich das Feld

$$E_X = \frac{U_{GS} - U_{YS}}{d_i} \qquad (3.68)$$

ein.
Durch das elektrische Feld wird eine Oberflächenladungsdichte im Kanalbereich erzeugt, die zu einer Verschiebungsdichte

$$D_X = \varepsilon \cdot E_X = \frac{\varepsilon}{d_i} \cdot (U_{GS}^* - U_{YS}) \qquad (3.69)$$

führt. ε und d_i stehen für die Dielektrizitätskonstante bzw. Dicke des Gateisolators.

Die Schwellspannung U_{TH} bildet die untere Grenze der Inversion. Die effektive Oberflächenladungsdichte für den Weg Y stellt sich ein, wenn $U_{GS} > U_{TH}$ ist. Somit muß $U_{GS}^* = U_{GS} - U_{TH}$ gesetzt werden.

Für den Weg Y bei der Kanaldicke dX folgt die Raumladungsdichte

$$\rho = \frac{\varepsilon}{d_i \cdot dX} \cdot (U_{GS} - U_{TH} - U_{YS}). \qquad (3.70)$$

Die Leitfähigkeit σ ist das Produkt aus Ladungsträgerdichte ρ und Ladungsträgerbeweglichkeit μ.
Durch Einsetzen der Gleichungen (3.66) bis (3.70) in (3.65) folgt für den Drainstrom

$$I_D = \frac{\mu \cdot \varepsilon \cdot W}{d_i} \cdot (U_{GS} - U_{TH} - U_{YS}) \cdot \frac{dU_{YS}}{dY}. \qquad (3.71)$$

Für die Randbedingungen $Y = 0$ gilt $U_{YS} = 0$ und für $Y = L$ gilt $U_{YS} = U_{DS}$. Daraus folgt durch Integration

$$I_D \cdot \int_0^L dY = \frac{\mu \cdot \varepsilon \cdot W}{d_i} \cdot \int_0^{U_{DS}} (U_{GS} - U_{TH} - U_{YS}) \cdot dU_{YS} \qquad (3.72)$$

der Drainstrom in den vier üblichen Schreibweisen:

$$I_D = \frac{\mu \cdot \varepsilon}{d_i} \cdot \frac{W}{L} \cdot \left[(U_{GS} - U_{TH}) \cdot U_{DS} - \frac{U_{DS}^2}{2} \right], \qquad (3.73a)$$

$$= \mu \cdot C_i^* \cdot \frac{W}{L} \cdot \left[(U_{GS} - U_{TH}) \cdot U_{DS} - \frac{U_{DS}^2}{2} \right], \qquad (3.73b)$$

$$= K_P \cdot \frac{W}{L} \cdot \left[(U_{GS} - U_{TH}) \cdot U_{DS} - \frac{U_{DS}^2}{2} \right], \qquad (3.73c)$$

$$= \frac{\beta}{2} \cdot \left[2 \cdot (U_{GS} - U_{TH}) \cdot U_{DS} - U_{DS}^2 \right]. \qquad (3.73d)$$

Dabei steht $C_i^* = \varepsilon / d_i = C_i / (W \cdot L)$ für die Kapazitätsdichte des Gateisolators, K ist der Prozeß-Übertragungsleitwertparameter und β ist der Bauelement-Übertragungsleitwertparameter.

Die Gleichungen (3.73a) bis (3.73d) gelten nur für den ohmschen, nichtgesättigten Bereich. An der Sättigungsgrenze ergibt sich mit $U_{DS} = U_{GS} - U_{TH}$ der Drainstrom:

$$I_{DSAT} = \frac{\mu \cdot \varepsilon}{2 \cdot d_i} \cdot \frac{W}{L} \cdot (U_{GS} - U_{TH})^2 \qquad (3.74a)$$

$$= \frac{\mu \cdot C_i^*}{2} \cdot \frac{W}{L} \cdot (U_{GS} - U_{TH})^2 \qquad (3.74b)$$

$$= \frac{K_P}{2} \cdot \frac{W}{L} \cdot (U_{GS} - U_{TH})^2 \qquad (3.74c)$$

$$= \frac{\beta}{2} \cdot (U_{GS} - U_{TH})^2 \qquad (3.74d)$$

Durch den Effekt der Kanallängenverkürzung $L' = L - \Delta L$ ändern sich C_i^* und L. Aus der Näherung

$$I_D \approx \frac{I_{DSAT}}{1 - \frac{\Delta L}{L}} \qquad (3.75)$$

folgt mit λ

$$1 - \frac{\Delta L}{L} \approx 1 - \lambda \cdot U_{DS}. \qquad (3.76)$$

Unter Berücksichtigung von (3.75) und (3.76) läßt sich für $\lambda \cdot U_{DS} \ll 1$ folgende Beziehung für den Drainstrom im Sättigungsbereich angeben:

$$I_D = \frac{K_P}{2} \cdot \frac{W}{L} \cdot (U_{GS} - U_{TH})^2 \cdot (1 + \lambda \cdot U_{DS}). \qquad (3.77)$$

Das Bild 3.43 zeigt ein Ausgangskennlinienfeld eines selbstsperrenden N-Kanal-MOSFETs mit der Sättigungsgrenze und einer Kanallängenverkürzung.

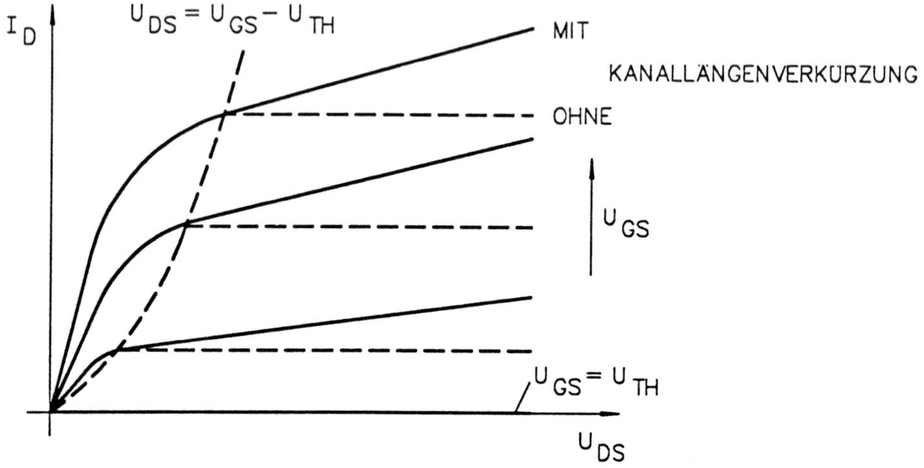

Bild 3.43. Ausgangskennlinie eines selbstsperrenden N-Kanal-MOSFETs

Ein Ersatzschaltbild des Schaltverhaltens für den nichtgesättigten und den gesättigten Bereich zeigt Bild 3.44.

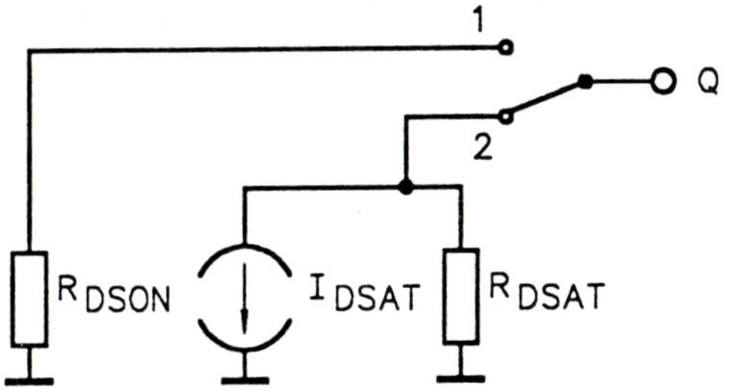

Bild 3.44. Ersatzschaltbilder für den EIN-Zustand eines N-Kanal-MOSFETs

Die zugehörigen EIN-Widerstände für die beiden Bereiche lassen sich durch Differentiation berechnen.
Es gilt für den ohmschen, nichtgesättigten Bereich mit $U_{DS} < (U_{GS} - U_{TH})$ der EIN-Widerstand

$$R_{DSON} = \frac{\partial U_{DS}}{\partial I_D} = \left(\frac{W}{L}\right)^{-1} \cdot \frac{1}{K_P \cdot (U_{GS} - U_{TH} - U_{DS})} \qquad (3.78)$$

und für die Sättigungsgrenze mit $U_{DS} = (U_{GS} - U_{TH})$

$$R_{DSSGR} = \frac{\partial U_{DS}}{\partial I_D} = \left(\frac{W}{L}\right)^{-1} \cdot \frac{1}{K_P \cdot (U_{GS} - U_{TH})}. \qquad (3.79)$$

Im Sättigungsbereich ($U_{DS} \gg (U_{GS} - U_{TH})$) gilt mit (3.77)

$$R_{DSSAT} = \frac{\partial U_{DS}}{\partial I_D} = \left(\frac{W}{L}\right)^{-1} \cdot \frac{2}{\lambda \cdot K_P \cdot (U_{GS} - U_{TH})}. \qquad (3.80)$$

Das Steuerverhalten wird durch die Steilheit S charakterisiert. Für den Bereich der Sättigungsgrenze gilt:

$$S = \frac{\partial I_D}{\partial U_{GS}} = K_P \cdot \frac{W}{L} \cdot (U_{GS} - U_{TH}). \qquad (3.81)$$

Diese Größe ist von besonderem Interesse für das Laststromverhalten. Die Größe von K_P ist bei einem gegebenen Halbleiterprozeß nur schwer zu verändern. Die Breite des Kanals läßt sich mit einfachen Mitteln vergrößern. Dies führt natürlich zu einem höheren Flächenbedarf pro Transistor.

Die Güte einer MOSFET-Prozeßtechnologie läßt sich durch das Gütemaß S/C_i angeben. Dieser Wert sollte möglichst groß sein. Aus (3.74) und (3.81) folgt

$$\frac{S}{C_i} = \frac{\mu}{L^2} \cdot (U_{GS} - U_{TH}). \qquad (3.82)$$

Bei allen Berechnungen wurde vorausgesetzt, daß die Source-Bulkspannung $U_{SB} = 0$ V ist. Für viele Schaltungen läßt sich dies aber technologisch nicht realisieren. Durch die Source-Bulkspannung verbreitert sich die Verarmungszone (Bild 3.39 bis 3.42). Die Folge ist eine Verschiebung der Schwellspannung U_{TH}. Daraus ergibt sich eine Kennlinienverschiebung.

Die Schwellspannung ist eine der wichtigsten Kenngrößen des MOSFETs. Sie gibt beim selbstsperrenden Transistor die Bereichsgrenze für die Steuerspannung des EIN- bzw. des AUS-Bereiches an. Die Schwellspannung läßt sich durch folgende technologische Maßnahmen an die geforderten Pegel für L und H bei bestimmten Schaltkreisfamilien anpassen:

1) Substratgrunddotierung: die Dotierung epitaktischer Schichten (evtl. mit anschließender Ionenimplantation),

2) Gatematerial: anstelle des Metalls (z.B. Aluminium, Molybdän) wird polykristallines Silizium verwendet,

3) Gatekapazität C_i: durch Änderung der Dicke des Isolators d_i und durch Wahl des Isolatormaterials (Änderung von ε),

4) Kanaldotierung: die Vordotierung des Kanals durch Ionenimplantation von Akzeptoren erhöht bei N-Kanals-MOSFETs U_{TH}. Donatoren verringern U_{TH}. Dadurch ist es möglich, selbstleitende MOSFETs herzustellen ($U_{TH} < 0$ V). Durch gezielte Vordotierung lassen sich N- und P-Kanal-MOSFETs nebeneinander herstellen (für CMOS-Schaltungen).

Ohne weiter auf die MOSFET-Theorie einzugehen, ist die folgende Gleichung für die Berechnung der Schwellspannung gültig [3.9]:

$$U_{TH} = U_{FB} + 2 \cdot |\Phi_F| + \frac{e \cdot D_I}{C_i} + \frac{1}{C_i} \cdot (2 \cdot e \cdot \varepsilon_{SI} \cdot N_A \cdot 2 \cdot |\Phi_F|)^{-1/2} + \gamma \cdot [(2 \cdot |\Phi_F| + U_{SB})^{-1/2} - (2 \cdot |\Phi_F|)^{-1/2}] \qquad (3.83)$$

Die Spannung U_{FB} kann über das Energiebandschema [3.2] ermittelt werden, in U_{FB} gehen Größen wie die Eigenschaften des Gatematerials, Störladungen im Gateisolator und an der Halbleiteroberfläche und die Gatekapazität C_i ein. Φ_F ist das Fermi-Potential, das Ladungsträgerdichten berücksichtigt. Für normale MOSFETs liegt der Wert von $2 \cdot |\Phi_F|$ bei ca. 0,6 V. Die Größe $e \cdot D_I$ gibt die Konzentration der Kanalvordotierung an und ist für Akzeptoren positiv und für Donatoren negativ. Daraus erkennt man, daß

sich durch eine Vordotierung mit Donatoren (Phospor, Arsen) ohne Anlegen einer Gatespannung ein leitfähiger Kanal ausbilden kann. Voraussetzung ist natürlich, daß die Donatoren die Akzeptoren im Substratmaterial überkompensieren. Als Folge ergibt sich eine negative Schwellspannung U_{TH}.
Die Eigenschaften des Substrat-(Bulk)-Materials werden durch ε_{SI} und die Ladungsträgerkonzentration N_A beschrieben.
Die Verschiebung der Schwellspannung U_{TH} wird durch den Substratfaktor ("body bias coefficient") $\gamma = (2 \cdot e \cdot \varepsilon_{SI} \cdot N_A)^{-1/2} / C_i \approx 0{,}4\ V^{-1/2}$ bis $0{,}6\ V^{-1/2}$ und durch die Spannung U_{SB} bestimmt.

Bei den selbstleitenden MOSFETs bezeichnet man den Strom I_D bei $U_{GS} = 0$ V als I_{DSS} ("Drain with Shorted Source). Das Bild 3.45 zeigt die unterschiedlichen Eingangskennlinien von selbstleitenden und selbstsperrenden MOSFETs. Selbstleitende MOSFETs zeigen bei I_{DSS} nur eine sehr geringe Abhängigkeit von U_{DS}.

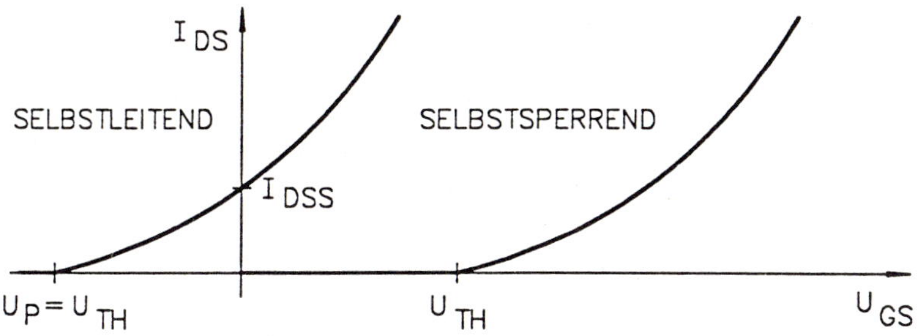

Bild 3.45. Eingangskennlinien für selbstleitende und selbstsperrende N-Kanal-MOSFETs

Dadurch eignet sich ein selbstleitender MOSFET mit Kurzschluß zwischen Gate und Source als einfache Stromquelle. Dieses Prinzip wird bei der NMOS-Technologie mit "Depletion load"-Transistor angewendet. Der Lastwiderstand wird durch einen Lasttransitor mit Stromquellenverhalten ersetzt.
Die Schwellspannung des selbstleitenden MOSFETs wird als "Pinch off"-Spannung U_P bezeichnet.

Durch Einbringen von zusätzlichen Gateladungen über ein zweites Gate ("floating gate") läßt sich die Kennlinie verschieben. Wird bei einem selbstleitenden N-Kanal-MOSFET das zweite Gate mit Elektronen beladen, so tritt eine Verarmung im N-dotierten Kanalbereich auf. Durch den Mangel an Elektronen im Kanal sperrt der MOSFET. Die zusätzlichen Gateladungen werden durch hohe Feldstärken auf das zweite Gate gebracht.
Dieses Prinzip wird bei programmierbaren Speichern (vergl. mit Abschnitt 4.5: "EPROM-Zelle) angewendet. Zum Auslesen des gespeicherten Zustandes wird eine Lesespannung U_{GSR} an das Gate gelegt, die zwischen den Schwellspannungen U_P und U_{TH} liegt.

MOSFETs lassen sich somit in vier Klassen einteilen:

selbstsperrende N-Kanal-MOSFETs,
selbstsperrende P-Kanal-MOSFETs,
selbstleitende N-Kanal-MOSFETs und
selbstleitende P-Kanal-MOSFETs.

Anstelle des Gateoxides mit kapazitiver Steuerung über influenzierende Ladungen kann auch ein PN-Übergang oder ein Schottky-Metall-Halbleiterübergang die Steuerung der Kanaltiefe durch Änderung der Sperrschichttiefe übernehmen.
Diese Sperrschicht-Feldeffektransitoren heißen "Junction-FETs" oder "JFETs" in Silizium-Technologie und wegen des Schottky-Überganges MESFET ("MEtal Semiconductor FET") in GaAs-Technologie.

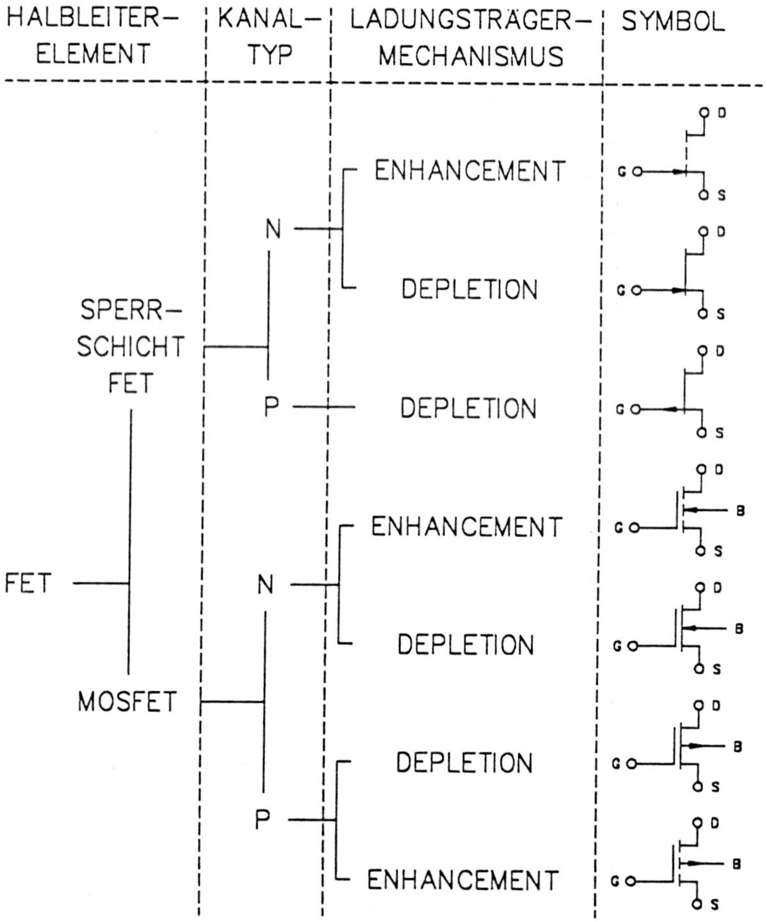

Bild 3.46. Schaltzeichen-Übersicht für verfügbare Feldeffekttransistoren

Die Kennliniengleichungen sind den MOSFET-Gleichungen ähnlich. Die Bilder 3.46 und 3.47 zeigen die Schaltzeichen und die prinzipiellen Eingangskennlinien der verschiedenen Feldeffekttransistoren.

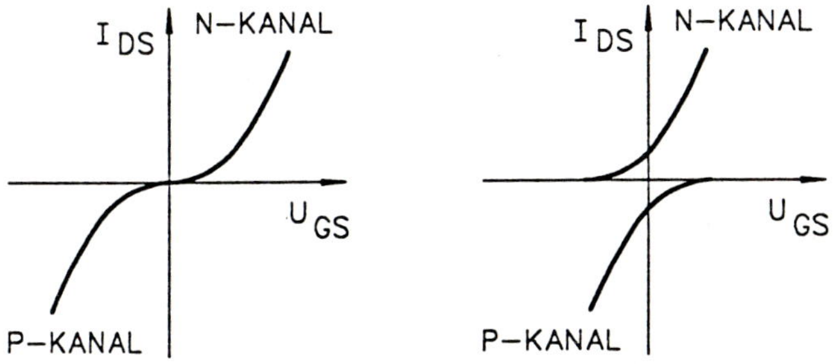

Bild 3.47. Kennlinienübersicht für verfügbare Feldeffekttransistoren

Das Schaltverzögerungszeit T_D des einzelnen MOSFETs läßt sich näherungsweise bestimmen. Für die mittlere Geschwindigkeit $\overline{V}$ der Elektronen im Kanal gilt

$$\overline{V}_Y = \mu \cdot E_Y , \qquad (3.84a)$$

$$= \mu \cdot \frac{U_{DS}}{L} , \qquad (3.84b)$$

$$= \frac{L}{T_D} . \qquad (3.84c)$$

Daraus folgt

$$T_D = \frac{L^2}{\mu \cdot U_{DS}} . \qquad (3.85)$$

Bei der Gleichung (3.85) werden nur die Transistoreigenschaften berücksichtigt. In einer integrierten Schaltung müssen alle Parasitär- und Lastkapazitäten berücksichtigt werden. Dieser Umstand führt unter Umständen zu weit größeren Schaltzeiten. Dieser Sachverhalt wird im Abschnitt 3.6.1 angesprochen.

Die Verkleinerung der Struktur (= Verkürzung der Gatelänge L) geht quadratisch in die Verringerung der Verzögerungszeit ein. Materialien mit hohen Ladungsträgerbeweglichkeit μ (z.B. GaAs) eignen sich daher besonders für den Bau schneller Schaltungen.

Berücksichtigt man bei CMOS-Schaltungen die unterschiedlichen Beweglichkeiten für Elektronen $\mu_N = 0{,}14\ m^2 \cdot Vs^{-1}$ und für Löcher $\mu_P = 0{,}05\ m^2 \cdot Vs^{-1}$ bei Silizium, so müssen die P-Kanal-MOSFETs andere geometrische Abmessungen aufweisen als die N-Kanal-Transitoren für nahezu gleiche elektrische Eigenschaften (z.B. für $I_D = f\,(U_{GS}, U_{DS})$ und für T_D).

3.6 NMOS- und CMOS-Inverter

Der MOS-Transistor eignet sich wie ein Bipolartransistor als Schalter. Diese Schalter verwenden im allgemeinen NMOS-Transistoren, weil sie durch die höhere Elektronenbeweglichkeit schneller schalten. Prinzipiell lassen sich aber auch P-Kanal-MOSFETs einsetzen.

Als Lastelemente werden ohmsche Widerstände, selbstsperrende und selbstleitende N-Kanal-MOSFETs und P-Kanal-MOSFETs, aber mit komplementärem Schaltverhalten (in CMOS-Technik), verwendet.

3.6.1 Statisches Verhalten von MOS-Invertern

Der einfachste MOS-Inverter hat eine Widerstandslast R_D (Bild 3.48). Die auftretenden Last- und Parasitärkapazitäten werden in C_L zusammengefaßt.

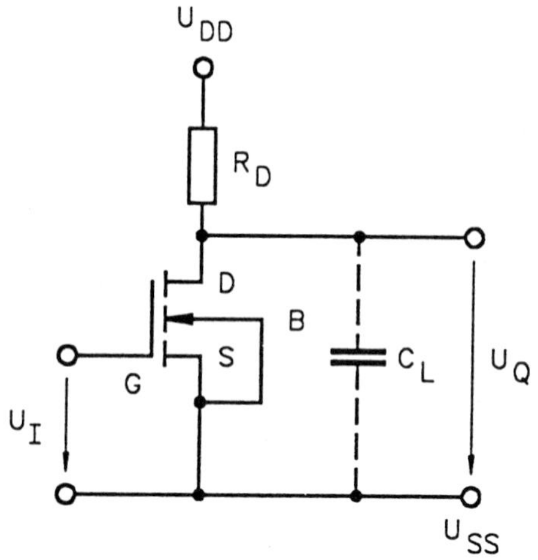

Bild 3.48. N-Kanal-MOSFET-Inverter mit Widerstandslast

Bei der Wahl des Drainwiderstandes R_D sind zwei Randbedingungen einzuhalten:

1) Der Widerstand R_D soll hochohmiger sein ($\Lambda \leq$ 10-fach) als der EIN-Widerstand des MOSFETs R_{DSON}. Dadurch stellt sich ein niedriger L-Pegel U_{QL} am Ausgang ein.

2) R_D soll niederohmig sein, damit die Zeitkonstante $\tau_A = R_D \cdot C_L$ klein bleibt. Dadurch ist ein schnellerer Übergang vom EIN- zum AUS-Zustand möglich.

Die Ausgangsspannung U_{QL} ergibt sich mit der Versorgungsspannung U_{DD} zu:

$$U_{QL} = \frac{R_{DSON}}{R_{DSON} + R_D} \cdot U_{DD}, \qquad (3.86a)$$

$$= \frac{R_{DSON}}{R_{DSON} + \Lambda \cdot R_{DSON}} \cdot U_{DD}, \qquad (3.86b)$$

$$= \frac{1}{1 + \Lambda} \cdot U_{DD}. \qquad (3.86c)$$

Die Entladezeitkonstante $\tau_E = R \cdot C$ ist um den Faktor Λ kleiner als τ_A.
Die Ausgangsspannung U_{QH} liegt bei U_{DD}, weil der AUS-Widerstand im MΩ- bis GΩ-Bereich liegt (Bild 3.49).

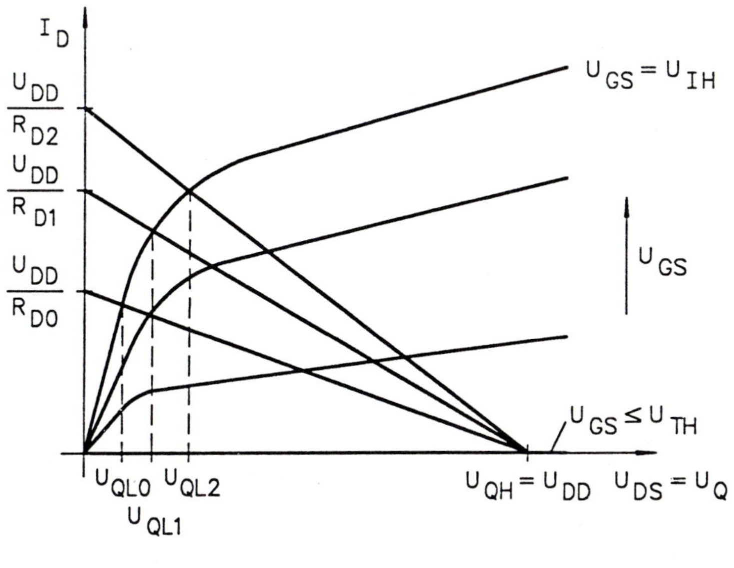

Bild 3.49. Ausgangskennlinienfeld mit verschiedenen Drain-Lastwiderständen

Die Übertragungskennlinie zeigt deutlich den Verlauf zwischen H- und L-Pegel mit Angabe der zugehörigen Betriebszustände des MOSFET (Bild 3.50). Die Pegel für U_{IL} und U_{IH} werden durch Anlegen von Tangenten mit der Steigung $m = dU_Q/dU_I = \pm 1$ gefunden (siehe Abschnitte 3.7.2 und 3.7.3).

Durch das Hintereinanderschalten von NMOS-Invertern müssen die Schwellspannungen U_{TH} der Transistoren auf die Ausgangspegel angepaßt werden. Dabei sollten evtl. vorhandene Lastwiderstände R_L (parallel zu C_L) mit berücksichtigt werden. Sie senken

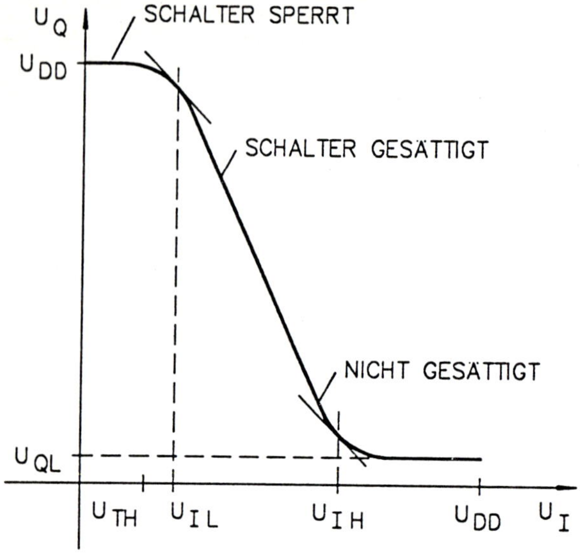

Bild 3.50. Übertragungskennlinie eines MOSFETs mit Widerstandslast

den H-Pegel ab, weil eine Spannungsteilung zwischen R_D und R_L auftritt. Die Schwellspannung wird daher in die Mitte des verbotenen Pegelbereiches gelegt.
Es gilt:

$$U_{TH} \approx \frac{U_{QHMIN} - U_{QLMAX}}{2}. \tag{3.87}$$

Ausgehend von der Beziehung (3.73b) lassen sich U_{QL} und I_D über

$$R_{DSON} = \frac{U_{QL}}{I_D} = \frac{1}{K_P \cdot \frac{W}{L} \cdot \left[(U_{QH} - U_{TH}) - \frac{U_{QL}}{2} \right]} \tag{3.88}$$

und R_D berechnen.

Ein wesentlicher Nachteil dieser Schaltung besteht in den großen Unterschieden der Anstiegs- und Abfallzeiten der Ausgangsimpulse. Bei der Herstellung integrierter MOS-Schaltungen mit niederohmigen Widerständen (bis in den kΩ-Bereich hinein) zeigt sich, daß diese einen sehr großen Flächenbedarf haben.
MOS-Transistoren benötigen weniger Fläche als Widerstände.
Aus diesen Gründen sind MOS-Inverter mit Widerstandslast bedeutungslos. Eine Ausnahme bilden Schaltungen, wo "Open-Drain"-Transistoren verwendet werden, um durch Parallelschaltung ODER-Verknüpfungen am Ausgang zu erzeugen.

Bei allen modernen NMOS-Schaltungen werden Transistoren als Lastelemente verwendet. Als Lastelemente können selbstsperrende (Fall 1) oder selbstleitende (Fall 2) MOSFETs verwendet werden (Bild 3.51).

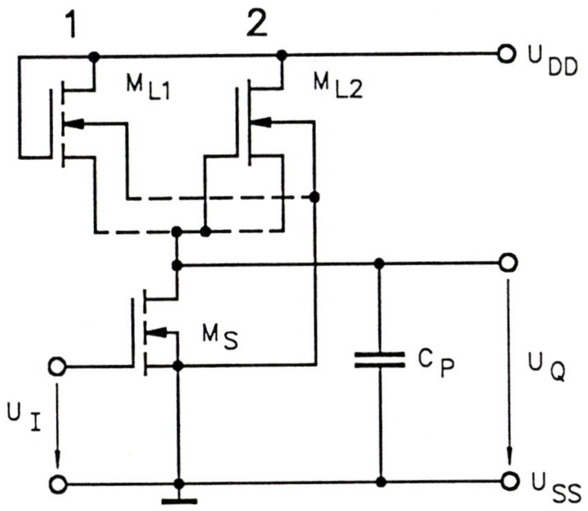

Bild 3.51. Inverter mit einem MOSFET als Lastelement

Selbstsperrende MOSFETs als Lastelemente (Fall 1):
Das Gate des Lasttransistors M_{L1} liegt an der Versorgungsspannung U_{DD}. Der Lasttransistor kann nur dann Strom führen, wenn die Gatespannung $U_{GS} > U_{TH}$ ist. Dadurch kann die Ausgangsspannung U_Q nur bis $U_{DD} - U_{TH}$ steigen, weil sonst $U_{GS} < U_{TH}$ werden würde.
Das Bild 3.52 zeigt das Ausgangskennlinienfeld des Schalttransistors M_S mit dem Lasttransistor M_L. Durch das nichtlineare Verhalten von M_L stellt sich keine "Widerstandslastgerade" ein. Die Arbeitspunkte sind die Schnittpunkte der Transistorkennlinien.
Die Übertragungskennlinie (Bild 3.53) zeigt deutlich den begrenzten H-Ausgangspegel. Ausgehend von den Drainstromgleichungen der beiden MOSFETs M_S und M_L ergibt sich in Bild 3.53 mit $I_{DS} = I_{DL}$ der gezeigte Verlauf. Je größer die Konstante $B_{L/S} = \beta_L / \beta_S$ ist, um so steiler fällt die Spannung von U_{QH} nach U_{QL}.
Der Nachteil der begrenzten Ausgangsspannung beim H-Pegel läßt sich umgehen, wenn man das Gate von M_L an eine Hilfsspannung $U_{GL} > U_{DD}$ legt. Mit $U_{GL} = U_{DD} + U_{TH}$ ergibt sich ein Aussteuerbereich U_Q bis U_{DD}.
Die Einführung einer Hilfsspannung ist mit zusätzlichen Kosten verbunden, weil ein zusätzlicher Anschlußpunkt benötigt wird. Auf diesen Anschlußpunkt kann man verzichten, wenn man mit einer internen Spannungsvervielfacherschaltung arbeitet.
Bei dieser "Ladungspumpen"-Schaltung ("charge pump") werden Kondensatoren C_P parallel aufgeladen und über Dioden oder Schalttransistoren in Reihe geschaltet [3.10]. Dadurch steht eine höhere Spannung zur Verfügung. Der Flächenbedarf dieser Schaltung erhöht sich somit.

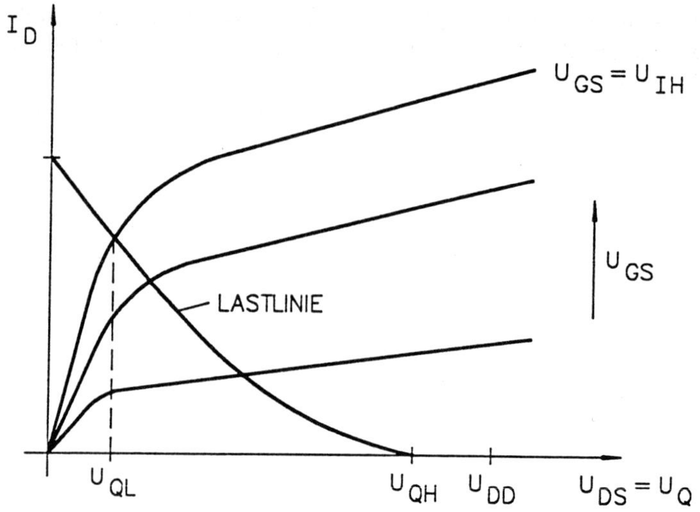

Bild 3.52. Ausgangskennlinienfeld mit selbstsperrendem MOSFET als Lastelement

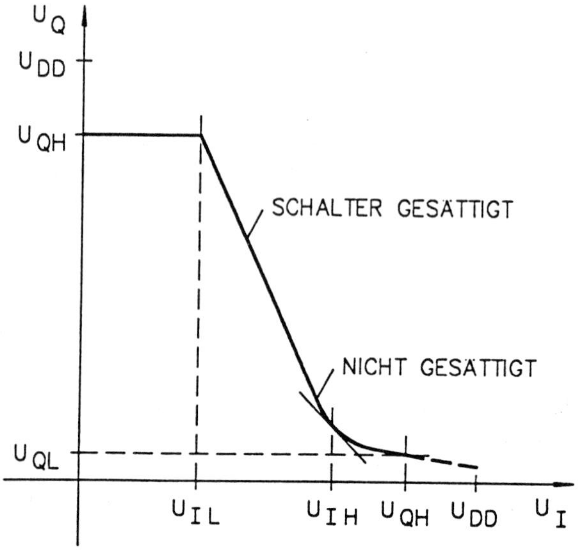

Bild 3.53. Übertragungskennlinie mit selbstsperrendem MOSFET als Lastelement

Inverter mit selbstsperrenden Lasttransistoren waren daher nur für einen sehr kurzen Zeitabschnitt aktuell.

Diese Nachteile lassen sich vermeiden, wenn man selbstleitende Lastelemente mit "Depletion load"-Transistoren verwendet. Das Stromquellenverhalten des Lastelementes

zeigt sich von U_{DS} = 0 V bis ca. 3/4 U_{DD} im Bild 3.54. Die Schnittpunkte der beiden Kennlinien stellen wieder die Arbeitspunkte dar.
Je größer der Wert $B_{L/S} = \beta_L / \beta_S$ ist, um so niedriger ist die Spannung U_{QL}. Einzelne Werte können durch Gleichsetzen der Drainstromgleichungen unter Berücksichtigung der Betriebszustände und der Spannungen U_{GS} und U_{DS} der Transistoren berechnet werden. Die Übertragungskennlinie für verschiedene $B_{L/S}$-Werte zeigt Bild 3.55.
Sinnvoller ist aber eine Berechnung mit SPICE.

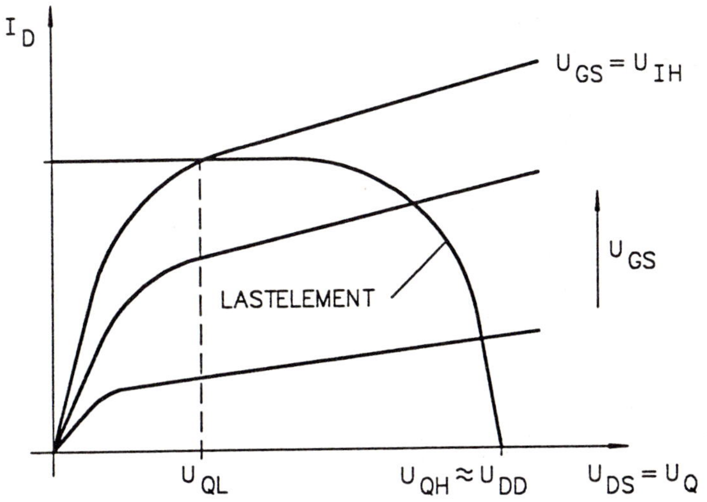

Bild 3.54. Ausgangskennlinienfeld mit "Depletion load"-MOSFET als Lastelement

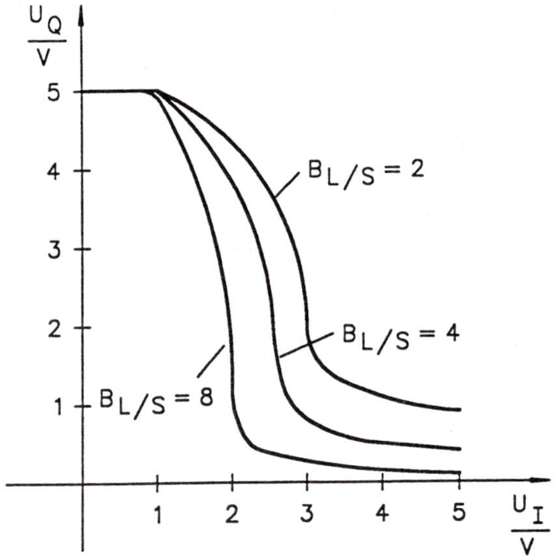

Bild 3.55. Übertragungskennlinie mit "Depletion load"-MOSFET als Lastelement

Alle neuen MOS-Schaltungen verwenden Inverter in CMOS-Technik. Die Grundschaltung eines "Complementary MOS"-Inverters zeigt Bild 3.56. Zwei MOSFETs (N- und P-Kanaltypen) sind ausgangsseitig mit verbundenen Drainanschlüssen in Reihe geschaltet. Die Gateanschlüsse werden verbunden. Der Sourceanschluß des N-Kanal-MOSFETs wird mit U_{SS}, der Sourceanschluß des P-Kanal-MOSFETs mit U_{DD} verbunden. Um U = 0 V zu erhalten, müssen die Bulkanschlüsse mit den Source-Anschlüssen verbunden werden. Dieser Umstand bereitet Schwierigkeiten, weil das Bulk (Substrat) und der Sourceanschluß mit unterschiedlichen Leitungstypen dotiert sein müssen. Aus diesem Grund werden einer oder beide MOSFETs mit einer entsprechend dotierten "Wanne" umgeben (Bild 3.57). Man spricht daher von einer p-oder n-Wannentechnologie. In der Vergangenheit wurden hauptsächlich p-Wannen dotiert. Bei Schaltungen mit größter Integrationsdichte verwendet man für jeden Transistor eine eigene p- bzw. n-Wanne ("twin well").

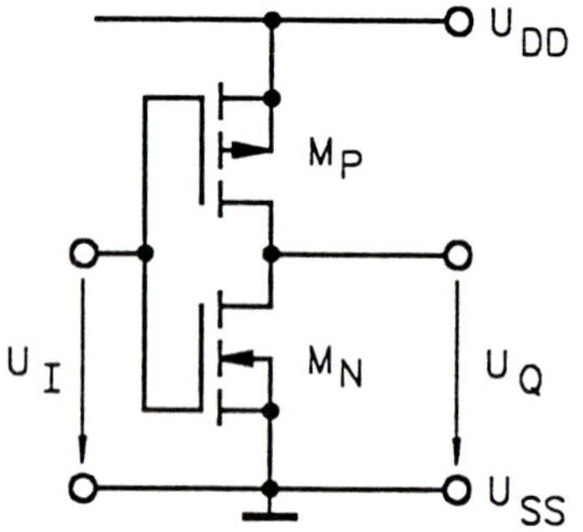

Bild 3.56. CMOS-Inverter

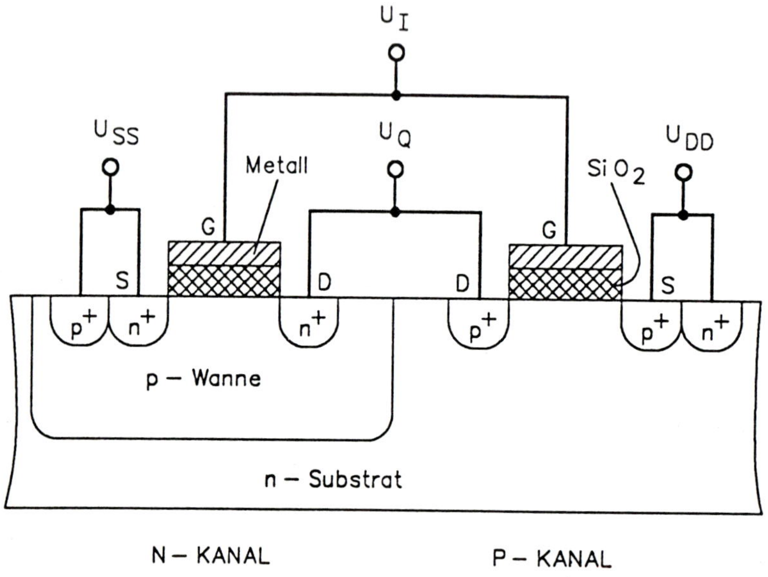

Bild 3.57. Schnittbild eines CMOS-Inverters

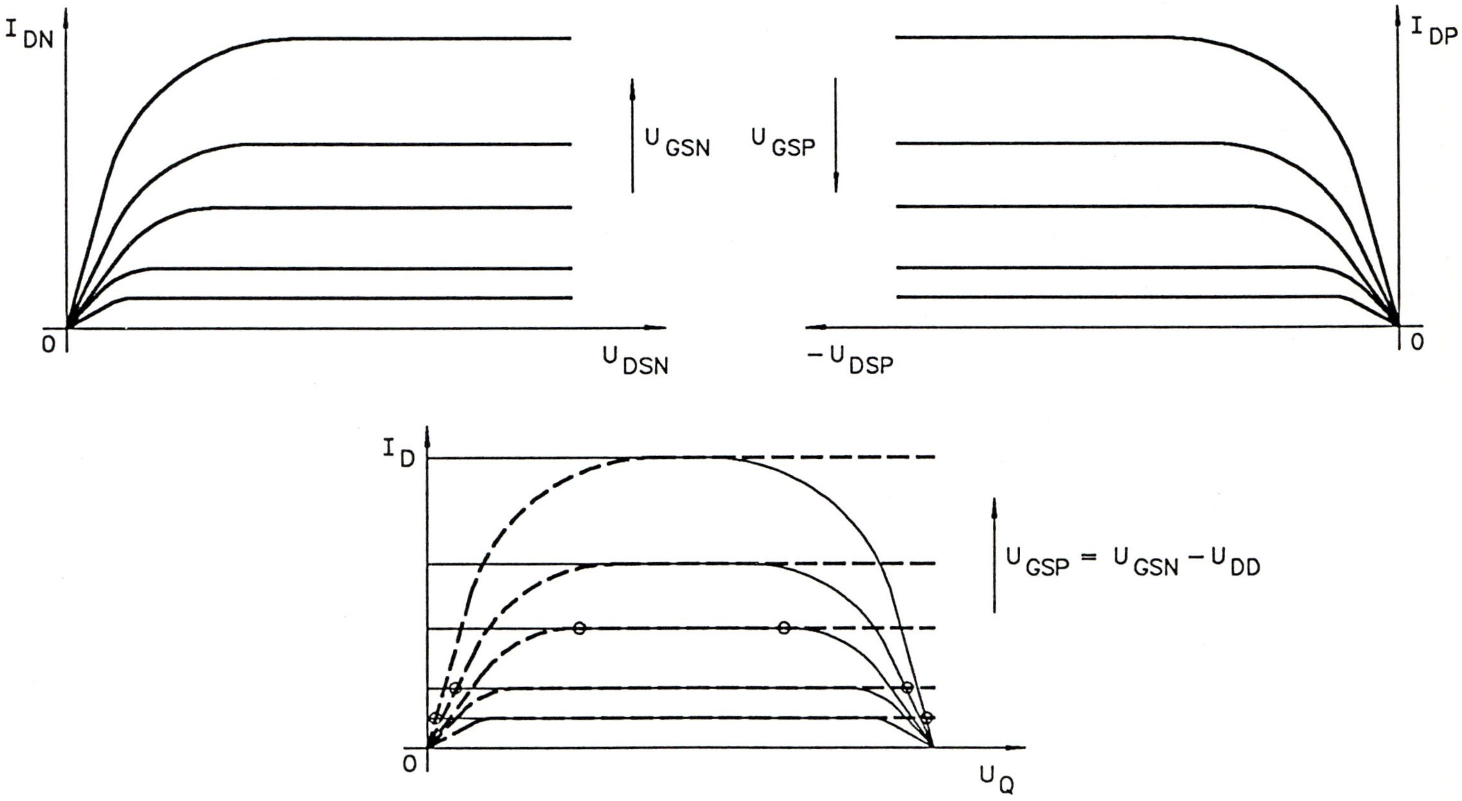

Bild 3.58. Grafisch Konstruktion der Ausgangskennlinie eines CMOS-Inverters

Dadurch lassen sich die Sicherheitsabstände zur Isolation der einzelnen MOSFETs verringern.

Das elektrische Verhalten läßt sich berechnen, wenn man die folgenden Pegel berücksichtigt:

$$U_{GSN} = U_I; \qquad U_{DSN} = U_Q \text{ und}$$
$$-U_{GSP} = U_{DD} - U_I; \qquad -U_{DSP} = U_{DD} - U_Q.$$

Betrachtet man die Kennlinien mit den möglichen Arbeitspunkten im Ausgangskennlinienfeld (Bild 3.58), so ergibt sich die in Bild 3.59 gezeigte Übertragungskennlinie. Dabei fallen die mit A bis E gekennzeichneten Betriebszustände auf.

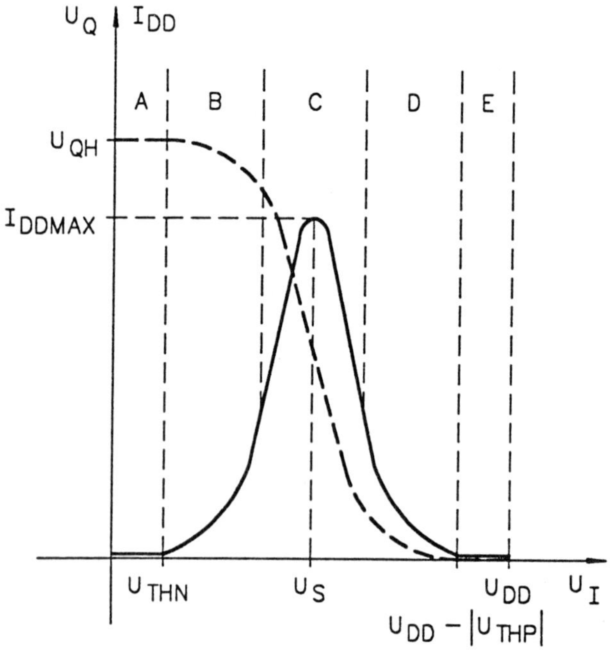

Bild 3.59. Übertragungskennlinie eines CMOS-Inverters mit zustandsabhängigem Versorgungsstrom I_{DD}

Die Tabelle 3.3. zeigt die zu den Eingangsspannungen zugehörigen Betriebszustände.

Die Inverterfunktion ist für die Fälle

$$U_{DD} \geq U_{THN},\ U_{DD} \geq -U_{THP} \text{ und } U_{DD} \geq U_{THN} - U_{THP}$$

gewährleistet.

Tabelle 3.3. Betriebszustände in Abhängigkeit des Eingangsspannungsbereiches

Bereich der Eingangsspannung	Betriebszustand	Kanalwiderstand	Kennzeichen
$U_I \leq U_{THN}$	NMOSFET sperrt, PMOSFET leitet ungesättigt	R_{DSOFF} R_{DSON}	A
$U_{THN} < U_I < U_S$	NMOSFET leitet gesättigt PMOSFET leitet ungesättigt	R_{DSSAT} R_{DSON}	B
$U_I = U_S$	NMOSFET leitet gesättigt PMOSFET leitet gesättigt	R_{DSSAT} R_{DSSAT}	C
$U_S < U_I < U_{DD} + U_{THP}$	NMOSFET leitet ungesättigt PMOSFET leitet gesättigt	R_{DSON} R_{DSSAT}	D
$U_I \geq U_{DD} + U_{THP}$	NMOSFET leitet ungesättigt PMOSFET sperrt	R_{DSON} R_{DSOFF}	E

Für den Zustand C (beide MOSFETs leiten gesättigt) läßt sich U_S aus (3.74) mit $I_{DSATN} = I_{DSATP}$ berechnen:

$$U_S = \frac{\sqrt{\beta_N} \cdot U_{THN} + \sqrt{\beta_P} \cdot U_{THP} + \sqrt{\beta_P} \cdot U_{DD}}{\sqrt{\beta_N} + \sqrt{\beta_P}} \qquad (3.89)$$

Für eine symmetrische Auslegung der Schaltschwelle U_S bei $U_{DD}/2$ wählt man

$$U_{THN} = -U_{THP} = U_{TH} \text{ und } \beta_N = \beta_P = \beta. \qquad (3.90)$$

Die Größen U_Q und I_{DD} als Funktion von U_I lassen sich für die einzelnen Betriebszustände berechnen und werden in die Übertragungskennlinie (Bild 3.59) eingetragen. Der Maximalstrom I_{DDMAX} hat bei symmetrischer Auslegung den Wert

$$I_{DDMAX} = \frac{\beta}{2} \cdot \left(\frac{U_{DD}}{2} - U_{TH}\right)^2. \qquad (3.91)$$

CMOS-Inverter zeichnen sich durch folgende Merkmale aus:

Bei symmetrischer Auslegung ergibt sich eine sehr steile Übertragungskennlinie mit einer Schwellspannung $U_S = U_{DD}/2$. Die Änderung der Ausgangsspannung dU_Q/dU_I (= Spannungsverstärkung V) ist im Bereich zwischen $(U_{DD}/2) + U_{TH}$ und $(U_{DD}/2) - U_{TH}$ besonders groß.

Führt man bei CMOS-Invertern eine Widerstandsgegenkopplung ein (ein Widerstand R_1 wird zwischen Eingang der Schaltung und Eingang des Inverters, ein zweiter Widerstand R_2 wird vom Ausgang zum Eingang des Inverters geschaltet) , so läßt sich die Schaltung als Linearverstärker betreiben. Diese Schaltung wird bei CMOS-Quarzoszillatoren genutzt.

Die statischen Störabstände (vergl. mit Abschn. 3.7.2) nehmen mit der Versorgungsspannung U_{DD} zu.

Für die Ausgangszustände H und L ist der Versorgungsstrom $I_{DD} = 0$, wenn der Laststrom $I_Q = 0$ ist (Restströme im nA- bis µA-Bereich werden vernachlässigt). Nur im Umschaltmoment fließt ein Strom. Daher sollten die Eingangspegel beim Umschalten hohe Flankensteilheiten aufweisen.

Der Ausgangswiderstand beträgt bei symmetrischer Auslegung und Ansteuerung mit $U_{IL} = U_{SS} = 0$ V und $U_{IH} = U_{DD}$:

$$R_{QH} = R_{QL} = \frac{1}{\beta \cdot (U_{DD} - U_{TH})}. \qquad (3.92)$$

Der Ausgangswiderstand R_{QH} bzw. R_{QL} nimmt mit größeren Werten von U_{DD} ab.

Bei der Herstellung von integrierten Schaltungen stellen sich zusätzlich zu den strukturierten Transistoren parasitäre Elemente ein. Die Parasitärkapazitäten lassen sich durch technologische Maßnahmen auf ein Minimum reduzieren. Bei älteren CMOS-Technologien haben die Gate-Drain- und Gate-Sourceüberlappungskapazitäten für hohe Eingangskapazitäten gesorgt.
Durch Einsatz von polykristallinem Silizium als Gatematerial und der gerichteten Dotierung über die Ionenimplantation ist es möglich, in der "Silicon gate"-Technologie kleinste Überlappungskapazitäten herzustellen. Das dicke polykristallinen Gatematerial wirkt als Maske für die Ionen. Die Ionen dringen nicht unter das Gate, aber in die Bereiche von Source und Drain. Durch diese Abgrenzung ergeben sich minimale Überlappungskapazitäten.

Bei CMOS-Schaltungen können sich parasitäre Bipolartransistoren und Widerstände ergeben, die sich wie Thyristoren verhalten (Bild 3.60). "Zündet" dieser parasitäre Thyristor durch Störspannungen, so wird ein Kurzschluß zwischen der Versorgungsspannung U_{DD} und der Masse U_{SS} = GND hergestellt. Dieser "Latch-up"-Effekt zerstört die CMOS-Schaltung. Über die Dotierung der einzelnen Gebiete kann erreicht werden, daß die Bipolartransistoren sehr kleine Stromverstärkungsfaktoren aufweisen. Die Widerstände R_{SUB} und R_{WELL} sollten sehr niederohmig sein, die Basis-Emitter-Spannungen der beiden Transistoren dürfen nur Werte von $U_{BE} \leq U_{BEY} \approx 0{,}5$ V annehmen. Besonders kritisch ist der Widerstand R_{SUB}. Beim Überschreiten von $U_{BET1} = U_{BEON}$ wird durch eine Mitkopplung T_2 leitend ("Thyristoreffekt"). Dabei kann ein Zünden nur bei sehr hohen Spannungen erfolgen. Durch Schutzbeschaltungen können sich derart hohe Spannungen nicht einstellen.

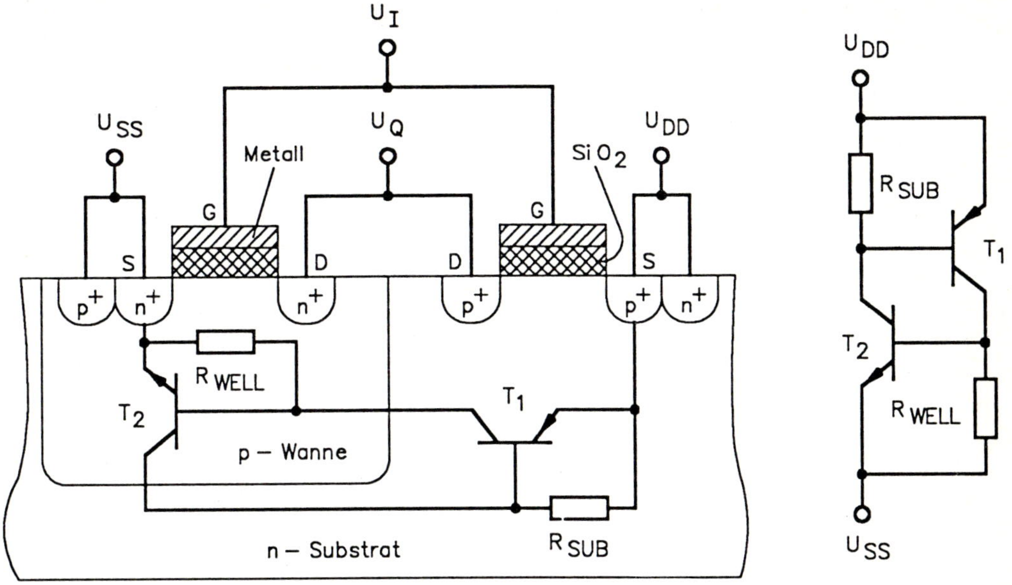

Bild 3.60. Parasitärer Thyristoreffekt ("Latch-up")

3.6.2 Schaltverhalten von MOS-Invertern

Wenn man das Schaltverhalten eines MOSFETs mit einem Bipolartransitor vergleicht, fällt auf, daß beim MOSFET keine Speicherzeit auftritt. Die Anstiegs- und Abfallzeiten stellen sich durch kapazitive Effekte ein. Je nach Schaltung und Betriebszustand werden Parasitär- und Lastkapazitäten über ohmsche Widerstände, die innerhalb und/oder außerhalb des MOSFETs liegen, geladen oder entladen.

Die Zusammenhänge zwischen Spannungen und Zeiten lassen sich über Exponentialfunktionen ("Ausgleichsvorgänge" wie in Abschnitt 2 beschrieben) herstellen. Ausgehend von der Kondensatorspannung U_0 zum Zeitpunkt $t = 0$, der angestrebten Endspannung U_∞ im Unendlichen, der Spannung $U(t)$ für $t \geq 0$ und der Zeitkonstanten τ, sind folgende Gleichungen gültig:

$$U(t) = U_\infty + (U_0 - U_\infty) \cdot \exp\left(-\frac{t}{\tau}\right); \qquad (3.93)$$

der Zeitpunkt $t = T$ läßt sich durch Umformung angeben

$$T = \tau \cdot \ln\left(\frac{U_\infty - U_0}{U_\infty - U(t)}\right). \qquad (3.94)$$

Für die Anstiegs- und Abfallzeit folgt mit

$$U_{0,1} = 0{,}1 \cdot U,$$
$$U_{0,9} = 0{,}9 \cdot U \text{ und}$$
$$U = U_{\infty} - U_0:$$

$$T_R,\ T_F = \tau \cdot \ln 9 = 2{,}2 \cdot \tau. \qquad (3.95)$$

Zu anderen Zeitabschnitten wird der Kondensator über den gesättigten MOSFET geladen oder entladen. Für die Berechnung der Anstiegs- und Abfallzeiten sollte man wegen der nichtlinearen Abhängigkeit $I = f(U)$ das Integral

$$\Delta T = \int \frac{C}{I} \cdot dU \qquad (3.96)$$

lösen.
Kann man von einer Ladung oder Entladung mit konstantem Strom ausgehen, so vereinfacht sich (3.96) zu

$$I \cdot T = C \cdot U \qquad (3.97)$$

Bei der Berechnung der Schaltzeiten werden drei wichtige Schaltungen untersucht:

1) MOS-Inverter mit Widerstandslast (Open drain-Schaltung),
2) Depletion load-Inverter (NMOS-Standardschaltung) und
3) CMOS-Inverter.

Der Inverter mit selbstsperrendem Lasttransistor hat heute keine Bedeutung mehr.

Beim Ausschalten eines MOSFET-Inverters mit Widerstandslast steigt die Spannung an der Lastkapazität C_L (Bild 3.48) von U_{QL} mit der Funktion $[1 - \exp(-t/\tau)]$ nach U_{QH}. Das Schaltverhalten dieses Inverters zeigt Bild 3.61.
Als Anstiegszeit ergibt sich mit (3.94) und (3.95)

$$T_R \approx 2{,}2 \cdot R_D \cdot C_L. \qquad (3.98)$$

Durch den Einschaltvorgang wird der auf U_{QH} aufgeladene Kondensator über den MOSFET entladen. Die Abfallzeit T_F besteht aus zwei Abschnitten. Im ersten Abschnitt T_{F1} befindet sich der MOSFET solange in der Sättigung bis $U_Q = U_I - U_{TH}$ erreicht wird. Für die Ansteuerspannung $U_I = U_{DD}$ folgt mit $I_{DSAT} \gg I_{RD}$: $I_C \approx I_{DSAT}$.
Für I_{DSAT} gilt

$$I_{DSAT} \cdot T_{F1} \approx C_L \cdot (U_{QH} - U_Q) \qquad (3.99)$$

und mit (3.73)

$$T_{F1} \approx 2 \cdot C_L \cdot \frac{U_{QH} - (U_I - U_{TH})}{\beta \cdot (U_I - U_{TH})^2}. \qquad (3.100)$$

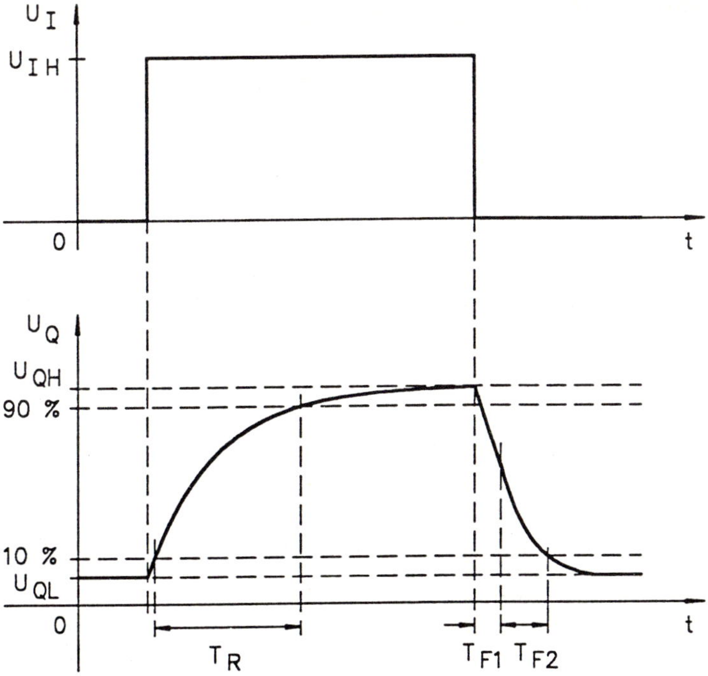

Bild 3.61. Kapazitives Schaltverhalten des MOS-Inverters mit Widerstandslast

Im zweiten Abschnitt T_{F2} wird die Lastkapazität über R_{DSON} entladen. Berücksichtigt man den Spannungsbereich von $U_Q = U_I - U_{TH}$ bis $U_{QL} + 0{,}1 \cdot (U_{QH} - U_{QL})$, so folgt

$$T_{F2} = R_{DSON} \cdot C_L \cdot \ln\left(\frac{10 \cdot (U_I - U_{TH} - U_{QL})}{U_{QH} - U_{QL}}\right) \qquad (3.101)$$

und

$$T_F = T_{F1} + T_{F2}. \qquad (3.102)$$

Beim MOS-Inverter mit Depletion load-Transistor M_L ergibt sich die Anstiegszeit T_R des Ausgangsimpulses durch die Zeitdauer ΔT des in die Lastkapazität C_L fließenden Konstantstromes (Bild 3.62)

$$I_{DL} = \frac{\beta_L}{2} \cdot U_{THL}^2. \qquad (3.103)$$

Innerhalb der Ladezeit ΔT wird der Lastkapazität von $U_{QL} + 0{,}1 \cdot (U_{QH} - U_{QL})$ auf $U_{QL} + 0{,}9 \cdot (U_{QH} - U_{QL})$ geladen. Mit (3.97) folgt

$$\Delta T = T_R = \frac{1{,}6 \cdot C_L \cdot (U_{QH} - U_{QL})}{\beta_L \cdot U_{TH}^2} \qquad (3.104)$$

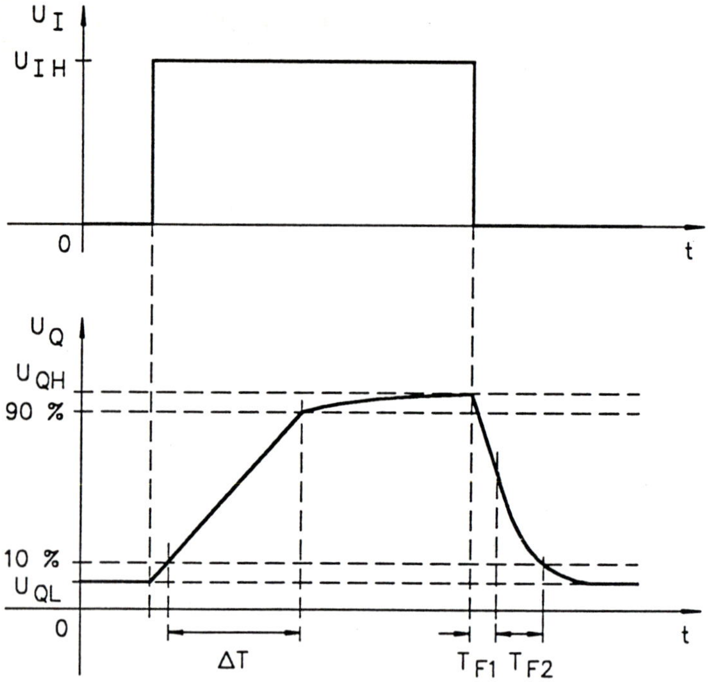

Bild 3.62. Schaltverhalten des MOS-Inverters mit Depletion load-Transistor

Die Abfallzeit T_F läßt sich ähnlich wie beim MOS-Inverter mit Widerstandslast berechnen. Der Strom des Lastelementes I_{DL} läßt sich im allgemeinen nicht vernachlässigen (Bild 3.63). Die Gleichung für T_{F1} (3.100) muß modifiziert werden, der Konstantstrom I_{DL} wird von I_{DS} abgezogen.

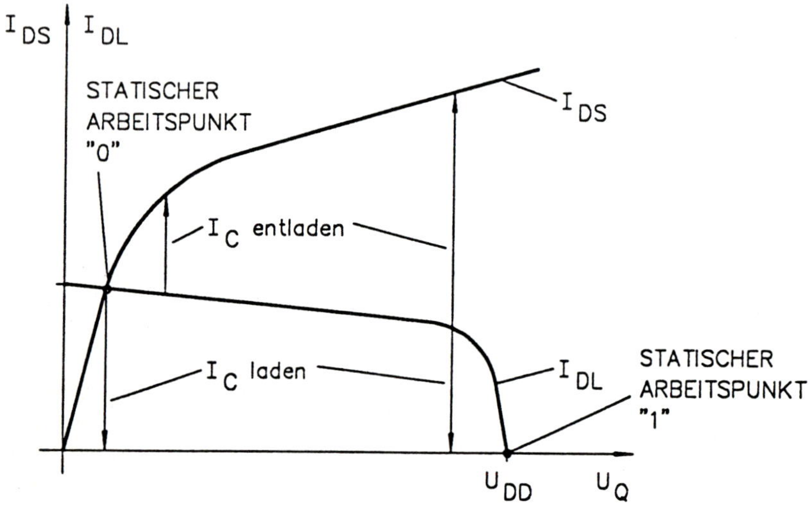

Bild 3.63. Ausgangskennlinie des MOS-Inverters mit Depletion load-Transistor

Daraus folgt

$$T_{F1} \approx 2 \cdot C_L \cdot \frac{U_{QH} - (U_I - U_{THS})}{\beta_S \cdot (U_I - U_{THS})^2 - \beta_L \cdot U_{THL}^2} \, . \qquad (3.105)$$

Bei CMOS-Invertern haben wir eine symmetrische Struktur mit zwei komplementären Schalttransistoren. Daraus folgt

$$T_R = T_F . \qquad (3.106)$$

Ausgehend von einem trägheitslosen Verhalten der beiden Schalttransistoren stellt sich beim Laden der Lastkapazität ($U_{CL} = U_{QL}$) über den leitenden P-Kanal-MOSFET zunächst die Sättigung ein. Durch Ansteigen der Spannung an C_L wird

$$- U_{DSP} = - (U_{GSP} - U_{THP})$$

erreicht. Der P-Kanal-Transistor geht in den nichtgesättigten ohmschen Bereich. Die Lastkapazität wird über R_{DSONP} auf $U_{QH} \approx U_{DD}$ aufgeladen. Durch Einschalten des N-Kanal-Transistors wird C_L entladen. Der N-Kanal-MOSFET arbeitet zunächst in der Sättigung und geht bei $U_{DSN} = U_{GSN} - U_{THN}$ in den nichtgesättigten Zustand.
Diese Beschreibung zeigt, daß sich beide Schalttransistoren im leitenden Zustand wie der Transistor des MOS-Inverters mit Widerstandslast verhalten. Die Beziehungen (3.100) bis (3.102) sind ohne Einschränkungen gültig für einen symmetrischen Aufbau (Bedingung (3.90)) und mit $U_{IL} = U_{QL} = U_{SS} = 0$ V und $U_{IH} = U_{QH} = U_{DD}$ gilt

$$T_F = T_R \approx 2 \cdot C_L \cdot \frac{U_{TH}}{\beta \cdot (U_{DD} - U_{TH})^2} + R_{DSON} \cdot C_L \cdot \ln \left(\frac{10 \cdot (U_{DD} - U_{TH})}{U_{DD}} \right) \qquad (3.107)$$

Das Bild 3.64 zeigt schematisch das Schaltverhalten der MOS-Inverter mit den Lastelementen : Widerstand (R), selbstsperrender Transistor (E) und selbstleitender Transistor (D).

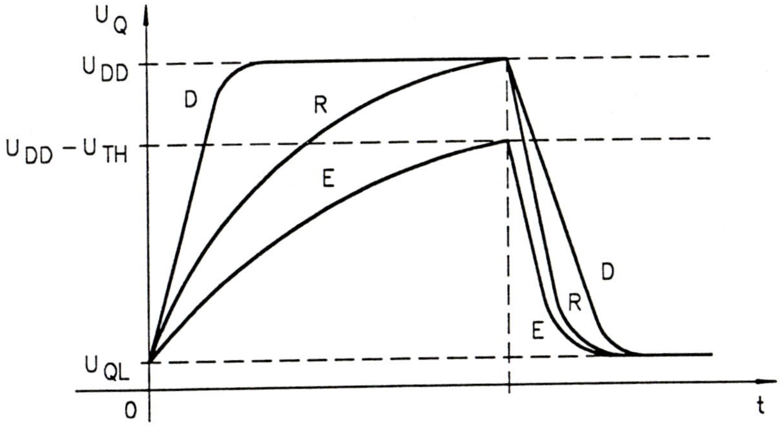

Bild 3.64. Kapazitives Schaltverhalten der MOS-Inverter

3.6.3 Digitale Torschaltung ("Transmission-Gate")

Beim Aufbau von komplexen CMOS-Schaltungen greift man gern auf gesteuerte Schalter zurück, bei denen weder Source noch Drain masse- oder versorgungsspannungsbezogen verschaltet sind. Diese bidirektionalen Torschaltungen eignen sich zur Übertragung von analogen und digitalen Signalen. Für analoge Signale heißt dieser Schalter "Analogschalter", für digitale Signale "digitale Torschaltung". Die amerikanische Bezeichnung "Transmission-Gate" (abgekürzt "TG") wird auch häufig benutzt.
Eine digitale Torschaltung wird durch Parallelschaltung zweier MOSFETs (N-Kanal und P-Kanal) gebildet. Das Bild 3.65 zeigt die Grundschaltung und das DIN/IEC-Schaltzeichen. Verschiedene Schaltbildvarianten sind dem Bild 3.66 zu entnehmen. Durch die symmetrische Struktur und unterschiedlichen Richtungen des Schaltstromes können die Source und Drain-Anschlüsse ihre Funktion vertauschen. Durch eine gegenphasige Ansteuerung der Gates mit $U_{GN} = U_{DD}$ und $U_{GP} = U_{SS} = 0$ V (E = HIGH) leiten beide MOSFETs und es gilt A = Z. Für $U_{GN} = U_{SS} = 0$ V und $U_{GP} = U_{DD}$ (E = LOW) sperren beide MOSFETs ($R_{DSOFF} \geq 1$ GΩ).

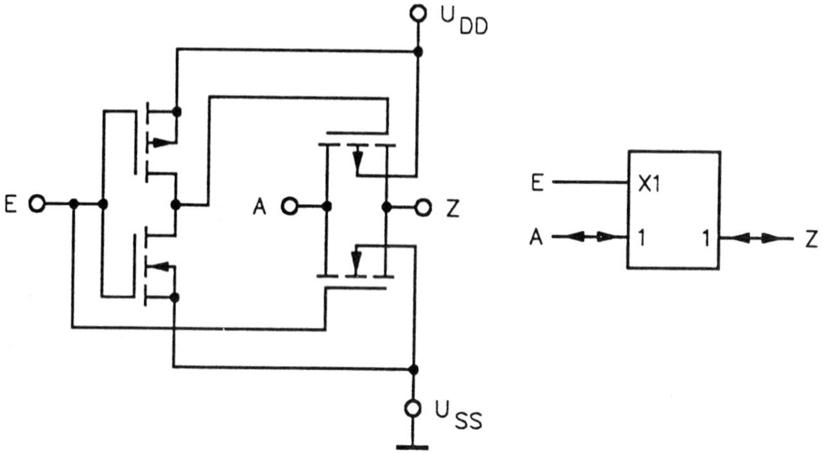

Bild 3.65. Grundschaltung und Schaltzeichen der Torschaltung ("Transmission Gate")

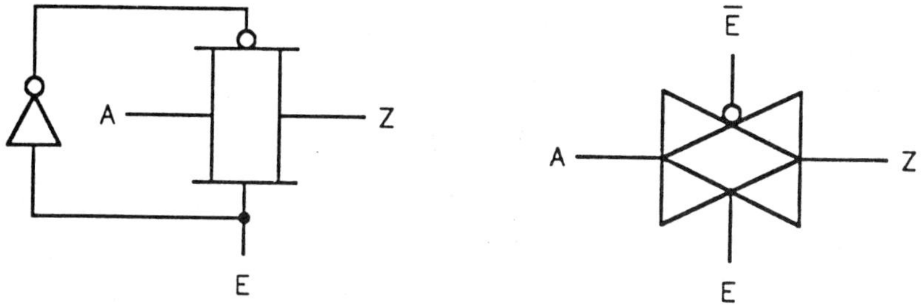

Bild 3.66. Varianten des Schaltzeichens für "Transmission Gates"

Es wird angenommen, daß im leitenden Zustand der Strom I durch den Schalter so klein ist, daß ein Spannungsabfall am Schalter vernachlässigt werden kann ($U_{DSN} = -U_{DSP} \approx 0$ V). Durch die Parallelschaltung der MOSFETs ergibt sich für die Torschaltung ein EIN-Widerstand

$$R_{ONAZ} = R_{DSONN} \parallel R_{DSONP}. \qquad (3.108)$$

Für den N-Kanal-MOSFET gilt:
Bei Eingangsspannungen $U_{SS} \leq U_A \leq U_{DD} - U_{THN}$ arbeitet der Transistor im ohmschen nicht gesättigten Bereich. Für $U_A \approx U_{SS} = 0$ V stellt sich eine kleine Source-Bulkspannung ein, die Schwellspannung U_{THN} entspricht der eines Transistors mit Verbindung zwischen Source und Bulk ($= U_{THON}$). Bei steigender Eingangsspannung wird die Source-Bulkspannung größer, bei der Schwellspannung U_{THN} muß die Beziehung (3.83) berücksichtigt werden. Die Schwellspannung steigt durch den Substratfaktor γ_N von U_{THON} bei $U_{SB} = 0$ V auf U_{THN} an. Dies führt zu einer Erhöhung von R_{DSN}.
Aus (3.73), (3.78) und (3.83) folgt

$$R_{DSONN} = \frac{1}{\beta_N \cdot (U_{DD} - U_A - \underbrace{(U_{THON} - \gamma_N \cdot \sqrt{U_A})}_{U_{THN}})}. \qquad (3.109)$$

Für den P-Kanal-MOSFET gilt:
Bei Eingangsspannungen $-U_{THP} \leq U_A \leq U_{DD}$ arbeitet der Transistor im ohmschen, nicht gesättigten Bereich. Für $U_A \approx U_{DD}$ stellt sich eine kleine Source-Bulkspannung ein, die Schwellspannung U_{THP} entspricht der eines Transistors mit Verbindung zwischen Source und Bulk ($= U_{THOP}$). Bei sinkender Eingangsspannung wird der Effekt der Source-Bulkspannung größer, die Schwellspannung ist von $-U_{THOP}$ bei $U_{SB} = 0$ V auf $-U_{THP}$ durch den Substratfaktor γ_P angestiegen. Dies führt zu einer Erhöhung von R_{DSP}.
Aus (3.73), (3.78) und (3.83) folgt

$$R_{DSONP} = \frac{1}{\beta_P \cdot (U_{DD} + \underbrace{(U_{THOP} - \gamma_P \cdot \sqrt{U_{DD} - U_A})}_{U_{THP}})}. \qquad (3.110)$$

Das Bild 3.67 zeigt den Verlauf der Durchlaßwiderstände R_{DSONN} und R_{DSONP} und den Gesamtwiderstand R_{ONAZ} für $U_{DD} = 5$ V, $U_{THN} = -U_{THP} = 1$ V, $\beta_N = \beta_P = 1\ \mu A \cdot V^{-2}$ und $\gamma_N = \gamma_P = 0{,}5\ V^{1/2}$. Auffällig ist die deutliche Verschiebung der Schwellspannungen. Der spiegelsymmetrische Verlauf der Kurven von R_{DSONN} und R_{DSONP} ist durch die Gleichheit der MOSFET-Kenngrößen gegeben. In der Praxis läßt sich dies aber nicht realisieren. Folglich stellt sich ein unsymmetrischer Verlauf für R_{DSONN} und R_{DSONP} ein.

N-Kanal-MOSFETs zeigen höhere Substratfaktoren γ als P-Kanal-MOSFETs. Als Folge steigt die Widerstandskurve von R_{DSONN} sehr steil an. Durch einen Schaltungstrick

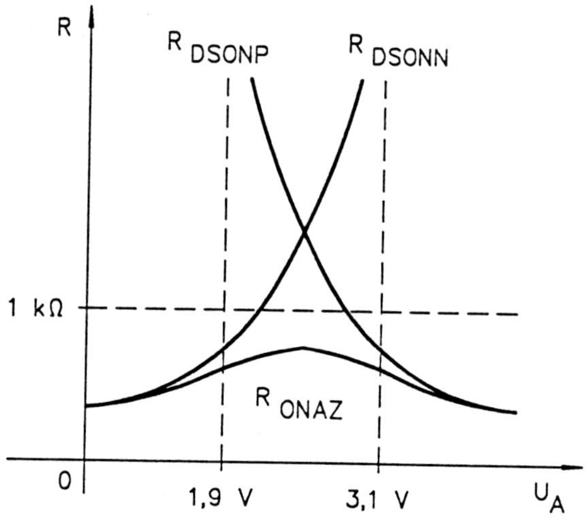

Bild 3.67. Widerstandsverlauf als Funktion der Eingangsspannung bei einer Torschaltung

wird dieser Effekt kompensiert. Ein zweiter P-Kanal-Transitor M_{P2} schließt über seine Drain-Source-Strecke die Sourceelektrode und das Bulk der p-Wanne, in dem sich M_N befindet, kurz (Bild 3.68). Diese Maßnahme reduziert den Widerstand R_{DSAZ} ca. um den Faktor 2 bis 3.

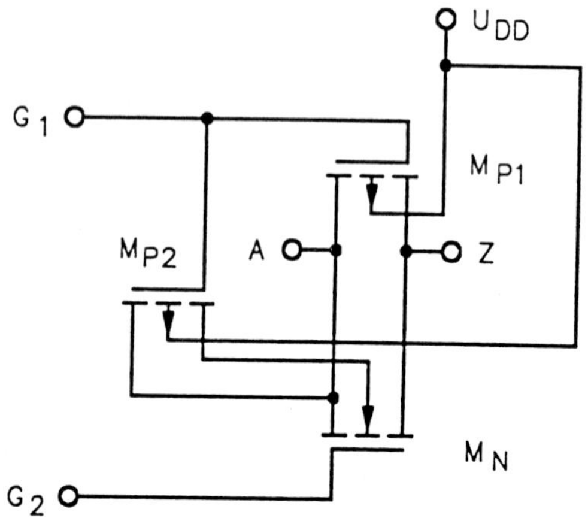

Bild 3.68. Typische Innenschaltung einer CMOS-Torschaltung (4016 und 4066)

3.6.4 Getaktete MOS-Schaltungen

Statische NMOS- oder PMOS-Inverter sind "gleichspannungsstabil", d.h. die Lasttransistoren liegen gateseitig auf einem festen Potential. Die Ausgangsspannung wird nur durch das Verhalten des Schalttransistors M_S bestimmt. Bei dynamischen (getakteten)

MOS-Invertern werden der Lasttransistor M_L und ein weiterer Transistor M_T durch einen Takt Φ gesteuert (Bild 3.69).
Bei $\Phi = H = U_{DD}$ wird ein Eingangssignal $U_I = U_{DD}$ an die Eingangskapazität C_{IN} geleitet. Der Transitor M_S leitet ungesättigt und M_L gesättigt. Das Verhältnis R_{DSSATL} / R_{DSONS} bestimmt die Ausgangsspannung an der Lastspeicherkapazität C_{OUT} ("rationed inverter").
Bei $U_I = U_{SS} = 0$ V sperrt der Transistor M_S in der Phase Φ. Durch den leitenden Transistor M_L liegt $U_{QH} = U_{COUT} = U_{DD} - U_{THL}$ an der Lastspeicherkapazität (MOS-Inverter mit selbstsperrendem Lasttransistor, Abschn. 3.6.1). Bei $\Phi = L$ speichern die beiden Kondensatoren C_{IN} und C_{OUT} des 1. Inverters das letzte bei $\Phi = H$ anliegende Datum. Die Folgestufe (2. Inverter) wird mit dem invertierten Takt $\overline{\Phi}$ angesteuert, d.h. während die erste Stufe speichert, nimmt die Folgestufe das Datum auf und leitet es über seinen Tortransistor an den Schalttransistor.
Dynamische MOS-Inverter haben folgende Vorteile:
Während der Taktphase $\Phi = L$ wird der Lasttransistor abgeschaltet, die mittlere Verlustleistung wird dadurch verringert.
Durch die hohen AUS-Widerstände der Tortransistoren arbeitet der Inverter als dynamischer Zwischenspeicher.

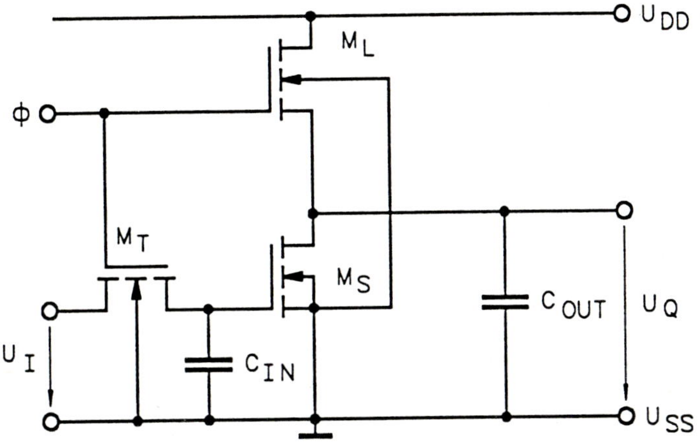

Bild 3.69. Getakteter NMOS-Inverter

In CMOS-Technik läßt sich diese Schaltung mit Standardinvertern, integrierten Kondensatoren und digitalen Torschaltungen ("Transmission-Gates") aufbauen. Die Vorteile zeigen sich nicht so deutlich wie bei den NMOS-Invertern, weil keine wesentliche Verringerung der Verlustleistung eintreten kann.
Ein großer Nachteil der CMOS-Technik besteht darin, daß zu jedem N-Kanal-MOSFET ein P-Kanal-MOSFET gehört. Die Anzahl der Transistoren wird dadurch sehr groß. Durch eine getaktete Schaltung mit kapazitiver Zwischenspeicherung kann die Anzahl der Transistoren verringert werden.

Die Eingangs- und Ausgangsstufen werden konventionell als CMOS-Schaltung realisiert, Zwischenstufen baut man in getakteter NMOS-Technik auf, die über Speicherkapazitäten an die CMOS-Ausgangsstufen geführt werden.

Das Prinzip des getakteten CMOS-Inverters zeigt Bild 3.70. Die Schaltstufe besteht hier der Einfachheit halber aus einem NMOS-Schalttransistor M_S, in der Praxis aus einer kompletten Logikschaltung in NMOS-Technik.

Dieser CMOS-Inverter arbeitet mit zwei getakteten MOSFETs, einem P-Kanal-Transistor in Verbindung mit der Speicherkapazität C_{OUT} zur Vorbereitung ("precharge") und einem N-Kanal-Transistor zur Ausführung ("evaluate") der logischen Schaltoperation.

Bei Φ = L (Vorbereitungsphase) leitet M_P und M_N sperrt. Durch den Strom I_{DP} wird C_{OUT} auf $U_Q = U_{DD}$ geladen.

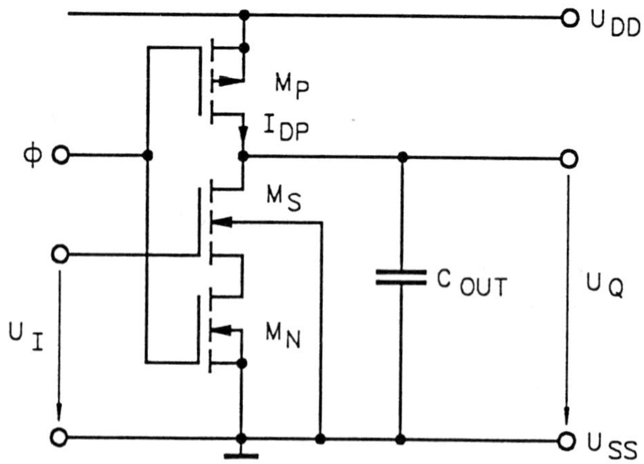

Bild 3.70. Getakteter CMOS-Inverter

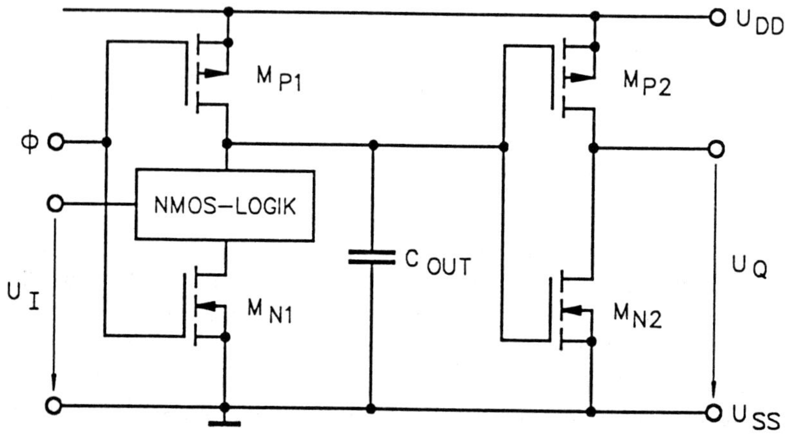

Bild 3.71. CMOS-Domino-Logik

Die am Eingang anliegende Spannung U_I ist in dieser Phase ohne Einfluß. Bei Φ = H leitet der Transistor M_N und M_P sperrt.
Bei U_I = U_{SS} = L sperrt M_S, die Spannung an der Lastkapazität bleibt unverändert. Für U_I = U_{DD} = H leitet der Schalttransistor M_S, die Kapazität C_{OUT} wird über M_S und M_N entladen. Am Ausgang stellt sich somit ein L-Pegel ein.
Ersetzt man den N-Kanal-Schalttransistor durch eine NMOS-Logikschaltung mit einer CMOS-Ausgangsstufe, so entsteht die sog. "Domino"-CMOS-Logikschaltung [3.9]. Das Prinzip zeigt Bild 3.71.

3.7 Charakteristische Größen

Das Verhalten einzelner elektronischer Schalter und größerer Schaltkreise wird durch bestimmte charakteristische Größen angegeben. Die digitale Schaltungstechnik läßt nur zwei Zustände zu, die zugehörigen (erlaubten) Pegelbereiche sind definiert. Digitale Signale (Pegel) zeigen eine hohe Unempfindlichkeit gegen Störungen. Die erlaubten Störspannungen werden durch die "Störabstände" angegeben. Für die Bestimmung der Grenzwerte sind Methoden festgelegt. Das zeitliche Verhalten einer Schaltung und die Verlustleistung, die in Wärme umgesetzt wird und damit die Temperatur der gesamten Baugruppe erhöht, werden zu einem äußerst wichtigen Auswahlkriterium für eine Logikreihe.

3.7.1 Eingangs- und Ausgangsgrößen

Bei jeder digitalen Schaltkreisfamilie gibt es festgelegte Pegelbereiche. Logische Zustände, die bei Variablen mit "0" oder "1" angegeben werden, müssen in Pegel überführt werden. In der sog. "positiven Logik" wird der logischen "0" der Pegel "LOW" = "L" und der logischen "1" der Pegel "HIGH" = "H" zugeordnet. Für jeden Pegel sind bestimmte Spannungsbereiche bindend festgelegt worden.
Für Inverter der TTL-Familie 74-FAST sind im Bild 3.72 Ströme und Spannungen für HIGH und LOW angegeben. Derartige Angaben findet man in jedem Datenbuch für digitale Schaltungen.
Das Bild 3.73 zeigt die erlaubten Pegelbereiche für Schaltkreise, die mit einer Versorgungsspannung U_{CC} = 5 V arbeiten. Die Pegelbereiche sind für Eingänge und Ausgänge unterschiedlich. Die Differenz der minimalen Pegel und maximalen Pegel ist ein Maß für den Störabstand.
Neben den Spannungen spielen auch die Ströme, die an den Eingängen und Ausgängen fließen, eine große Rolle. Innnerhalb einer Schaltkreisfamile ist es ohne Schwierigkeiten möglich, Schaltungen zu verbinden. Die Pegel sind angepaßt. Schwierigkeiten können sich einstellen, wenn ein Ausgang mit vielen Eingängen belastet wird.
Die Hersteller geben für L und H die Maximalanzahl von Eingängen pro Ausgang an. Diese Größe bezeichnet man als Ausgangsfächer oder "Fan out". Der Ausgangs-
Diese Größe bezeichnet man als Ausgangsfächer oder "Fan out". Der Ausgangs-

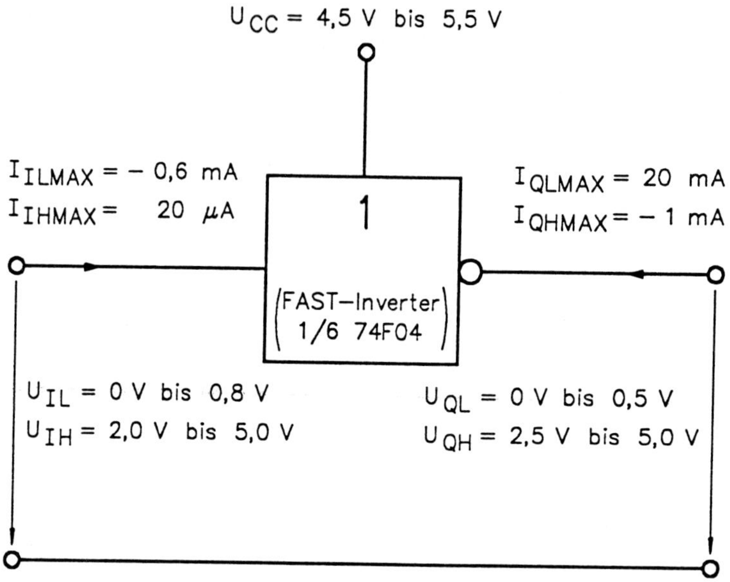

Bild 3.72. Pegelgrößen verschiedener Schaltkreisfamilien bei UCC = 5 V.

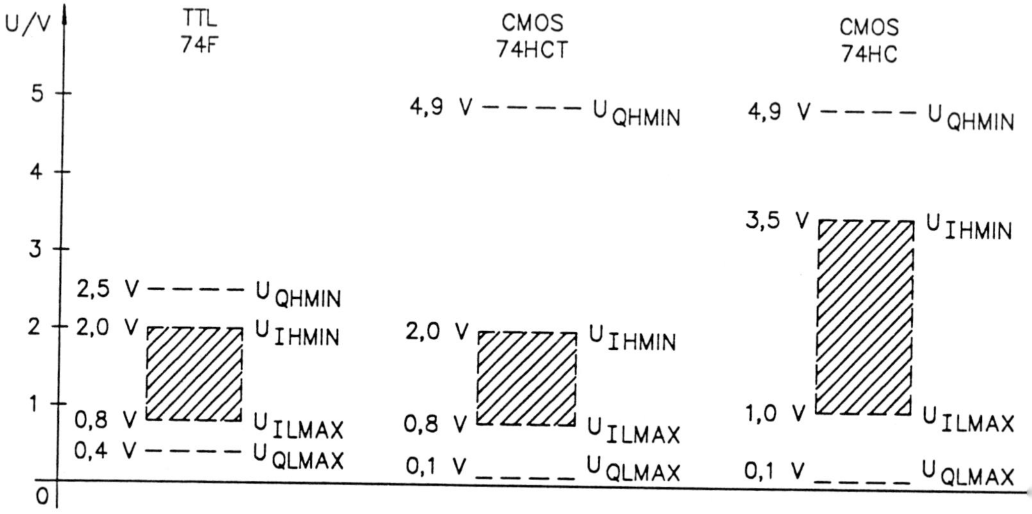

Bild 3.73. Strom- und Spannungsdefinitionen bei logischen Schaltungen

fächer wird für L- und H-Pegel angegeben. Aus Sicherheitsgründen werden der minimal garantierte Ausgangsstrom und der maximal auftretende Eingangsstrom berücksichtigt. Es gilt für LOW und HIGH:

$$F_{OL} = \frac{I_{QLMIN}}{I_{ILMAX}} \qquad (3.111)$$

und

$$F_{OH} = \frac{I_{QHMIN}}{I_{IHMAX}} \qquad (3.112)$$

Bei der Angabe von Eingängen und Ausgängen ist es üblich, daß Eingänge den Index I führen und Ausgänge die Indizes Q oder O. Die Kennzeichnung erfolgt hier durch den Buchstaben Q.
Für die Eingänge gibt man eine Einheitslast ("Unit load" , "UL" = I_{ILMAX} oder I_{IHMAX}) an, die einem bestimmten maximal auftretenden Eingangsstrom I_{IL} oder I_{IH} zugeordnet ist.

Übersteigt der Eingangstrom den Wert der Einheitslast (z. B. weil in einer Schaltung mehrere Eingänge intern parallel geschaltet sind), so wird dies durch den Eingangsfächer "FI" charakterisiert. Das "Fan in" wird als ganze Zahl angegeben. Fließen bei einer Schaltung im Eingangskreis die Ströme I_{IL} und I_{IH}, so ist FI = 1.
Es gilt:

$$F_{IL} = \frac{\Sigma\, I_{IL}}{I_{ILMAX}} \qquad (3.113)$$

und

$$F_{IH} = \frac{\Sigma\, I_{IH}}{I_{IHMAX}} \qquad (3.113)$$

Fließen bei einer Schaltung im Eingangskreis die Ströme $\Sigma\, I_{IL} = I_{ILMAX}$ und $\Sigma\, I_{IH} = I_{IHMAX}$, so ist FI = 1. Die Hersteller liefern heute fast immer Schaltungen mit FI = 1.

Die Stromrichtung ist ein sehr wichtiges Kriterium. Gibt ein Eingang einen Strom aus, so muß der davor liegende Ausgang in der Lage sein, diesen Strom aufzunehmen und den geforderten Logikpegel einzuhalten.

Die Stromrichtungen sind pegelabhängig. Bei TTL-Schaltungen (vergl. mit Abschn. 4.2) wird im L-Zustand ein Eingangsstrom ausgegeben. Bei steigender Eingangsspannung geht der Eingangsstrom durch null. Für den H-Pegelbereich fließt der Eingangsstrom in die Schaltung hinein. Es ist üblich , daß Eingangsströme positive Vorzeichen haben, wenn sie in die Schaltung hineinfließen. Die Eingangskennlinie eines 74-FAST-Inverters zeigt das Bild 3.74.
Ausgangsströme werden mit positiven Vorzeichen behaftet, wenn sie in den Ausgang hineinfließen.

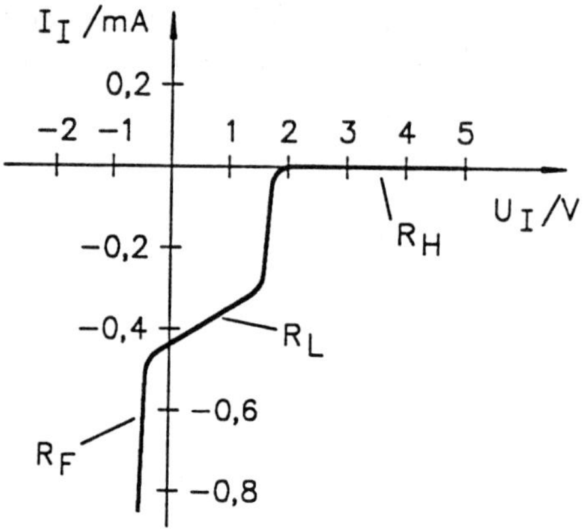

Bild 3.74. Eingangskennlinie eines 74-FAST-Inverters (74 F 04)

Für die 74-FAST-Schaltkreisfamilie gelten folgende maximale Werte des Stromes [3.11]:

$$I_{IL} = -\ 0{,}6\ \text{mA}\ , \qquad I_{IH} = 20\ \mu\text{A}$$

und

$$I_{QL} = 20\ \text{mA}\ , \qquad I_{QH} = -\ 1\ \text{mA}.$$

Die Eingangsfächer haben somit die Werte F_{IL} = 33 und F_{IH} = 50.

Die TTL-Familien haben alle unterschiedliche Werte für I_{IL}, I_{IH}, I_{QL} und I_{QH}. Die Spannungswerte (Pegel) sind aber gleich. Beim Mischen von Schaltkreisen unterschiedlicher TTl-Familien muß überprüft werden, ob der Ausgangsfächer ausreicht. Schaltet man z. B. an den Ausgang einer 74-FAST-Schaltung einen Eingang einer 74-Standard-TTL-Schaltung (z. B. 7404 mit I_{IL} = −1,6 mA und I_{IH} = 400 µA [3.12]), so ergeben sich Werte F_{OL}= 12 und F_{OH} = 2.

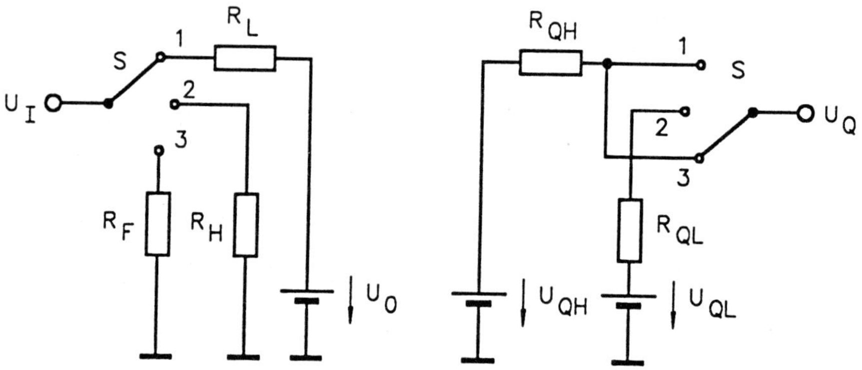

Bild 3.75. Ersatzschaltbild eines 74-FAST-Inverters

Dieses Beispiel zeigt, daß nur zwei Standard-TTL-Eingänge an einen FAST-Ausgang geschaltet werden dürfen, weil der kleinere Wert von FO_L und FO_H die zulässige Belastung eines Ausganges festlegt.

Die nichtlineare Eingangskennlinie zeigt, daß man für die 74-FAST-Schaltung ein Ersatzschaltbild mit drei Bereichen entwickeln kann. Jedem Pegelbereich wird ein fester Ersatz-Widerstand zugeordnet. Ein Ersatzschaltbild für das Eingangs- und Ausgangsverhalten zeigt Bild 3.75.
Die Zuordnung der Eingangspegel zu den Betriebszuständen (Schalterstellungen des Ersatzschaltbildes) zeigt Tabelle 3.4.

Tabelle 3.4. Betriebszustände eines 74-FAST-Inverters in Abhängigkeit von der Eingangsspannung U_I

Bereich der Eingangsspannung	Schalterstellung	Betriebszustand
$U_I \leq -0{,}3$ V	3	Eingangsschutzdiode leitet, HIGH-Pegel am Ausgang
$-0{,}3$ V $< U_I < U_S$	1	LOW-Pegel am Eingang, HIGH-Pegel am Ausgang
$U_S < U_I \leq U_{CC}$	2	HIGH-Pegel am Eingang, LOW-Pegel am Ausgang

Für den Normalbetrieb sind aber nur die erlaubten Pegelbereiche zugelassen (siehe Abschnitt 3.7.2 und Bild 3.73): 0 V $\leq U_{IL} \leq$ 0,8 V und 2,4 V $\leq U_{IH} \leq U_{CC}$.

Bei MOS-Schaltungen ist es üblich, daß im Datenblatt die Ausgangswiderstände R_{QL} und R_{QH} angegeben werden. Diese Größen sind wichtig, wenn man Einflüsse durch kapazitive Belastungen berechnen möchte. In den Abschnitten 5.3 und 5.4 gehen diese Größen in die Berechnungen ein.
Einige Hersteller geben auch die Eingangskapazitäten bei integrierten Schaltungen an.

In den Datenbüchern werden minimale, typische und maximale Werte für einzelne Größen angegeben. Bei der Wahl der Werte ist zu überprüfen, welche Werte Anwendung finden dürfen. Die typischen Werte sollen dem Anwender das Maximum der Häufigkeitsverteilung des Kennwertes andeuten. Diese typischen Werte werden aber nicht garantiert.

Die angegebenen Grenzwerte dürfen keinesfalls überschritten werden, weil sich sonst Schaltungsdefekte bis hin zur Zerstörung einstellen können.

3.7.2 Pegelgrenzen, Störabstände und Übertragungskennlinien

Das Bild 3.73 zeigt die erlaubten Pegelbereiche für Ein- und Ausgänge. Bei TTL-Schaltungen liegt der maximale L-Pegel am Ausgang bei 0,4 V. Bei einer erlaubten maximalen Eingangsspannung von 0,8 V kann somit eine positive Störspannung U_M von 0,4 V auftreten, ohne daß der L-Pegelbereich verlassen wird.
Die größte erlaubte Störspannung wird als "statischer Störabstand M" bezeichnet. Die statischen Störabstände

$$M_L = U_{ILMAX} - U_{QLMAX} \qquad (3.114)$$

und

$$M_H = U_{QHMIN} - U_{IHMIN} \qquad (3.115)$$

können für die Pegel LOW und HIGH unterschiedlich sein.

Wenn die Hersteller keine Werte für die erlaubten Pegelbereiche und für M angeben, kann man diese Werte aus der Übertragungskennlinie entnehmen. Am Beispiel der Übertragungskennlinie eines MOS-Inverters (aus Abschn. 3.61, Bild 3.59) sollen die Pegelbereiche aus dem Bild 3.76 entnommen werden.

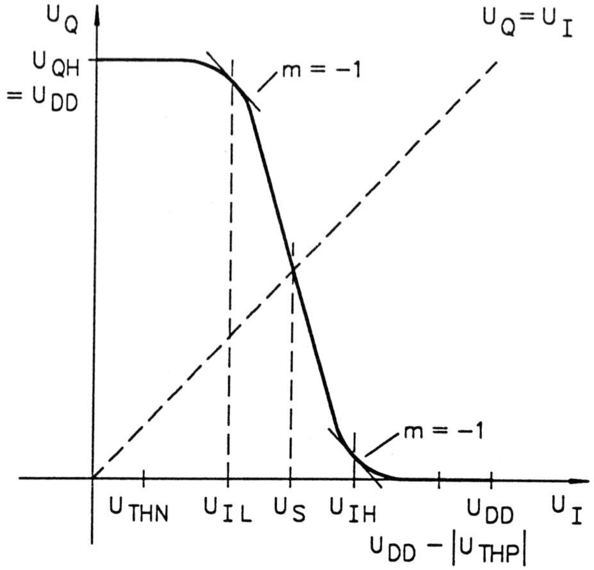

Bild 3.76. Übertragungskennlinie und Logikpegel eines CMOS-Inverters

Bei der Festlegung des statischen Störabstandes geht man davon aus, daß in erlaubten Logikpegelbereichen die Spannungsverstärkung

$$A_j = \frac{U_Q}{U_I} < 1 \qquad (3.116)$$

sein muß. Diese Forderung garantiert, daß bei einer Hintereinander- (=Ketten)-schaltung von k Gattern die Gesamtverstärkung

$$\prod_{j=1}^{k} A_j < 1 \qquad (3.117)$$

bleibt. Dadurch werden die erlaubten Pegelbereiche nicht verlassen.

In der Übertragungskennlinie, die den Zusammenhang zwischen der Ausgangs- und Eingangsspannung einer logischen Schaltung (Inverter, Gatter) herstellt, läßt sich das Kriterium (3.116) durch Anlegen einer Tangente mit der Steigung m = -1 bei Invertern, NAND- und NOR-Gattern und m = 1 bei nichtinvertierenden Gattern erfüllen.
Ergeben sich mehr als zwei Tangentenpunkte bei einer Übertragungskennlinie, so sind die Werte zu wählen, die für LOW die minimale Differenz zum kleinsten Pegel (U_{ILMAX} - U_{ILMIN}) und für HIGH die minimale Differenz zum größten Pegel (U_{QHMIN} - U_{QHMAX}) ergeben.
Als (Um)-Schaltspannung wird die Spannung

$$U_S = U_I = U_Q \qquad (3.118)$$

definiert. Sie muß zwischen U_{QLMAX} und U_{QHMIN} liegen.

Bei hohen Schaltfrequenzen mit Impulsen kurzer Dauer T_W und hoher Amplitude U_A zeigt es sich, daß die statischen Störabstände viel kleiner sind als gemessene, die zu einem unerlaubten Umschalten führen. Dies ist durch endliche Schaltzeiten der Transistoren und durch parasitäre Tiefpässe in den Schaltungen über parasitäre Kapazitäten gegeben. Das Bild 3.77 zeigt den "dynamischen Störabstand" einer 74-FAST-Schaltung.

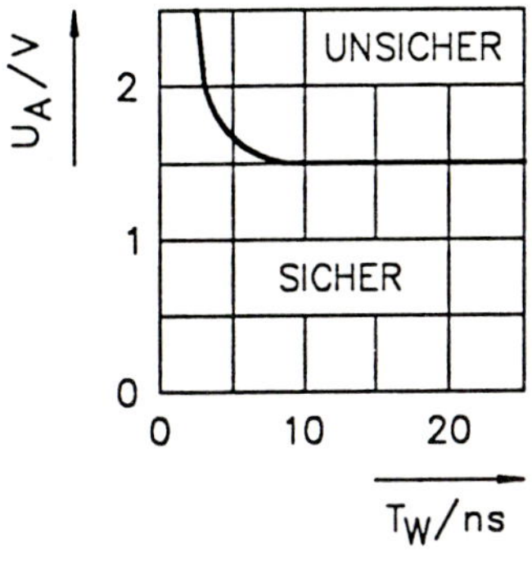

Bild 3.77. Dynamischer Störabstand einer 74-FAST-Schaltung

In vielen Fällen werden Übergangsschaltungen ("Interface-Schaltungen") benötigt, die die korrekte Signalübertragung zwischen Schaltkreisfamilien mit unterschiedlichen Pegeln ermöglichen. Im Abschnitt 6 wird auf die Schaltungstechnik von Interface-Schaltungen eingegangen.

3.7.3 Ausgangsstufen

In den Abschnitten 3.4 und 3.6 wurden Eintakt-Transistorinverter und Gegentaktinverter vorgestellt. Diese Schaltungsarten findet man bei integrierten Schaltungen an den Ausgängen wieder. Eintakt-Ausgänge mit einem Transistor liegen bei TTL- und MOS-Schaltungen einseitig am negativen Potential der Versorgungsspannung (U_{DD}, GND, Masse oder 0 V). Der zweite Anschluß des Schalters (Kollektor oder Drain) wird nach außen geführt. Diese Open drain- oder Open collector-Schaltungen werden durch das in Bild 3.78 gezeigte Schaltzeichen nach DIN/IEC gekennzeichnet.

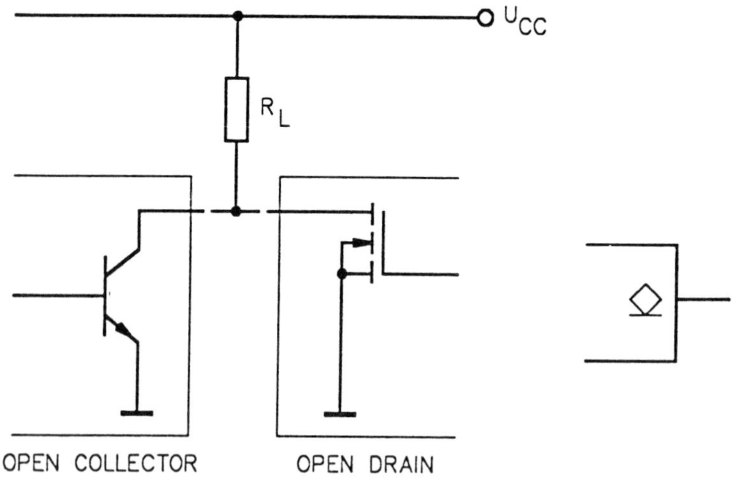

Bild 3.78. Eintakt-Endstufen (Open drain- und Open collector–Stufen)

Schaltungen mit Eintakt-Ausgängen sind sehr vielseitig und werden besonders als Treiber für verschiedene Lasten (Relais und Leuchtdioden), zur Pegelanpassung an andere Schaltkreise, externe Leistungsstufen mit Transistoren, Thyristoren und Triacs, zur Potentialtrennung über Optokoppler und zur logischen Verknüpfung der Ausgänge verwendet.

Durch das Schalten gegen Masse ist die Schaltung "L-dominant" [3.13] und arbeitet als verdrahtete UND-Schaltung. Nachteilig ist aber das - durch die hohe Anstiegszeit der Ausgangsspannung gegebene - sehr schlechte Schaltverhalten.

Für die verdrahtete UND-Schaltung ist der Einbau eines "Pull up"-Widerstandes R_L, der beim Sperren aller Ausgangstransistoren das H-Potential (= U_{CC}) garantiert, vorgeschrieben (Bild 3.79). Die Größe dieses Widerstandes R_L ist abhängig von der Anzahl der parallelgeschalteten Ausgänge M und Eingänge N und den Pegeln und Strömen für LOW und HIGH. Folgende Ungleichung gibt die Grenzen von R_L an:

$$\frac{U_{CCMAX} - U_{QLMAX}}{I_{QLMAX} - N \cdot (-\, I_{ILMAX})} \le R_L \le \frac{U_{CCMIN} - U_{QHMIN}}{M \cdot I_{QHMAX} + N \cdot I_{IHMAX}} \; . \qquad (3.119)$$

Bei Schaltungen nach dem Stromschalterprinzip (in ECL-Technik) werden die Ausgangstransistoren als Emitterfolger geschaltet. Die Ausgänge lassen sich parallel schalten. Die Transistoren schalten gegen die positivere Versorgungsspannung und zeigen dadurch ein H-dominantes Verhalten. Ausgangsseitig wird eine ODER-Verknüpfung realisiert.

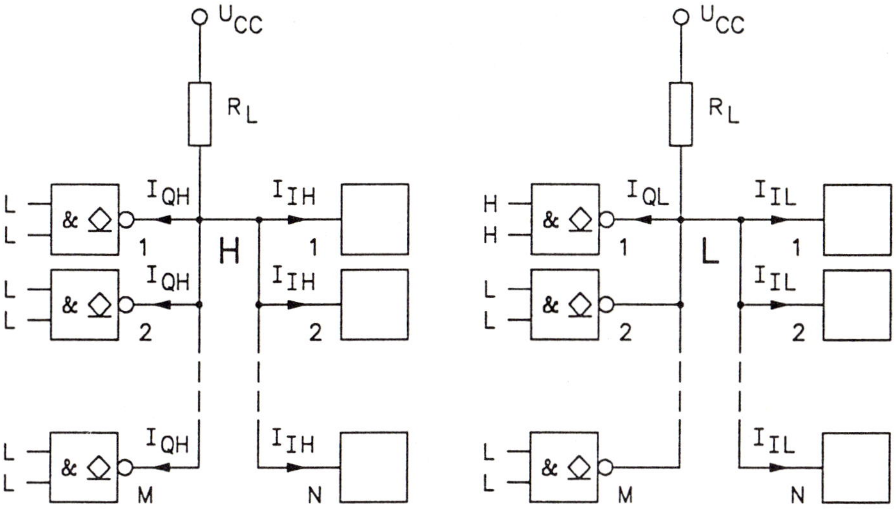

Bild 3.79. Verdrahtete UND-Schaltung

Schaltungen mit Gegentakt-Ausgängen zeigen ein besseres Schaltverhalten. Der Nachteil dieser Schaltungen besteht darin, daß man sie nicht parallel schalten darf. Durch Leiten der komplementär schaltenden Transistoren in zwei Gegentaktschaltungen würde sich ein Kurzschluß bei der Versorgungsspannung einstellen. Durch das Aufkommen von Mikroprozessoren wurden Schaltungen benötigt, die busfähig sind, also ausgangsseitig parallel an einen Bus angeschaltet werden können. Durch einen Freigabeimpuls gesteuert, darf aber nur ein Ausgang zur Zeit den Bus treiben. Alle anderen Ausgangsschaltungen müssen hochohmig sein ("TRI STATE"-Zustand). Durch schaltungstechnische Maßnahmen müssen bei Gegentakt-Ausgängen diese Transistoren gesperrt werden. Bei Bipolartransistoren ist es üblich, die Basispotentiale und somit die Basisströme abzuschalten. Bei CMOS-Schaltungen wurden in der Vergangenheit ausgangsseitig zu dem N-Kanal-MOSFET und zu dem P-Kanal-MOSFET jeweils ein TRI STATE-Transistor in Reihe geschaltet. Nachteilig für diese Schaltung ist die Erhöhung der Ausgangswiderstände R_Q von R_{DSON} auf $2 \cdot R_{DSON}$.

Bei moderneren Konzepten wird das gleichzeitige Sperren der beiden Ausgangstransistoren durch eine logische Schaltung erreicht.

3.7.4 Verlustleistung, Durchlaufverzögerungszeit und Gütemaß

Jede Logikschaltung zeigt durch das nichtideale Verhalten der Schalter Restwiderstände und Parasitärkapazitäten. Diese Elemente führen zu einem Leistungsverbrauch des Schaltkreises, der "Verlustleistung" genannt wird. Die Verlustleistung P_D ("dissipation") läßt sich in einen statischen (ohmschen) und einen dynamischen Anteil aufteilen. Die Leistung P_{DSTAT} tritt bei Gleichspannung und bei niedrigen Frequenzen ($f < 10$ kHz) auf und ist das Produkt aus Versorgungsstrom I_{CC} und Versorgungsspannung U_{CC} ($= U_{DD}$ für MOS-Schaltungen):

$$P_{DSTAT} = I_{CC} \cdot U_{CC}. \qquad (3.120)$$

Bei höheren Frequenzen muß die dynamische Verlustleistung P_{DDYN} berücksichtigt werden. Dieser Verlustleistungsanteil ist von Parasitär- und Lastkapazitäten (C_P und C_L), von der Schaltfrequenz f und von der Versorgungsspannung U_{CC} abhängig.
Es gilt:

$$P_{DDYN} = (C_P + C_L) \cdot f \cdot U_{CC}^2. \qquad (3.121)$$

Bei CMOS-Schaltungen zeigt sich dieser Effekt besonders deutlich, die statische Verlustleistung ist vernachlässigbar klein. Durch Umladevorgänge treten bei hohen Frequenzen auch hohe Verlustleistungen durch P_{DDYN} auf.

Bei TTL-Schaltungen wird die dynamische Verlustleistung häufig vernachlässigt, weil eine hohe statische Verlustleistung P_{DSTAT} auftritt. Bei Frequenzen über 1 MHz zeigt sich P_{DDYN} deutlich.

In den Abschnitten 3.4.5 und 3.6.2 wurde aufgezeigt, daß Transistorschalter nicht trägheitslos schalten. Dieser Effekt führt zu einem zeitlich verzögerten Schaltverhalten der Logikschaltung, das als Signallaufzeit oder Durchlaufverzögerungszeit ("propagation delay time") bezeichnet wird. Das Bild 3.80 zeigt die Zeitunterschiede zwischen Eingang und Ausgang einer Logikschaltung. Gemessen vom 50 %-Wert der Pegel (oder von Werten die der Hersteller im Datenblatt vorgibt) stellen sich zwei unterschiedliche Laufzeiten für den Wechsel von L nach H und für H nach L ein. Diese Werte werden (Indizes sind auf den Ausgang bezogen) als T_{PLH} und T_{PHL} bezeichnet.
Die Hersteller geben auch eine mittlere Durchlaufverzögerungszeit

$$T_P = \frac{T_{PLH} + T_{PHL}}{2} \qquad (3.122)$$

an.
Die Durchlaufverzögerungszeit ist durch den Aufbau der Schaltung gegeben. Die äußere Lastkapazität geht in die Zeitkonstanten für die Schaltzeitberechnung ein. Daher läßt sich

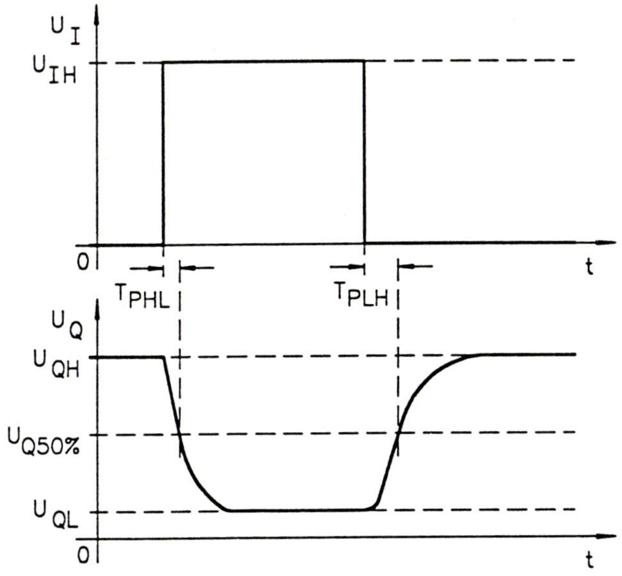

Bild 3.80. Definition der Durchlaufverzögerungszeit

näherungsweise eine Funktion für die Verlängerung der Verzögerungszeiten angeben:

$$T_P = T_{PO} + t_C \cdot C_L. \qquad (3.123)$$

Der Lastkapazitätsfaktor t_C läßt sich aus Datenblättern als Wert oder in der Funktion $T_P = f(C_L)$ angeben

Für die Beschreibung der Güte einer Schaltkreisfamilie wird das Produkt aus mittlerer Durchlaufverzögerungszeit und der Verlustleistung eines Inverters gebildet. Diese "Gütemaß" heißt " Power-Delay"-Produkt

$$(P_{DSTAT} + P_{DDYN}) \cdot T_P \qquad (3.123)$$

und soll minimal sein.

Im Abschnitt 4 werden die in diesem Abschnitt definierten Werte für die gebräuchlichen Schaltkreisfamilien aufgeführt.

4 Digitale Schaltkreisfamilien

In diesem Kapitel werden die logischen Grundschaltungen verschiedener Schaltkreisfamilien -ausgehend von den Anfängen der Schaltungsintegration- beschrieben. Als typische Logikschaltungen werden NAND- und NOR-Schaltungen untersucht.
Eine Bewertung der einzelnen Grundschaltungen und Technologien ist aus Tabelle 4.1 zu ersehen.

4.1 Grundschaltungen mit Bipolar- und Feldeffekttransistoren

Zu Beginn der 60er Jahre wurden in großen Stückzahlen digitale Schaltungen in Modulbauweise hergestellt. Typische "Schaltkreisfamilien" auf Leiterplattenbasis mit diskreten Bauelementen waren die LOGISTAT-Reihe von AEG, die SIMATIK-Reihe von Siemens und die NORBIT-Reihe von Valvo/Philips. Diese ca. 50 cm^3 großen Module, aus Transistorinvertern aufgebaut, wurden dann durch die erste integrierte Schaltkreisfamilie in RTL-Technik ("Resistor-Transistor-Logic") abgelöst (Fairchild: "micro logic"). Mit diesen integrierten Transistorinvertern ließen sich durch emitter- und kollektorseitige Parallelschaltung von Transistoren auch NOR-Schaltungen realisieren. Bistabile Kippschaltungen wurden durch Kreuzkopplung hergestellt (siehe auch Abschn. 5.6: Bistabile Kippschaltungen, Flipflops). NAND-Schaltungen mußten aus NOR-Gattern und Invertern hergestellt werden.

Durch die Integration von Dioden-UND-Schaltungen ergaben sich einfachere und weniger flächenaufwendige NAND-Schaltungen in DTL-Technik. Diese "Diode-Transistor-Logic" wurde aber schon nach wenigen Jahren durch die schaltungsmäßig aufwendigere TTL-Technik ("Transistor-Transistor-Logic") ersetzt.
Standard-TTL-Schaltungen benutzen einen Multi-Emittertransistor, der die UND-Verknüpfung bei einer NAND-Schaltung herstellt. Wegen der Vielzahl verschiedener Logikschaltungen und kürzerer Schaltzeiten wurde diese Schaltkreisfamilie zum Marktstandard. Nachteilig waren der schwierige Herstellungsprozeß (z.B. die "Golddotierung"), die hohe Verlustleistung, die großen Eingangsströme und die niedrige Durchbruchsspannung der Multi-Emittertransistoren. Diese Nachteile wurden durch den Einbau von Schottky-Dioden beseitigt. Der Multi-Emittertransistor verschwand, zwischen Basis und Kollektor wurden Schottky-Dioden eingefügt, so daß sich eine kontrollierte Übersteuerung bei den Transistoren einstellt ([4.1] bis [4.3]).

Diese Schaltungen mit Schottky-Dioden (LS, ALS, AS und FAST-Technologie) haben die Standard-TTL-Schaltungen vollständig ersetzt.

Für Hochgeschwindigkeitsanwendungen dürfen bipolare Transistoren nicht übersteuert werden, da sich beim Sättigungsbetrieb sehr hohe Speicherzeiten einstellen (siehe Abschn. 3.4.5). Mit Hilfe einer Differenzverstärkerstufe findet bei Kleinsignalaussteuerung der Basen eine unterschiedliche Stromverteilung des Emitterstromes zu den Kollektoren statt. Die Spannungsdifferenzen an den Kollektorwiderständen werden Logikpegeln zugeordnet. Diese ECL-Schaltkreisfamilie ("Emitter Coupled Logic") mit hoher Verlustleistung und nicht TTL-kompatiblen Pegeln wird bei Großrechnern und speziellen Rechenwerken eingesetzt.

Schaltkreisfamilien mit Feldeffekttransistoren sind erst seit wenigen Jahren verfügbar. Dies lag an den schwierigen Herstellungsprozessen und mangelhaften Schutzschaltungen gegen statische Aufladungen. Die in der Anfangszeit verwendeten PMOS-Schaltungen mit P-Kanal-Feldeffekttransistoren wurden wegen der negativen Betriebsspannungen und der großen Schaltzeiten nur kurzfristig angewandt.

Die NMOS-Technologie mit TTL-kompatiblen Spannungen wurde - wegen der hohen Integrationsdichte - besonders für Mikroprozessoren und Speicher benutzt. Nachteilig ist hier die hohe Verlustleistung bei hochintegrierten Schaltungen.
Zukünftige Logikschaltungen werden wegen geringer Verlustleistungen auch bei großintegrierten Schaltungen in "Complementary MOS"-Technologie (CMOS) hergestellt.
Die Treiberfähigkeit einer CMOS-Ausgangsstufe ist jedoch begrenzt. Hohe Steilheiten und niedrige Ausgangswiderstände bei MOS-Transistoren sind mit großem Flächenbedarf verbunden. Ausgangsstufen mit Bipolartransistoren sind hier besser geeignet. Durch geschickte Integration entstand die "BIpolar-CMOS"-Technologie (BICMOS), die besonders für die Aussteuerung kapazitiver Lasten (z.B. bei Bussen und Speicherschaltungen) Verwendung finden wird.
Für Hochgeschwindigkeitsschaltungen (als Ersatz für die ECL-Technik) werden zukünftig integrierte GaAs-Schaltungen mit Sperrschichtfeldeffekttransistoren, den MESFETs ("MEtal Semiconductor Field Effect Transistor") verwendet.

Den grundsätzlichen Aufbau von Logikschaltungen zeigt das Bild 4.1.

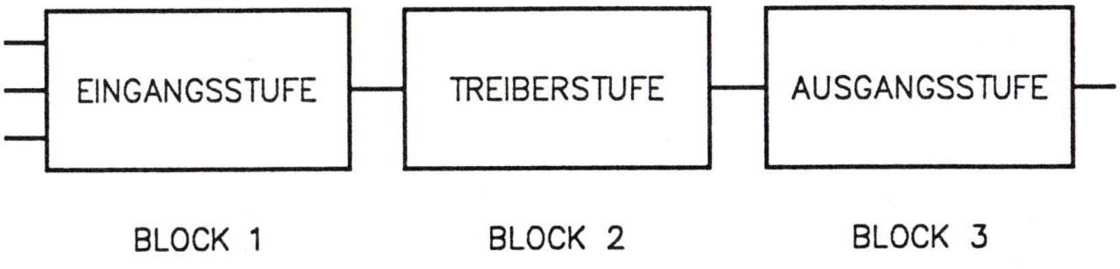

Bild 4.1. Blöcke einer Logikschaltung

In den folgenden Abschnitten werden die Schaltungsdetails heute aktueller Logikfamilien aufgezeigt. Die wichtigsten Daten der einzelnen Schaltkreisfamilien sind in der Tabelle 4.1. nach Herstellerunterlagen zusammengestellt [4.5 bis 4.10].

4.2 Transistor-Transistor-Logik (TTL)

Ein Grundelement (Basiszelle) bei Standard-TTL-Schaltungen ist die NAND-Schaltung. Sie setzt sich aus drei Blöcken (Bild 4.2) zusammen: der UND-Eingangsschaltung mit Multi-Emittertransistor, einer Schaltverstärkerstufe mit direktem und invertierendem Ausgang und der Ausgangsstufe, entweder als Gegentaktschaltung ("totem pole") oder mit einem Transistor, dessen "offener" Kollektor an den Ausgang geführt wird ("open collector").

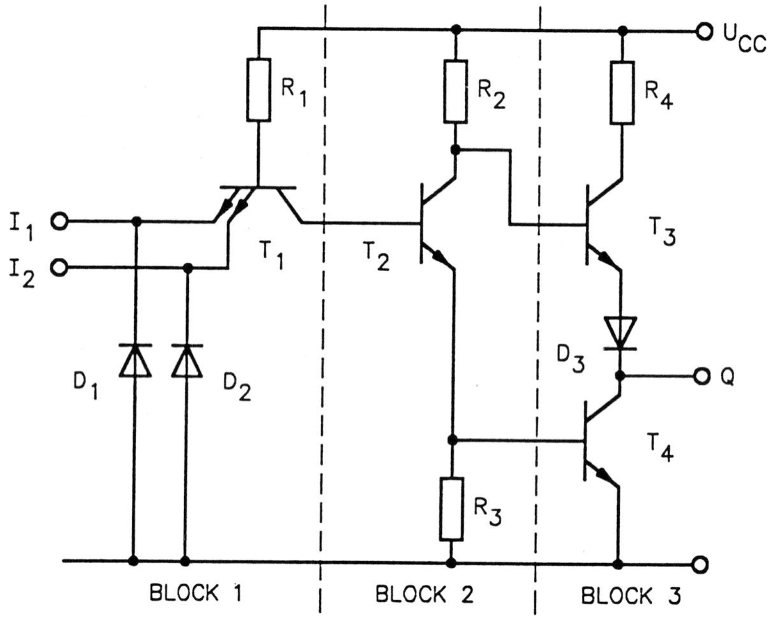

Bild 4.2. Schaltbild einer Standard-TTL-NAND-Schaltung mit zwei Eingängen

Üblicherweise werden Gegentaktausgangsstufen verwendet. Die geringen EIN-Widerstände der beiden Ausgangstransistoren sorgen für sehr schnelle Umladungen bei kapazitiven Lasten, wodurch sich kurze Anstiegs- und Abfallzeiten bei den Ausgangssignalen einstellen (vergl. mit Abschn. 3.4.4 und [4.1]).
"Open collector"-Schaltungen werden benutzt, um logische Verknüpfungen durch Zusammenschaltung mehrerer Ausgänge (Kollektoren) herzustellen. Diese als verdrahtete UND-Schaltung bezeichnete Technik führt zu Schaltungen mit geringerem Aufwand [4.4].

Weiterhin werden Schaltungen mit offenem Kollektor bei speziellen Busleitungen als zentrale Rücksetz- oder Quittierschaltung oder als Treiber für LED-Anzeigen und Relais eingesetzt (siehe Abschn. 6.2 und [4.2]).

4.2.1 Kenngrößen und Schaltungsberechnung von Standard-TTL-Schaltungen

Der Multi-Emittertransistor T_1 bewirkt die UND-Verknüpfung. Durch den geringen Flächenbedarf von T_1 ergeben sich geringe parasitäre Kapazitäten. Nachteilig bei dieser Schaltung ist aber, daß bei H-Pegeln an den Eingängen dieser Transistor invers arbeitet, so daß ein merklicher Emitterstrom $I_I = I_E = B_{Invers} \cdot I_B$ fließt. Durch technologische Maßnahmen erreicht man, daß die inverse Stromverstärkung $B_{Invers} \leq 0{,}01$ bleibt.
Der Transistor T_2 erzeugt die gegenphasigen Pegel zur Ansteuerung der Gegentaktausgangsstufe mit T_3 und T_4. Die Diode D_3 sorgt für ein sicheres Sperren von T_3, wenn T_2 leitet. Die Klemmdioden am Eingang (D_1 und D_2) schützen die Schaltung vor negativen Spannungen, die z.B. durch Leitungsreflexionen entstehen können.

Wirkungsweise:
Liegen bei der Schaltung nach Bild 4.2 ein oder mehrere Eingänge zwischen 0 V und 0,7 V, so ist T_1 leitend (Vorwärtsbetrieb), die Transistoren T_2 und T_4 sind gesperrt und T_3 leitet.
Daraus ergibt sich der Eingangsstrom

$$-I_{IL} = \frac{U_{CC} - U_{BEX1} - U_{IL}}{R_1} \qquad (4.1)$$

mit $I_{CX1} = 0$.
Für $U_{CC} = 5$ V, $U_{BEX1} = 0{,}7$ V und $R_1 = 4$ kΩ ergibt sich für $U_{IL} = 0$ V ein Eingangsstrom $-I_{IL} = 1{,}08$ mA.
Die Hersteller garantieren Werte von $-I_{IL} \leq 1{,}6$ mA bei $U_{IL} \leq 0{,}8$ V für U_{CCmax} und für den erlaubten Temperaturbereich (z.B. 0 bis 70 °C).
Die Ausgangsspannung U_{QH} läßt sich berechnen mit:

$$(I_{B3} \cdot R_2) + U_{BE3} = (I_{C3} \cdot R_4) + U_{CE3},$$

$$I_{B3} + I_{C3} = -I_{QH} = \left(\frac{1}{B_3} + 1\right) \cdot I_{C3}.$$

Daraus folgt:

$$U_{CE3} = \frac{-I_{QH}}{B_3 + 1} \cdot (R_2 - B_3 \cdot R_4) + U_{BE3}. \qquad (4.2)$$

Bei kleinen Werten von $-I_{QH}$ arbeitet T_3 im Bereich der Übersteuerungsgrenze.
Für die Ausgangsspannung folgt:

$$U_{QH} = U_{CC} - (I_{C3} \cdot R_4) - U_{CE3} - U_{FD3} - (I_{E3} \cdot R_{FD3}),$$

$$U_{QH} = U_{CC} - U_{CE3} - U_{FD3} - (-I_{QH}) \cdot \left(\frac{B_3 \cdot R_4}{B_3 + 1} + R_{FD3}\right) \qquad (4.3)$$

und mit (4.2)

$$U_{QH} = U_{CC} - U_{BE3} - U_{FD3} - (-I_{QH}) \cdot \left(\frac{R_2}{B_3 + 1} + R_{FD3} \right). \qquad (4.4)$$

Mit den typischen Werten für $U_{BE3} = U_{FD3} = 0{,}7$ V, $R_{FD3} \approx 20\ \Omega$, $R_2 = 1{,}6$ kΩ und $B_3 \approx 20$ ergibt sich:

$$U_{QH} = 3{,}6\ \text{V} - 100\ \Omega \cdot (-I_{QH}).$$

Bei großen Werten von $-I_{QH}$ ist $U_{CE3} = U_{CEX}$ und somit gilt die Beziehung (4.3).

Die Hersteller garantieren, daß $U_{QH} \geq 2{,}4$ V bei $-I_{QH} \leq 0{,}4$ mA. Dieser Wert ist gültig bei U_{CCmin} im gesamten Temperaturbereich.

Der Widerstand R_4 dient zur Strombegrenzung, weil beim Umschalten beide Ausgangstransistoren T_3 und T_4 kurzzeitig leiten.

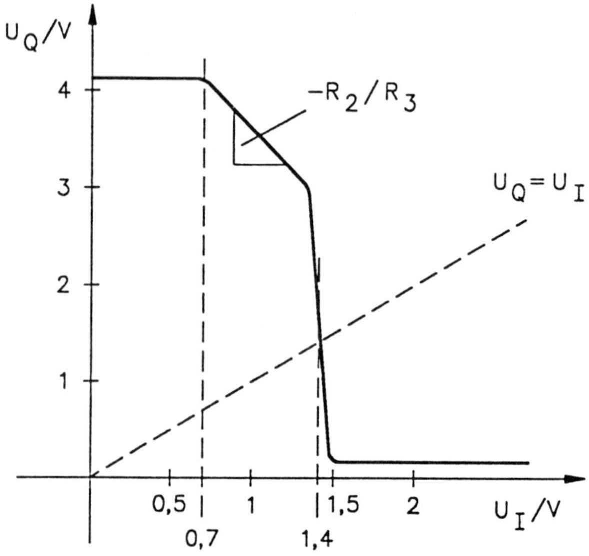

Bild 4.3. Übertragungskennlinie einer Standard-TTL-NAND-Schaltung

Erhöht man die Eingangsspannung auf Werte größer als 0,7 V, so zeigt die Übertragungskennlinie (Bild 4.3) einen Abfall bei U_{QH} mit R_2 / R_3. Dieser Effekt stellt sich ein, weil T_2 leitet, T_4 aber noch sperrt. Die Verstärkung von T_2 ist näherungsweise durch das Verhältnis R_2 zu R_3 gegeben. Die Ausgangsspannung U_{QH} ist somit nicht mehr unabhängig von U_{IL}. Mit steigender Eingangsspannung nimmt die Kollektorspannung von T_2 ab und somit auch die Ausgangsspannung U_{QH}. Bei einer Eingangsspannung von ca. 1,4 V

beginnt T_4 zu leiten. Durch den sehr niedrigen differentiellen Widerstand der Basis-Emitterstrecke von T_4 (= R_{FBE4}) wird R_3 mit R_{FBE4} niederohmig überbrückt. Dadurch erhöht sich der Verstärkungsfaktor von T_2 extrem und U_Q fällt stark ab. Diese Spannung wird auch als Umschaltspannung oder Schwellspannung U_S bezeichnet.
Bei weiter steigender Eingangsspannung wird der Transistor T_1 invers betrieben, d.h. der Kollektor vertauscht seine Funktion mit dem Emitter. Wegen der hohen Invers-Stromverstärkung von Transistoren ($B_{invers} \approx 10$) würden sich sehr hohe Eingangsströme ergeben:

$$I_{IH} = B_{invers} \cdot I_{B1}. \qquad (4.5)$$

Durch technologische Maßnahmen wird der Transistor T_1 so hergestellt, daß sich Invers-Stromverstärkungen kleiner als 0,01 einstellen. Ausgehend von:

$$I_{B1} = \frac{U_{CC} - U_{BC1} - U_{BE2} - U_{BE4}}{R_1} \qquad (4.6)$$

mit $U_{BC1} = U_{CE1invers} = 0{,}7$ V, $U_{BE} = 0{,}7$ V und $R_1 = 4$ kΩ ergibt sich $I_{B1} = 0{,}75$ mA. Mit $B_{invers} = 0{,}01$ erhält man $I_{IH} = 7{,}5$ μA.
Die Hersteller garantieren $I_{IH} \leq 40$ μA bei $U_{IH} \geq 2{,}0$ V für U_{CCmax} im zulässigen Temperaturbereich.
Die Transistoren T_2 und T_4 sind gesättigt leitend und der Transistor T_3 ist gesperrt. Die Diode D_3 im Ausgangskreis sorgt dafür, daß T_3 gesperrt bleibt, solange T_4 leitet.

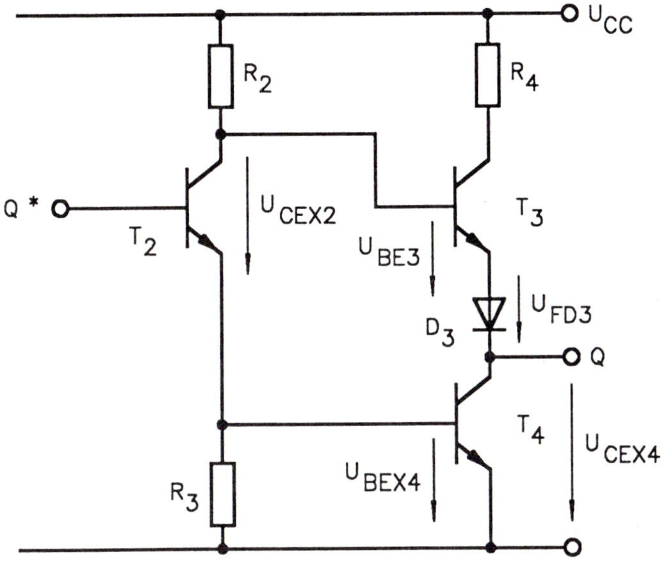

Bild 4.4. Signalpfade für H-Pegel am Eingang einer Standard-TTL-Schaltung

Aus Bild 4.4 folgt:

$$U_{CEX2} + U_{BEX4} = U_{BE3} + U_{FD3} + U_{CEX4}$$

und

$$U_{BE3} = U_{CEX2} + U_{BEX4} - U_{FD3} - U_{CEX4} \approx 0 \text{ V}.$$

Die Ausgangsspannung entspricht der Restspannung des gesättigt leitenden Transistors T_4, der Ausgangswiderstand entspricht dem differentiellen Widerstand zwischen Kollektor und Emitter:

$$U_{QL} = U_{CEX4},$$
$$R_{QL} = R_{CE}.$$

Typische Werte sind $U_{QL} \approx 0{,}1$ V und $R_{QL} \approx 10\ \Omega$.

Für Standard-TTL-Schaltungen wird garantiert (bei U_{CCmin} innerhalb des erlaubten Temperaturbereiches):

$$U_{QL} \leq 0{,}4 \text{ V bei } I_{QL} \leq 16 \text{ mA}.$$

Die Pegel der Standard-TTL-Schaltungsfamilie sind aus Kompatibilitätsgründen auch für alle anderen TTL-Familien (S, LS, ALS, AS und FAST) gültig.
Für die Eingangspegel gilt:

$$0 \text{ V} \leq U_{IL} \leq 0{,}8 \text{ V},$$
$$2{,}0 \text{ V} \leq U_{IH} \leq 5{,}0 \text{ V}.$$

Die Schaltspannung U_S ist abhängig von der TTL-Schaltungstechnik, sie liegt zwischen 1,0 V und 1,8 V und darf nicht im erlaubten Eingangspegelbereich für L und H liegen.
Für die Ausgangspegel gilt:

$$0 \text{ V} \leq U_{QL} \leq 0{,}4 \text{ V},$$
$$2{,}4 \text{ V} \leq U_{QH} \leq 5{,}0 \text{ V}.$$

Daraus ergibt sich ein Störabstand M von 0,4 V.

Diese Werte werden von allen TTL-Herstellern garantiert (siehe Abschn. 3.7).

Vergleicht man garantierte Werte und typische Werte von TTL-Schaltkreisen, so zeigen sich häufig große Unterschiede.
Typische Eingangsströme liegen bei $-I_{IL} \leq 1$ mA und $I_{IH} \leq 5\ \mu$A. Sie zeigen somit gute Übereinstimmungen mit den berechneten Werten.
Die typischen Ausgangsspannungen liegen bei $U_{QL} \approx 0{,}2$ V und $U_{QH} \geq 3{,}5$ V bezogen auf die maximal erlaubten Ausgangsströme.

Für eine betriebssichere Schaltungsdimensionierung ("worst case") dürfen aber nur die garantierten Werte der Hersteller verwendet werden.

Tabelle 4.1. Eigenschaften digitaler Schaltkreisfamilien (bezogen auf einen Inverter)

Schaltkreis-familie	U_{CC} in V	P_D* in mW	T_{PD} in ns	f_{max} in MHz	fan out
Standard-TTL 74xxx	5	10	10	15	10
Schottky-TTL 74Sxxx	5	20	3	75	10
Low-Power-Schottky-TTL 74LSxxx	5	2	9	25	25
Advanced Low-Power-Schottky-TTL 74ALSxxx	5	1	4	65	20
Advanced Schottky-TTL 74ASxxx	5	8	1,8	150	40
Fairchild Advanced Schottky-TTL (FAST) 74Fxxx	5	4	2,0	125	33
Emitter Coupled Logic (ECL) 100xxx	-4,5 (-5,2)	22	0,7	800	15
N-Kanal-MOS (NMOS)	5	≤ 1	3	125	20
Complementary MOS (CMOS) 4xxxx	5 10 15	10^{-3} 10^{-3} 10^{-3}	60 30 20	8 16 24	50 50 50
High Speed-CMOS 74HCxxx	2 5	10^{-5} 10^{-5}	25 8	20 50	50 50
Advanced CMOS 74ACxxx	3 5	10^{-3} 10^{-3}	4 2,5	80 150	50 50
Bipolar-CMOS 74BCTxxx	5	2	2,8	150	100

* P_D ist die statische Verlustleistung, bei höheren Frequenzen ist die dynamische Verlustleistung relevant (insbesondere bei allen CMOS-Schaltungen, siehe Abschn. 3.7)

4.2.2 Schaltungen mit Schottky-Transistoren (S, LS, ALS, AS und FAST)

Standard-TTL-Schaltungen weisen zwei gravierende Nachteile auf:
Die Verlustleistung ist hoch (P_D ca. 10 bis 15 mW/Gatter), und die Multi-Emitter-Schaltungstechnik mit gesättigten Schalttransistoren bewirkt große Durchlaufverzögerungszeiten (T_{PD} ca. 10 ns/Gatter).
Als Alternativen wurden von den Herstellern TTL-Schaltungen für höhere Geschwindigkeiten entwickelt. Diese als "H-TTL"-Technik bezeichnete Schaltungsfamilie mit kürzeren Durchlaufverzögerungszeiten von ca. 6 ns konnte sich nicht durchsetzen, weil die Gatterverlustleistung bei über 22 mW lag.
In die andere Richtung zielte die "L-TTL"-Technik, die niedrige Verlustleistungen von ca. 1mW/Gatter aufwies, dies aber auf Kosten hoher Verzögerungszeiten. Diese beiden Schaltungsfamilien wurden nach kurzer Zeit aus den Programmen der Hersteller gestrichen.

Durch den Einsatz von Schottky-Transistoren (Transistoren mit einer Schottky-Diode zwischen Basis und Kollektor, siehe Abschn. 3.4.6) wird die starke Übersteuerung der Transistoren verhindert. Dadurch ergeben sich stark reduzierte Speicherzeiten.
Wegen desMetall-Halbleiter-Überganges bei Schottky-Dioden treten keine Minoritätsträger auf und es erfolgt keine Ladungsspeicherung. Die geringe Durchlaßspannung bei Schottky-Dioden ($U_{FSD} \approx 0{,}4$ V gegenüber 0,7 bis 0,8 V bei P-N-Übergängen) bewirkt eine "Klemmung" der Kollektor-Emitter-Spannung U_{CE} an die Basis-Emitter-Spannung U_{BE} mit $U_{CE} = U_{BE} - U_{FSD}$. Der den Transistor übersteuernde Anteil des Basisstromes fließt über die Schottky-Diode vom Kollektor zum Emitter ab.
Der bei Standard-TTL-Schaltungen verwendete Ausgangstransistor T_3 und die Diode D_3 (Bild 4.1) werden bei Schottky-Schaltungen durch eine Darlingtonschaltung, bestehend aus einem Schottky-Transistor und einem normalen Transistor, ersetzt (Bild 4.5 und 4.6). Diese Änderungen bewirkten eine drastische Verkürzung der Durchlaufverzögerungszeit. Die Schottky-TTL-Technik ermöglichte es, daß schon Mitte der siebziger Jahre komplexe Schaltungen wie Zähler und Register mit Taktfrequenzen über 75 MHz zur Verfügung standen. Nachteilig war aber die hohe Verlustleistung von 20 mW pro Gatter.

Beim verstärkten Einsatz von Mikroprozessoren in MOS-Technik und bei Personal-Computern wurden TTL-Schaltungen mit niedrigen Eingangsströmen (die MOS-Schaltungen ließen nur geringe Ausgangsbelastungen zu) benötigt. Technologiebedingt weisen diese Schaltungen auch kleine Verlustleistungen auf. Bei niedrigen Taktfrequenzen $f < 8$ MHz sind Durchlaufverzögerungszeiten $T_{PD} \leq 20$ ns akzeptabel. Die "Low-Power-Schottky-TTL"-Familie (74 LS xxx) wurde für viele Jahre zum Marktstandard. Die Eingangsströme liegen bei max. 20 µA für H-Pegel und bei 360 µA für L-Pegel. Mit $T_{PD} \approx 9$ ns und $P_D \approx 2$ mW/Gatter lassen sich Schaltungen mit max. Taktfrequenzen von ca. 35 MHz aufbauen.
Die fortschreitende MOS-Technologie sorgte für immer komplexere und schnellere Bausteine. Oszillatoren mit Taktfrequenzen bis 70 MHz wurden benötigt. Die 74 LS-Familie wurde durch weiterentwickelte Schottky-Transistor-Schaltungen abgelöst. Texas Instruments brachte zwei Familien auf den Markt:

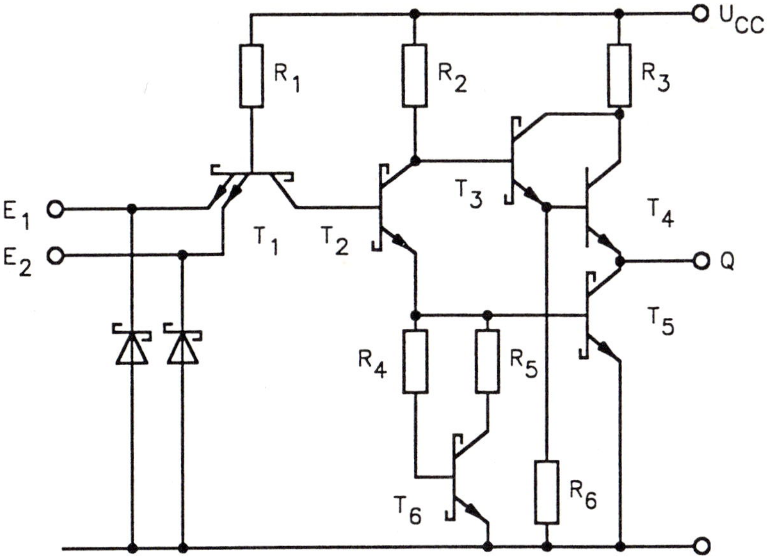

Bild 4.5. Innenschaltung eines S-TTL-NAND-Gatters

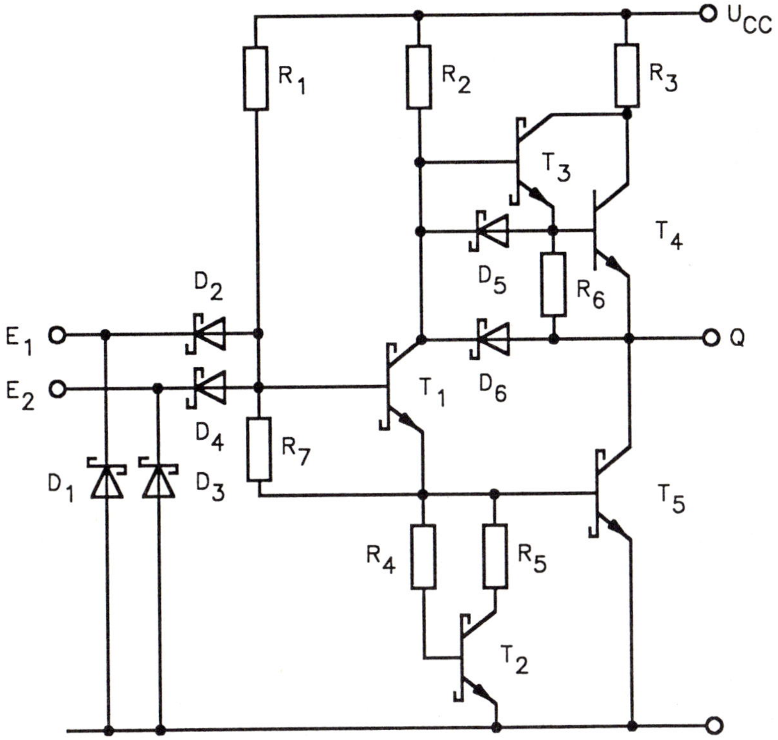

Bild 4.6. Innenschaltung eines LS-TTL-NAND-Gatters

für Hochgeschwindigkeitsanwendungen die Serie "Advanced-Schottky-TTL" als Ersatz für die S-TTL-Familie mit T_{PD} ≈ 1,8 ns und P_D ≈ 8 mW und "Advanced-Low-Power-Schottky-TTL" für Taktfrequenzen bis ca. 65 MHz mit T_{PD} ≈ 4 ns und P_D ≈ 1 mW. Viele Anwender waren aber nicht bereit, zwei neue Logikfamilien einzuführen.

Dies haben Fairchild/National Semiconductor und Signetics berücksichtigt, als sie die "Fairchild- Advanced-Schottky-TTL"-Familie entwickelten. Die Daten der FAST-Schaltungen (74 F xxx) liegen zwischen denen der 74 AS- und der 74 ALS-Familie: T_{PD} ≈ 2,0 ns und P_D ≈ 4 mW/Gatter. Das "Power-Delay"-Produkt ist ein Qualitätsmaß für Logikschaltungen, es liegt bei den Familien ALS und FAST zwischen 4 pWs und 8 pWs.

Im folgenden sollen die Unterschiede der einzelnen Schottky-TTL-Familien aufgezeigt werden. Die schematischen Innenschaltungen eines NAND-Gatters mit zwei Eingängen in S-TTL- und LS-TTL-Technik sind aus den Bildern 4.5 und 4.6 zu ersehen. Vergleicht man diese Schaltungen mit Bild 4.2 (Standard-TTL), so ist die größere Anzahl an Bauelementen auffällig.

Die **S-TTL-Bausteine** sind noch in Multi-Emittertechnik hergestellt worden. Zur Verringerung der Durchlaufzeiten wurde die Gegentaktendstufe gegenüber Standard-TTL verändert.
Für einen H-Pegel am Ausgang leitet eine Darlingtonschaltung, die aus einem Schottky-Transistor T_3 und einem normalen Transistor T_4 besteht. Der Transistor T_4 durchläuft den ganzen Aussteuerbereich, abhängig von der Höhe des H-Pegels.
Der massebezogene Ausgangstransistor erhält ein Transistor-Widerstandsnetzwerk bestehend aus T_6, R_4 und R_5 ("squaring-network"), das für eine nahezu rechteckförmige Übertragungskennlinie sorgt.
Dieses Netzwerk sperrt den Transistor T_2 im Übergangsbereich von H nach L. Nach Überschreiten einer bestimmten Spannung, die an diesem Netzwerk anliegt, fließt ein merklicher Emitterstrom I_{ET2}.
Die zum Leiten von T_5 benötigte Spannung U_{BET5} wird erreicht. Die Spannung U_{CET2} sinkt so stark ab, daß die Transistoren T_3 und T_4 schlagartig sperren.

LS-TTL-Schaltungen sind eigentlich DTL-Schaltungen, weil aus Geschwindigkeitsgründen und aufgrund höherer Sperrspannungsfestigkeit (≈ 15 V) die UND-Verknüpfung mit einer Schottky-Dioden-Schaltung realisiert wird (Bild 4.6).
Die Ausgangsschaltung ist ähnlich wie bei S-TTL, der Unterschied besteht in den beiden "Beschleunigungsdioden" D_5 und D_6. Diese liefern beim Umschalten von H nach L einen erhöhten Kollektorstrom für den Transistor T_1, wodurch das Einschalten vom massebezogenen Transistor T_4 beschleunigt wird.
Die in Bild 4.6 gezeigte Eingangsschaltung wird aber nicht von allen Herstellern konsequent angewendet. Neben der typischen Eingangsschaltung (DTL wie beschrieben) wird die "Dioden- Cluster"-Schaltung und die PNP-Schaltung verwendet (Bild 4.7).

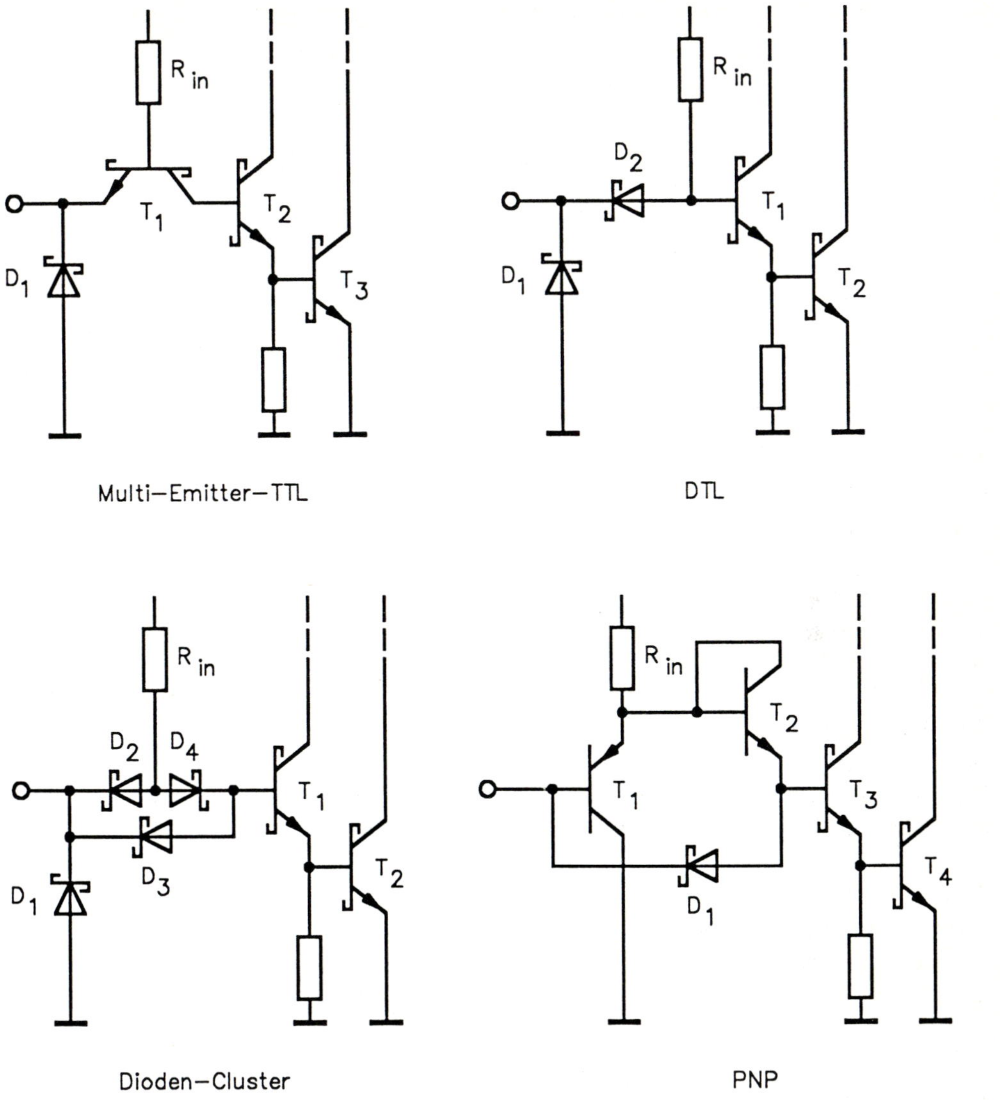

Bild 4.7. Eingangsschaltungen für Schottky-TTL-Schaltungen

Die Dioden-Cluster-Schaltung weist eine höhere Umschaltschwelle als die DTL-Schaltung auf. Dies ist durch die Pegelverschiebungsdiode D_4 gegeben. Die Schwelle stellt sich durch die Basis-Emitter-Spannungen der Transistoren T_1 und T_2 ein, weil die Spannungsabfälle an D_2 und D_4 gleich groß sind. Die Diode D_3 bewirkt, daß bei einem Übergang von H nach L am Eingang der Transistor T_1 sofort sperrt.

Der Vorteil der DTL- und der Dioden-Cluster-Schaltung besteht darin, daß bei einem H-Pegel am Eingang nur der sehr geringe Sperrstrom der Diode D_2 $I_R = I_{IH} \le 20\ \mu A$

fließt. Beim L-Pegel am Eingang fließt der Strom $I_{IL} = I_{R1} = (U_{CC} - U_{FD1} - U_{IL})/R_1$. Nur durch eine hochohmige Wahl von R_1 läßt sich dieser Strom klein halten, nachteilig ist die hohe Eingangszeitkonstante $R_1 \cdot C_{IN}$, die direkt in die Durchlaufverzögerungszeit eingeht. Durch den Einbau eines PNP-Transistors als Emitterfolger ("PNP-Schaltung") läßt sich das Problem lösen. Der Eingangsstrom liegt für einen L-Pegel typisch bei $< 10\ \mu A$, die Hersteller garantieren Werte $\leq 200 \mu A$.

Bei einem H-Pegel am Eingang fließt ein max. Eingangsstrom $I_{IH} \leq 20\ \mu A$ (typisch $1\ \mu A$). Nachteilig bei der PNP-Schaltung ist aber die begrenzte Durchbruchsspannung U_{BR} am Eingang.
Die wichtigsten Eingangsparameter der vier Schottky-TTL-Schaltungen sind aus der Tabelle 4.2. zu ersehen.

Tabelle 4.2. Eingangsparameter für Low-Power-Schottky-TTL-Schaltungen [4.7]

Eingangsschaltung:	Multi–Emitter-TTL	DTL	Dioden–Cluster	PNP
Umschaltspannung U_S (bei 25 °C)	1,3 V	1,0 V	1,4 V	1,5 V
Eingangsdurchbruch-spannung U_{BR}	8 V	< 15 V	< 15 V	8 V
max. Eingangsstrom I_{IL} für L-Pegel*	$\frac{U_{CC}-U_{BET1}}{R_1}$	$\frac{U_{CC}-U_{FD2}}{R_1}$	$\frac{U_{CC}-U_{FD2}}{R_1}$	$\frac{U_{CC}-U_{BET1}}{B_1 \cdot R_1}$
Eingangskapazität C_{IN}	3,5 pF	5,5 pF	3,5 pF	4 pF

* vergleiche Bild 4.7, B_1 ist der Stromverstärkungsfaktor von T_1.

Die **AS-** und **ALS-**Familien arbeiten beide mit PNP-Eingangstransistoren. Die ALS-TTL-Schaltungen sind den LS-TTL-Schaltungen sehr ähnlich, aber durch kleinere Bauelementstrukturen, die zu kleineren Parasitärkapazitäten führen, geschwindigkeitsoptimiert. Dies ist nur durch den Einsatz modernster Technologien wie die Oxid-Isolation statt der PN-Isolation und durch Dotierung über Ionen-Implantation möglich [4.11].
Die Gegentaktendstufe ist niederohmiger ausgelegt, so daß Kapazitäten am Ausgang schneller umgeladen werden können.
Bei der AS-Familie hat man die Schaltung um Rückkopplungsnetzwerke erweitert, die ein noch schnelleres Umschalten bei einem Wechsel von H nach L und umgekehrt ermöglichen.
Die Endstufe wurde noch niederohmiger ausgelegt.

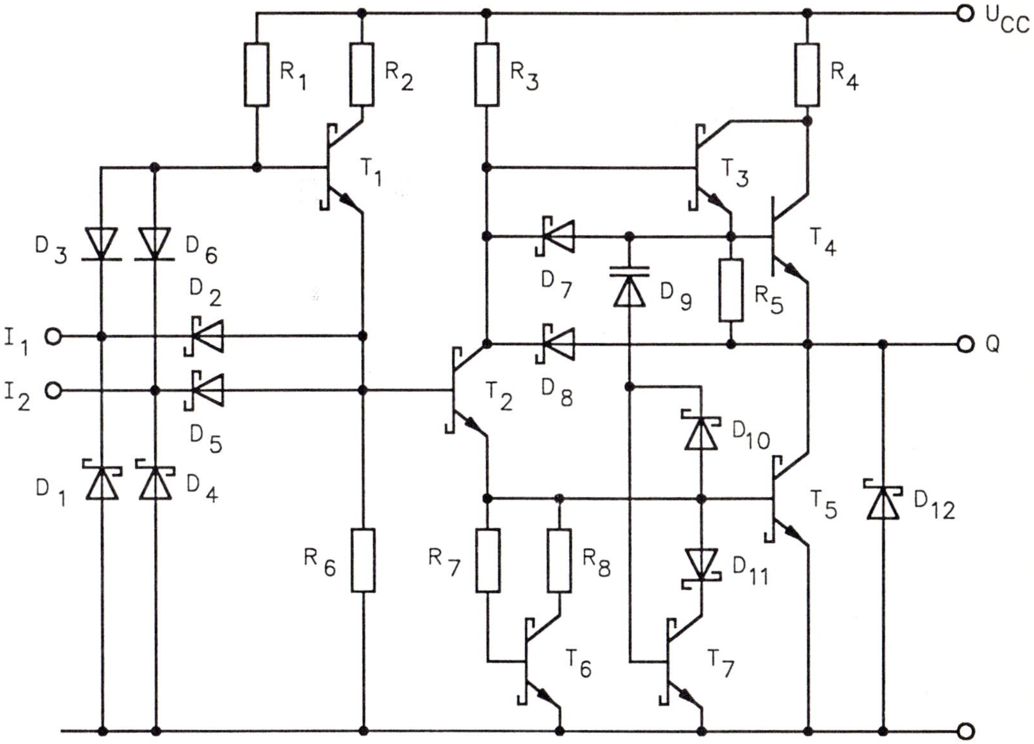

Bild 4.8. Innenschaltung eines FAST-NAND-Gatters

Die Grundschaltungen der Gatter in der **FAST**-Familie (Bild 4.8) zeigen starke Ähnlichkeiten mit denen der AS-Familie. Unterschiedlich sind die Eingangsschaltungen, FAST-Bausteine weisen i.a. keine PNP-Transistoren auf. Dadurch ist der Strom I_{IL} größer als bei AS-Schaltungen. Die Eingangschaltung ist eine abgewandelte Dioden-Cluster-Schaltung. Die Unterschiede liegen bei den Dioden D3 und D6, hier hat man bei FAST eine normale PN-Diode mit höherer Schwellspannung verwendet. Die Pegelverschiebungs-Diode D4 aus Bild 4.7 kann daher entfallen. Die Diode D3 muß, um bei der FAST-Schaltung wirksam zu sein, mit der Anodenseite an den Emitter des Transitors T1 gelegt werden (= D2 bzw. D5 im Bild 4.8).

Die Dioden D7 und D8 arbeiten wie bei LS-TTL als Beschleunigungsdioden. Das "squaring"-Netzwerk (T6, R7 und R8) wurde ebenfalls übernommen. Neu ist die dynamische Rückkopplung über die Kapazitätsdiode D9, die als Koppelkondensator wirkt, mit dem Transistor T7 und den Dioden D10 und D11. Diese Schaltung bewirkt bei einer Pegeländerung am Ausgang von L nach H, daß bei dieser Flanke der Transistor T7 leitet und damit T5 sehr schnell sperrt. Bei der Pegeländerung von H nach L wird dem Transistor T5 über die Diode D10 die Basisladung entzogen.

Die Herstellungstechnologien von AS und FAST sind nahezu identisch.

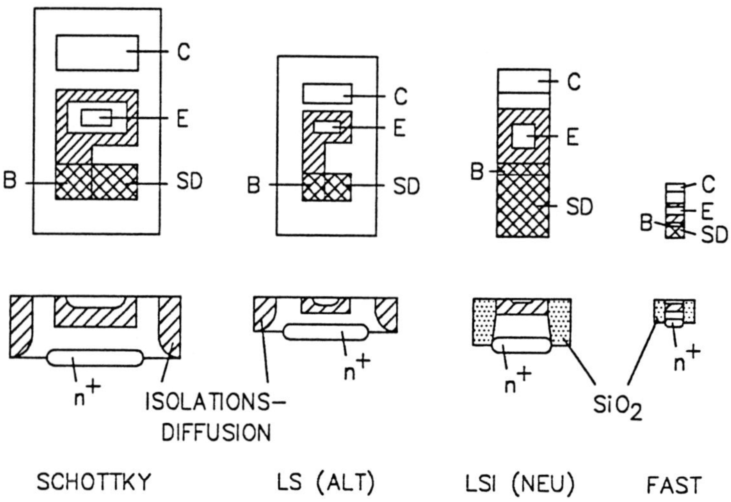

Bild 4.9. Transistorstrukturen bei Schottky-TTL-Schaltungen

Durch die Oxidisolation ("LOCOS"- oder "ISOPLANAR"-Technik genannt) ergeben sich sehr kleine Transistorstrukturen, wie Bild 4.9 zeigt [4.12].

Bei der Betrachtung der Durchlaufverzögerungszeiten T_P bei Logikschaltungen geht man immer von einer geringen kapazitiven Ausgangslast C_L (≈ 5 bis 15 pF) aus. Die Größe von C_L hat aber einen starken Einfluß auf das tatsächliche T_P. Das Bild 4.10 zeigt die Abhängigkeit der Durchlaufverzögerungszeit von der Lastkapazität für LS-TTL, S-TTL und FAST [4.12].

Die starke Abhängigkeit der Kenngrößen von der Temperatur soll am Beispiel der Übertragungskennlinie (Bild 4.11) gezeigt werden.

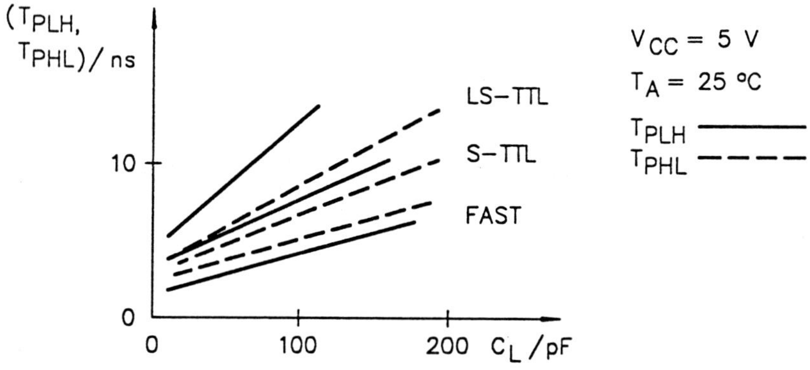

Bild 4.10. Durchlaufverzögerungszeit als Funktion der Lastkapazität

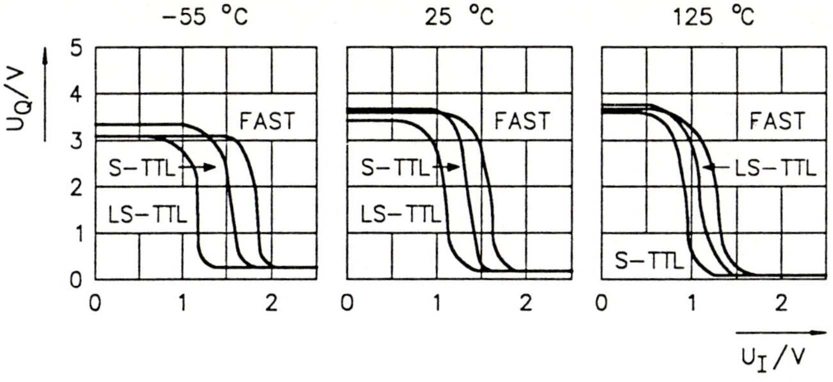

Bild 4.11. Übertragungskennlinien von FAST-Gattern bei verschiedenen Temperaturen

4.3 Emittergekoppelte Logik (ECL)

Bei schnellen Schaltungen darf keine Sättigung der bipolaren Transistoren eintreten. In Schaltungen nach dem Stromschalter-Prinzip läßt sich bei schwacher Basisaussteuerung die Sättigung der Transistoren vermeiden. Als Grundschaltung verwendet man einen Differenzverstärker mit einer Stromquelle für die Emitterstromspeisung (vergl. mit Abschn. 3.4.1). Die Grundschaltung mit der zugehörigen Übertragungskennlinie ist aus Bild 4.12 zu ersehen. Diese Grundschaltung wurde in den siebziger Jahren durch eine interne Referenzspannung U_{BB} und durch Emitterfolger-Ausgangsstufen erweitert (Bild 4.13). Dadurch, daß beide Kollektorpotentiale des Differenzverstärkers über Emitterfolger (T_3 und T_4) an die Ausgänge geführt werden, steht die logische Verknüpfung in Eigenform und invertiert zur Verfügung.

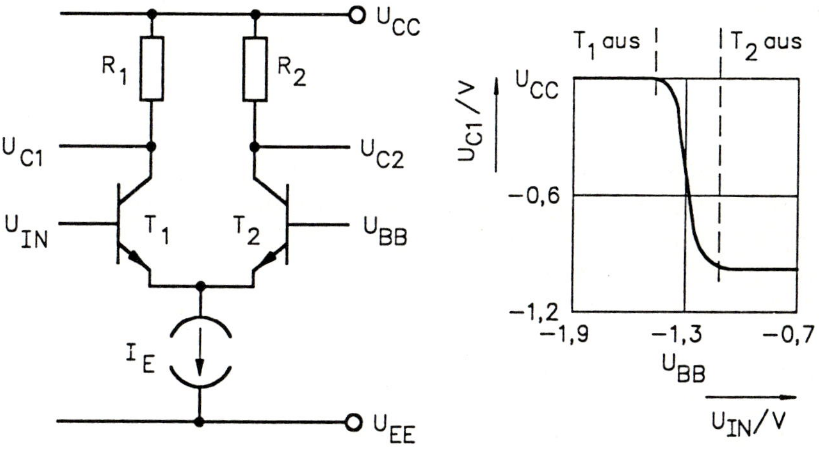

Bild 4.12. ECL-Grundschaltung mit Übertragungskennlinie

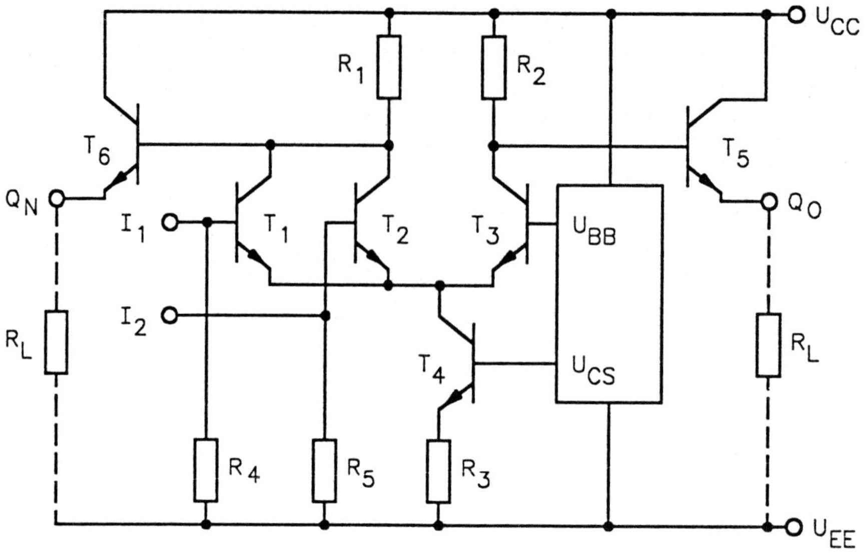

Bild 4.13. ECL-OR/NOR-Grundschaltung

Bei ECL-Schaltungen empfehlen die Hersteller eine Spannungsversorgung mit negativen Werten [4.13 und 4.14].
Bei der Standardfamilie 100xxx ("100K"-Reihe) werden derAnschluß U_{CC} an Masse (= 0 V) und der Anschluß U_{EE} an − 4,5 V (zulässig sind − 4,2 V bis − 5,7 V) gelegt. Die interne Referenzspannung U_{BB} liegt bei − 1,33 V.
Daraus ergeben mittlere Standard-Logikpegel von typ. − 0,95 V für H und − 1,71 V für L.
Der erlaubte Pegelbereich liegt für H am Ausgang bei U_{QH} = −0,88 V bis −1,02 V und für L am Ausgang bei U_{QL} = −1,62 V bis −1,81 V.
Für einen geforderten statischen Störabstand M = 0,15 V ergeben sich folgende erlaubte Eingangsspannungsbereiche: U_{IH} = −0,88 V bis −1,17 V und U_{IL} = −1,47 V bis −1,81 V (vergl. Abschn. 3.8.2).

Logische NOR-Verknüpfungen werden durch Parallelschaltung von Transistoren hergestellt, siehe Bild 4.13 mit den Transistoren T_1 und T_2.
Diese Schaltung soll rechnerisch analysiert werden. Ausgehend von der Referenzspannung U_{BB} = −1,33 V und der Vorspannung für die Emitterstromquelle U_{CS} = −2,2 V sollen die Widerstände R_1 bis R_3 berechnet werden.
Für den Aussteuerbereich am Eingang (symmetrisch zu U_{BB} gelegen) soll gelten: $\Delta U_I = U_{IH} - U_{IL}$ = 0,8 V.
Die Widerstände R_4 und R_5 sollen nicht beschaltete Eingänge auf L-Pegel ziehen.
An den Ausgängen des Gatters sollen sich folgende Pegel einstellen:
U_{QH} = −0,95 V und U_{QL} = −1,71 V.
Die Emitterstromquelle soll einen Strom I_E = 8 mA liefern. Im eingeschalteten Zustand soll der Transistor den Stromanteil $K_E \cdot I_E$ führen.

Für die Transistoren gilt: $U_{BE} = 0{,}7$ V und $B = 100$.
Für den linearen Aussteuerbereich des Differenzverstärkers folgt für $U_{QH} = -0{,}95$ V am Ausgang Q_O:
T_2 leitet ($I_{C2} \approx I_{E2} = K_E \cdot I_E$) und T_3 leitet schwach ($I_{C3} \approx I_{E3} = (1 - K_E) \cdot I_E$),

$$U_{QH} = -I_{C3} \cdot R_2 - U_{BE}, \qquad (4.7)$$

$$R_2 \approx -\frac{U_{QH} + U_{BE}}{(1 - K_E) \cdot I_E} . \qquad (4.8)$$

Bei $U_{QL} = -1{,}71$ V an Q_O leitet T_2 schwach ($I_{C2} \approx I_{E2} = (1 - K_E) \cdot I_E$), T_3 ist eingeschaltet mit $I_{C3} \approx I_{E3} = K_E \cdot I_E$).
Es gilt:

$$U_{QL} = -I_{C3} \cdot R_2 - U_{BE}, \qquad (4.9)$$

$$R_2 \approx -\frac{U_{QL} + U_{BE}}{K_E \cdot I_E} . \qquad (4.10)$$

Wenn man die beiden Gleichungen für R_2 gleichsetzt und nach K_E auflöst, so lassen sich alle Unbekannten berechnen. Es folgt für

$$K_E = \frac{1}{1 + \dfrac{U_{QH} + U_{BE}}{U_{QL} + U_{BE}}}, \qquad (4.11)$$

$$K_E = 0{,}802.$$

Daraus folgen $R_1 = R_2 = 157{,}5\ \Omega$.
Der Widerstand R_3 ergibt sich aus

$$U_{CS} - U_{EE} = U_{BE} + R_3 \cdot I_E, \qquad (4.12)$$

daraus folgt:

$$R_3 = \frac{U_{CS} - U_{EE} - U_{BE}}{I_E}, \qquad (4.13)$$

$$R_3 = 200\ \Omega.$$

Die Widerstände R_4 und R_5 müssen so gewählt werden, daß sich an den Basen sichere L-Pegel einstellen, d.h. die Transistoren T_1 und T_2 sollen sperren. Folglich kann nur noch der geringe Reststrom I_{CBO} fließen.
Es gilt

$$R_3 \cdot I_{CBO} \leq U_{IL} - U_{EE},$$

mit $I_{CBO} = 20\ \mu A$ folgt $R_3 = R_4 \leq 139{,}5\ k\Omega$. Aus Sicherheitsgründen wählt man 50 kΩ.

NAND-Schaltungen ließen sich nur durch Reihenschaltung von Transistoren herstellen. Dies ist aber nicht üblich, da schon ein NAND–Gatter mit drei Eingängen den zur Verfügung stehenden Pegelbereich überschreiten würde. NAND-Verknüpfungen müssen mit

NOR– Gattern über die Anwendung der "De-Morganschen-Regeln" [4.4] realisiert werden.

Für interne logische Verknüpfungen wird die Reihenschaltung mit max. einer zusätzlichen Stromschalterebene benutzt. Dadurch lassen sich größere Schaltnetze (Bild 4.14) mit geringem Flächenbedarf integrieren.

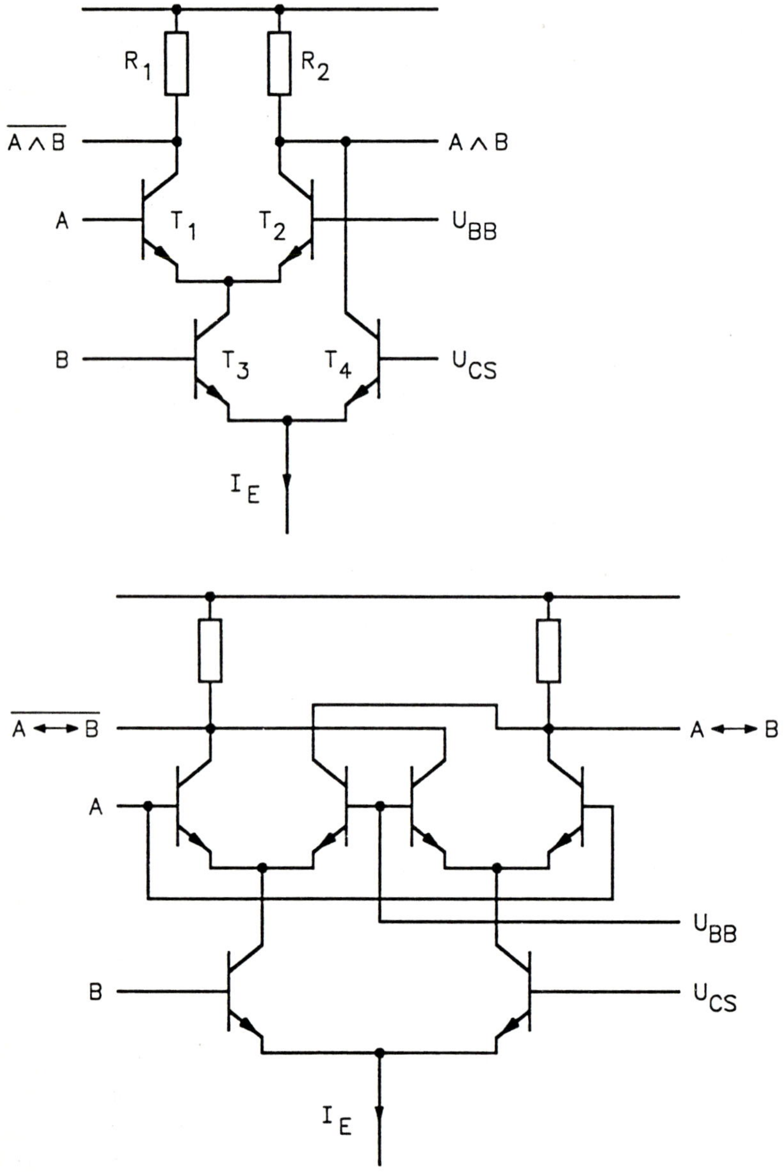

Bild 4.14. ECL-Schaltnetze mit in Reihe geschalteter Stromschalterebene

ECL-Schaltungen werden heute immer dann eingesetzt, wenn TTL-Schaltungen zu langsam sind. Dies gilt für sehr schnelle Rechner (für die Zentraleinheit CPU und für arithmetisch-logische Einheiten ALUs) und in der Hochfrequenztechnik (für frequenzgeregelte Systeme im VHF- und UHF-Bereich).
Die Gatterdurchlaufzeiten sind durch die Beweglichkeiten der Ladungsträger begrenzt. Materialien mit höheren Beweglichkeiten als Silizium werden zunehmend an Bedeutung gewinnen. Durch Überwindung technologischer Schwierigkeiten bei der Herstellung von Gallium-Arsenid-Schaltkreisen lassen sich superschnelle Gatter mit Durchlaufverzögerungszeiten kleiner als 100 ps herstellen.
Seit 1988 gibt es die ersten zur ECL-Familie anschlußkompatiblen GaAs-Schaltkreise. Bei diesen Schaltungen verwendet man Schottky-Sperrschicht-Feldeffekttransistoren (siehe Abschn. 4.7).

4.4 Integrierte Injektionslogik (I^2L)

Die integrierte Injektionslogik-Schaltung wurde unabhängig voneinander von den Firmen Philips und IBM entwickelt. Durch den sehr einfachen Aufbau eines Gatters (ohne Verwendung ohmscher Widerstände) ist diese Technologie zur Herstellung hochintegrierter Schaltungen geeignet. Nachteilig sind aber die hohe Durchlaufverzögerungszeit der Schaltung und die geringen Pegelunterschiede zwischen L und H.
Diese Technologie wurde aber für große Digitalschaltungen nicht mehr eingesetzt, denn inzwischen beherrschte man die MOS—Technologie. Kleinere Strukturen, somit auch ein geringerer Flächenbedarf und niedrigerer Stromverbrauch (besonders bei CMOS), sorgten für den unaufhaltsamen Siegeszug der MOS-Technik.
Die I^2L—Technik wird aber trotzdem eingesetzt. Besonders dann, wenn auch analoge Teilschaltungen in der integrierten Schaltung enthalten sind. Typische Beispiele für I^2L-Schaltungen sind Video-Horizontal-Ablenkschaltungen für Fernsehgeräte und Zeitgeberschaltungen für Steuerungen.
Den geringen Platzbedarf eines I^2L-Inverters versteht man, wenn man die Schaltung und die Struktur im Planarprozeß betrachtet. Man nutzt einen benachbarten parasitären PNP-Lateral-Transistor (der mit dem Schalttransistor "verschmolzen" ist, daher auch die Bezeichnung "Merged Transistor Logic", MTL) mit seinen extrem schlechten Verstärkungseigenschaften als Ersatz für einen Basisvorwiderstand aus. Dieser PNP-Transistor zeigt ein Stromquellenverhalten mit dem Strom I_O.
Bei der in Bild 4.15 gezeigten Schaltung speist dieser Transistor T_1 den Schalttransistor T_2. Der Transistor T_2 hat eine Multi-Kollektorstruktur. Alle Kollektoren sind voneinander entkoppelt.
Liegt am Eingang eines Inverters ein L-Pegel ($U_{IL} \approx 0$ V), so fließt der Kollektorstrom von T_1 nicht in die Basis von T_2, sondern aus dem Eingang heraus. Der Transistor T_2 ist somit gesperrt. Ein H-Pegel am Eingang des Inverters stellt sich ein, wenn man den Eingang offen läßt. Der Injektorstrom $I_O = I_{C1}$ reicht aus, um den Transistor T_2 zum Leiten zu bringen. Als Folge treten an allen Kollektoren dieses Transistors L-Pegel auf. Durch Parallelschaltung von Kollektoren verschiedener Transistoren lassen sich "verdrahtete-

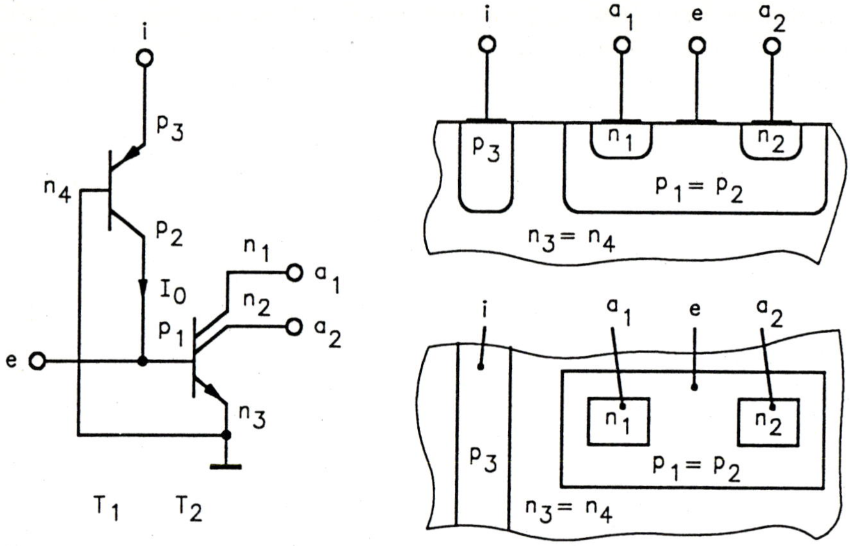

Bild 4.15. Integrated Injection Logic, Herstellung und Aufbau

UND"- Verknüpfungen der Ausgänge realisieren. Parallelgeschaltete Kollektoren werden mit einem Eingang eines I^2L-Inverters verbunden.
Ein einfaches Beispiel für eine NOR- und eine ODER-Schaltung ist aus Bild 4.16 zu ersehen. Durch die UND-Verknüpfung der Ausgänge ergibt sich über die Inverter eine NOR-Verknüpfung der Eingänge ($Q = \overline{I_1 \vee I_2}$).

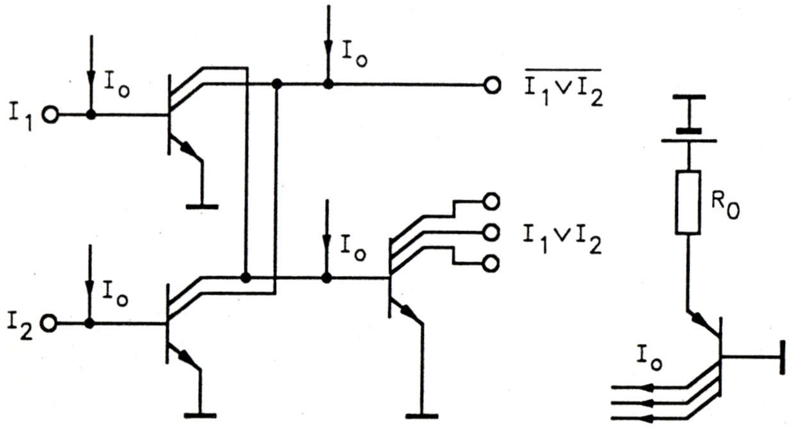

Bild 4.16. I^2L- Grundgatter

Damit sich ein definierter Injektorstrom einstellt, müssen alle Emitter (n Stück) über einen i.a. externen Widerstand R_O an die positive Versorgungsspannung angeschlossen werden. Technologisch wird dies über einen PNP-Transistor mit Multikollektor realisiert. Daraus läßt sich die Größe des Widerstandes R_O berechnen:

$$R_O = \frac{U_{EE} - U_{BE}}{n \cdot I_O} \qquad (4.14)$$

Um die Verlustleistung klein zu halten, wählt man kleine Versorgungsspannungen U_{EE} von $\geq$ 1 V. Der Pegelhub dieser Gatter liegt zwischen der Restspannung (= Sättigungsspannung $U_{CEX} = U_{CES} \approx 0$ V) des vorgeschalteten Schalttransistors und der zum Durchschalten erforderlichen Basis-Emitterspannung U_{BEX} des Schalttransistors T_2. Die Durchlaufverzögerungszeit eines Inverters ergibt sich durch die Konstantstromladung einer Lastkapazität C_L mit dem Injektorstrom. Beim Erreichen von U_{BEX} schaltet der Inverter durch, daraus folgt:

$$T_P \approx \frac{(U_{BEX} - U_{CES}) \cdot I_O}{C_L} \qquad (4.15)$$

Die Beziehung (4.15) sagt aus, daß proportional mit dem Injektorstrom I_O die Durchlaufverzögerungszeit steigt. Das "Power-Delay"-Produkt ist somit konstant.
Die kürzeste Durchlaufverzögerungszeit liegt bei ca. 20 ns, dies ist durch die Sättigung des Transistors T_2 gegeben. Zur Verringerung der Durchlaufverzögerungszeit wurde eine abgewandelte Technologie mit Schottky-Dioden in Reihe zu den Kollektoren entwickelt. Dadurch sinkt die Durchlaufverzögerungszeit ca. um den Faktor 2 bis 3.

4.5 MOS-Logik (NMOS und CMOS)

Die MOS-Technik mit den hochintegrierten Schaltungen (1989: 4 Millionen Transistoren, 1992 ca. 16 Millionen Transistoren pro Baustein) hat durch die Verfügbarkeit von (Mikro)-Prozessoren, Speichern und Peripherieschaltungen das menschliche Leben verändert. Im Bereich des täglichen Lebens sind die elektronisch gesteuerten Systeme (vom Tastentelefon über die intelligente Waschmaschine bis hin zum Antiblockiersystem im Auto) nicht mehr wegzudenken. An das Schreiben eines Buches ohne PC und Textverarbeitungssystem mag heute keiner mehr denken.
Anfang der siebziger Jahre wurden die ersten Schaltungen in P-Kanal-MOS-Technik ("PMOS") hergestellt [4.15]. Die schlechten Reinraumverhältnisse und eine mangelhafte Beherrschung der Herstellungsprozesse sorgten für eine sehr niedrige Bausteinausbeute auf den Siliziumscheiben.
Bei N-Kanal-Transistoren war die Ausbeute in dieser Zeit noch niedriger, weil sich an der Grenzfläche Silizium / Gateisolation (SiO_2) positive Oberflächenpotentiale einstellten, die zur einer Inversion führten, ohne daß ein äußeres elektrisches Feld anlag. Es war daher sehr schwierig selbstsperrende MOS-Transistoren ("Enhancement"-Typ) herzustellen. Hohe negative Versorgungsspannungen (z.B. -27 V) wurden benötigt, um die Schwellspannung in den Bereich zwischen ca. -3 V und 5 V zu bringen. Durch das Vor-

handensein von Natrium-Ionen im SiO_2 stellen sich zusätzliche Ladungen ein, die zu einem Driften der Schwellspannung führten.
Durch die unterentwickelte Fotolithografie und eine stark streuende Diffusionstechnik mußten die P-Kanal-Transistoren starke Gate-Überlappungen aufweisen. Dies führte zu hohen Gate-Drain-Kapazitäten. Die niedrige Löcherbeweglichkeit im P-Material sorgte zusätzlich für niedrige Schaltgeschwindigkeiten.
Zum Ende der siebziger Jahre änderte sich die Situation grundlegend. Es wurden spezielle "MOS"-Fabriken gebaut mit extremen Reinraumzonen unter Verwendung hochreiner Prozeßgase und Materialien. Durch technologische Erfindungen wie die Selbstjustage des Gates unter Verwendung von polykristallinem Silizium als Gate-Material, der gerichteten und steuerbaren Dotierung mittels Ionenimplantation und der Lokaloxidation von einzelnen Bauelementen war es möglich, MOS-Schaltungen mit hoher Ausbeute herzustellen. Die Hersteller des Scheiben-Grundmaterials ("Wafer") konnten durch immer bessere Beherrschung des einkristallinen Ziehprozesses stetig größere Scheibendurchmesser anbieten.
Siliziumscheiben mit großem Durchmesser ermöglichen die Herstellung vieler Schaltungen in einem Arbeitsprozeß. Dadurch sinken die Herstellungskosten.
Die ersten integrierten Schaltungen wurden mit 1-Zoll-Scheiben hergestellt (Durchmesser ca. 25 mm). Im Jahr 1990 werden 8-Zoll-Scheiben verwendet (Durchmesser ca. 200 mm).

In den Jahren von 1980 bis 1987 wurden fast alle MOS-Schaltkreise mit N-Kanal-Transistoren (somit als "NMOS"-Schaltung) hergestellt. Der selbstsperrende N-Kanal-Transistor diente als Schalter, hochohmige Lastwiderstände wurden vereinzelt bei statischen RAMs verwendet. Für die Mehrzahl der Schaltungen kamen wegen des geringen Flächenbedarfs selbstleitende N-Kanal-Lasttransistoren ("depletion load") zum Einsatz. Ein Vorteil des selbstleitenden Lasttransistors zeigt sich im kleinen Spannungsabfall zwischen Source und Drain, wenn der zugehörige Schalttransistor sperrt. Der H-Ausgangspegel U_{QH} liegt somit näherungsweise bei U_{DD} (vergl. mit Abschn. 3.6).
Durch das Stromquellen-Verhalten der Lasttransistoren fließen bei leitenden Schalttransistoren hohe Versorgungsströme. Die damit verbundene Verlustleistung der integrierten Schaltung führt zu einer starken Aufheizung des Bausteines und der umgebenden Schaltung. Bei den Plastik-Standardgehäusen ("dual in line" = DIL, "plastic leadless chip carrier" = PLCC) sind Verlustleistungen ≥ 3 W nicht mehr akzeptabel, weil die Selbsterwärmung des Siliziumkristalls zu hoch wird.
Durch die fortschreitende Großintegration kamen nur noch "kalte" Schaltkreistechnologien in Betracht. Hochintegrierte CMOS-Schaltungen mit kleinsten Bauelementgeometrien lösten dann sehr schnell die NMOS-Vorgänger ab. Dieser Übergang wurde durch CMOS-Schaltungen, die mit NMOS-Schaltungen anschlußkompatibel waren, beschleunigt.
Die Verlustleistung eines CMOS-Inverters ist bei statischem Betrieb sehr klein. Durch das komplementäre Schalten der beiden Transistoren ist einer immer gesperrt, dadurch ergibt sich die statische Verlustleistung

$$P_{STAT} = I_{DSPERR} \cdot U_{DSSPERR} \approx I_{DSPERR} \cdot U_{DD}.$$

P_{STAT} liegt im Bereich von einigen Nanowatt.

Die unvermeidbaren parasitären Lastkapazitäten sorgen für dynamische Verlustleistungen durch Kondensatorumladungen. Die dynamische Verlustleistung ist abhängig von der Umschaltfrequenz f, den Schaltspannungen (U_{SS} und U_{DD}) und der Lastkapazität C. Bei Umschaltung zwischen U_{SS} = Massepotential und der Versorgungsspannung U_{DD} ergibt sich für den Inverter die Verlustleistung

$$P_{DYN} = f \cdot C \cdot U_{DD}^2. \qquad (4.16)$$

Da bei vielen Schaltungen unterschiedliche Frequenzen auftreten (z.B. durch Frequenzteiler innerhalb einer Schaltung), setzt sich die Verlustleistung aus verschiedenen Komponenten zusammen. Die Hersteller von Logikschaltungen geben eine fiktive Kapazität C_{PD} an, die eine bestimmte Verlustleistung bei einer zugehörigen Frequenz erzeugen würde. Zusätzlich müssen die Lastkapazitäten an den Ausgängen C_L unter Berücksichtigung der Ausgangsfrequenzen f_{OUT} berücksichtigt werden. Die Gesamtverlustleistung des Schaltkreises lautet somit:

$$\begin{aligned} P_D &= P_{STAT} + P_{DYN} \\ &= \sum_{\text{Inverter}} (I_{DSPERR} \cdot U_{DD}) + f_{IN} \cdot C_{PD} \cdot U_{DD}^2 + \sum_{\text{Ausgänge}} (f_{OUT} \cdot C_L \cdot U_{DD}^2). \end{aligned} \qquad (4.17)$$

Da in einer CMOS-Schaltung immer nur bestimmte Teile mit hoher Taktfrequenz gespeist werden und andere Teile inaktiv sind, stellt sich eine mittlere Verlustleistung ein, die viel geringer ist als die bei einer NMOS-Schaltung. Ein weiterer Vorteil der CMOS-Technik ist die Unempfindlichkeit gegen Schwankungen der Versorgungsspannung. Standard-Logikschaltungen lassen Versorgungsspannungen in weiten Grenzen zu. Die 4000er-Reihe darf zwischen 3 V und 18 V und die 74 HC-Reihe zwischen 2 V und 6 V betrieben werden. Bei TTL- und NMOS-Schaltungen sind Versorgungsspanunngen maximal zwischen 4,5 V und 5,5 V zulässig.

Aus diesen Gründen gibt es keine Standard-Logikschaltungen in NMOS-Technik, aber eine Vielzahl von Schaltungen in der CMOS-Technik. Die schon erwähnte 4000er-Reihe wird häufig in der Konsumertechnik und in der Meß-/Steuer- und Regelungstechnik verwendet. Wegen der hohen Versorgungsspannung wurden große Transistorgeometrien gewählt. Dies führt auch zu hohen internen Kapazitäten, die wiederum für hohe Durchlaufverzögerungszeiten und niedrige Schaltgeschwindigkeiten sorgen.

Zum Austausch von Low-Power-Schottky-Schaltungen (74 LS xxx) wurden die Familien 74 HCT xxx und 74 HC xxx entwickelt. Bei diesen Schaltungen ist nur ein begrenzter Versorgungsspannungsbereich zulässig, dafür ergeben sich die geringen Verzögerungszeiten der 74 LS-Reihe. CMOS-Schaltungen weisen wegen der extrem niedrigen Gateströme sehr geringe Eingangsströme auf (typisch: $I_{OL} \approx I_{OH} \approx$ 0,1 bis 1 µA). Durch die niedrige Steilheit S und die hohen Kanalwiderstände R_{DSON} der MOS-Transistoren lassen sich nur mit hohem technologischem Aufwand CMOS-Ausgangsschaltungen aufbauen, die mit der Reihe 74 LS xxx vergleichbare Ausgangscharakteristiken aufweisen können. Der Flächenbedarf der Ausgangstransistoren ist häufig größer als der der gesamten Logikschaltung.

Die Eingänge von CMOS-Schaltungen müssen wegen der geringen Durchschlagsfestigkeit der dünnen Gateoxide durch Klammerschaltungen auf Spannungspegel zwischen $U_{SS} - U_S$ und $U_{DD} + U_S$ gehalten werden. Dies wird durch Integration von Widerstands/Dioden- oder Widerstands/Transistor-Netzwerken erreicht.
In den Bildern 4.17 und 4.18 werden zwei typische Eingangsschutzschaltungen für CMOS-Gatter (am Beispiel des Inverters) gezeigt. Die Dioden/Widerstandsschutzschaltung

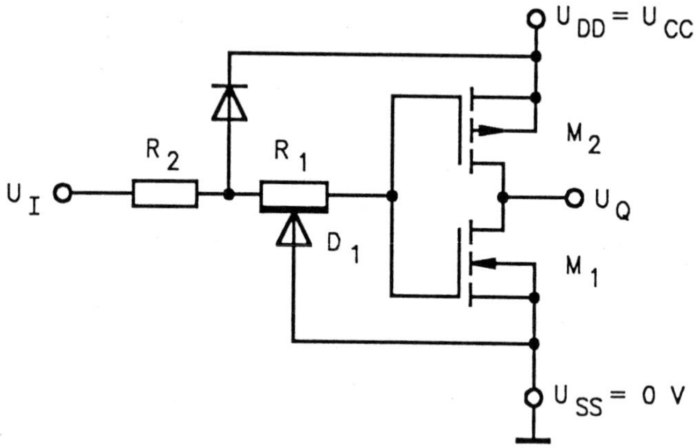

Bild 4.17. ESD-Schutzschaltung für einen Standard-CMOS-Baustein der Reihe 4xxx

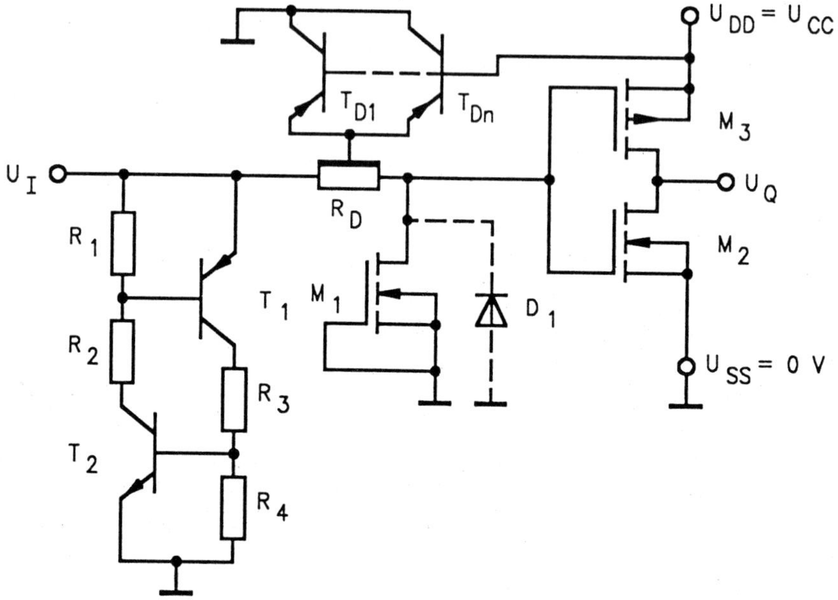

Bild 4.18. ESD-Schutzschaltung für einen Advanced CMOS Logic-Baustein 74 ACxxx

(Bild 4.17) wird häufig bei der Reihe 4xxx angewendet. Die Dioden werden durch PN-Diffusion hergestellt. Die Widerstände sind diffundiert (R_1 in Verbindung mit D_1) und R_2 aus polykristallinem Silizium, aus dem auch die Gateleitungen hergestellt werden. Diese ESD-Schutzschaltung (ESD = "Electro Static Discharge") sorgt dafür, daß kurzzeitige elektrostatische Spannungen bis ca. 2500 V nicht zur Zerstörung der Schaltung führen. Die ESD-Schutzschaltung (Bild 4.18) findet man bei "Advanced CMOS Logic"-Schaltkreisen von Texas Instruments [4.16].
Negative Eingangsspannungen werden durch die Thryristorstruktur, bestehend aus den Transistoren T_1, T_2 und den Widerständen R_1 bis R_4, auf - 0,7 V geklammert (U_{BE1} von T_1). Die Drain-Source-Diode D_1 des Dickoxid-Transistors M_1 sorgt weiterhin für eine Begrenzung negativer Eingangsspannungen. Positive Eingangsspannungen werden durch einen verteilten PNP-Transistor (T_{D1} bis T_{Dn}) auf U_{DD} + U_{BED} begrenzt, weil die Basis an U_{DD} gelegt wird. Der verteilte Transistor entsteht durch einen stark P-dotierten Widerstand in einer N-dotierten Wanne auf epitaktischem N-Material. Dadurch leitet der verteilte Transistor den Strom bei Überspannung gegen Masse ab.
Durch diese Maßnahmen wird erreicht, daß die Gatespannungen immmer niedriger sind als die Durchbruchsspannung des Gateoxides (bei der Reihe 4xxx sind es ca. 30 V für 1100 nm Oxiddicke, bei 74 HC xxx ca. 13 V für 500 nm Oxiddicke und bei 74 AC xxx ca 8 V für 300 nm Oxiddicke).

Die CMOS-Technik ist eine komplementäre MOS-Technik mit N-Kanal und P-Kanal-Transistoren, die selbstsperrend ("enhancement type") sind. Dabei leitet immer einer der beiden Transistoren, so daß über den Einschaltwiderstand R_{DSON} ein niederohmiger Pfad von der Masse (U_{SS}) oder von der Versorgungsspannung U_{DD} zum Ausgang besteht (Impedanzbedingung).

Der Inverter besteht im einfachsten Fall aus zwei Transistoren (siehe Bild 4.17: M_1 und M_2). Zum Aufbau eines Logikgatters (z.B. NAND oder NOR) muß die Schaltung so aufgebaut werden, daß der niederohmige Pfad erhalten bleibt.
Die Bilder 4.19 und 4.20 zeigen die Grundschaltungen für NAND und NOR für drei Eingangsvariable. Bei der NAND-Schaltung werden die N-Kanal-Transistoren in Reihe und die P-Kanal-Transistoren parallel geschaltet.
Liegen die Eingänge I_1 und I_3 auf L-Pegel und I_2 auf H-Pegel, so leiten die Transistoren M_2, M_4 und M_6, weil für den N-Kanal-Transistor M_2 die Schwellspannung überschritten worden ist ($U_{IH2} > U_{TH2}$). Ein L-Pegel am Gate eines P-Kanal-Transistors bewirkt, daß er leitet, weil der Source-Anschluß an der Versorgungsspannung liegt und sich somit eine negative Gate-Source-Spannung U_{GS} einstellt, die betragsmäßig größer ist als die zugehörige Schwellspannung. Wenn mindestens ein Eingang der NAND-Schaltung L-Pegel führt, liegt der Ausgang auf H-Pegel. Durch die Reihenschaltung der N-Kanal-Transistoren sperrt diese Kette. Die parallelgeschalteten P-Kanal-Transistoren sorgen durch mindestens einen durchgeschalteten Transistor für den geforderten Pfad zur Versorgungsspannung.

Bei der NOR-Schaltung liegen die N-Kanal-Transistoren parallel und die P-Kanal-Transistoren in Reihe (Bild 4.20). Die geforderte Impedanzbedingung ist auch hier erfüllt.

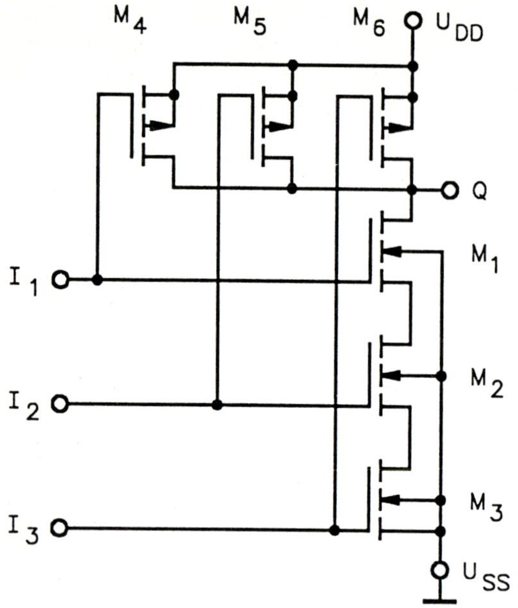

Bild 4.19. CMOS-NAND-Gatter mit drei Eingängen

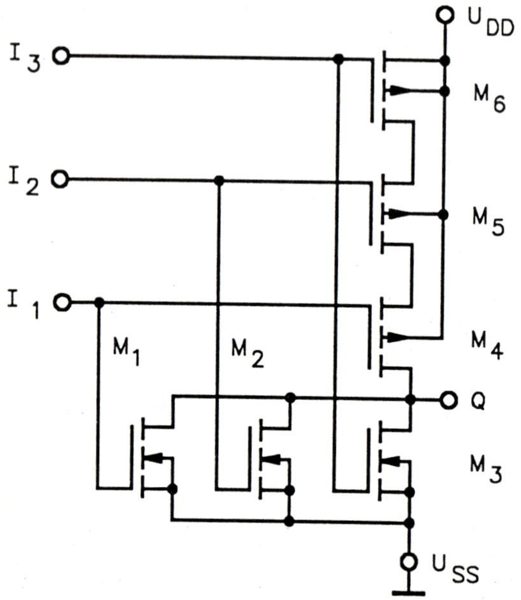

Bild 4.20. CMOS-NOR-Gatter mit drei Eingängen

Durch Einbeziehung von digitalen Torschaltungen ("Transmission-Gates") lassen sich alle logischen Grundschaltungen (Gatter und Flipflops) in CMOS realisieren (vergl. mit Abschnitt 3.6.2). Dies soll am Beispiel eines einflankengesteuerten Daten-Flipflops (D-FF) mit direkten Setz- und Rücksetzeingängen gezeigt werden [4.4]. Der Baustein 4013 aus der 4000er-CMOS-Reihe verwendet Torschaltungen zum Durchschalten der Datenleitung D und für die Rückkopplung von Invertern, die als Basis-Flipflop arbeiten. Die Torschaltungen werden durch das Taktsignal C geschaltet (Bild 4.21).

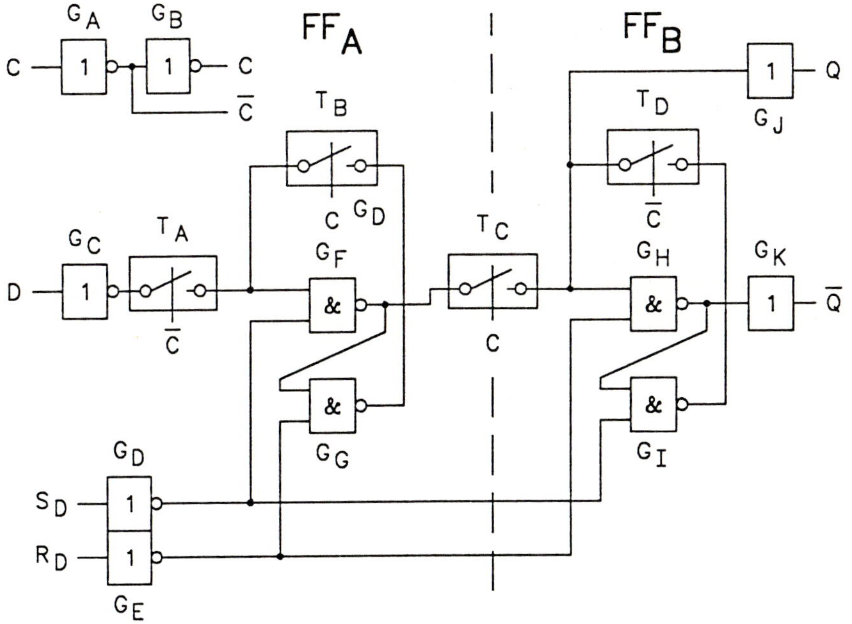

Bild 4.21. CMOS-D-Flipflop mit digitalen Torschaltungen

Für $S_D = R_D = L$ wird bei dem Taktsignal C = L das Tor T_D über $\overline{C} = H$ geschlossen, so daß G_H und G_I rückgekoppelt sind. Das Tor T_C ist geöffnet, Daten die am Eingang D anstehen, werden nicht an das FF_B weitergeleitet. Über die Treiber G_J und G_K stehen die Flipflop-Pegel an den Ausgängen Q und $\overline{Q}$ zur Verfügung. Beim Wechsel des Taktsignals C von L nach H wird das am Eingang D anliegende Datum im FF_A zwischengespeichert. Das FF_B arbeitet nicht mehr als Flipflop, weil die Rückkopplung über T_D unterbrochen ist. Die gespeicherten Daten des FF_A werden über G_J und G_H, G_K an die Ausgänge geführt. Bei erneutem Wechsel des Taktpegels von C arbeitet FF_B wieder als Flipflop.

Das Beispiel des einfachen D-Flipflops zeigt, daß sich komplexe Schaltungen aus einfachen Grundstrukturen (den "Basiszellen") aufbauen lassen. Neben den Basiszellen NAND, NOR,

Inverter und Torschaltung spielen der Kondensator als dynamischer Speicher und der elektrisch programmierbare MOS-Transistor eine große Rolle.
Der Kondensator als dynamisches Speicherelement hat den Bereich der elektronischen Speicher revolutioniert. Immer größere Speicherkapazitäten (im Bereich von "Megabits") lassen sich erreichen.

Eine ähnliche Entwicklung hat sich bei den elektrisch programmierbaren Speichern durch die EPROM-Technologie ("Electrically Programmable Read Only Memory") und durch die EEPROM-Technologie ("Electrically Erasable Programmable Read Only Memory") ergeben.

Als speicherndes Element dient ein NMOS-Transistor mit zwei übereinanderliegenden Gate-Anschlüssen. Das höherliegende Gate (also weiter vom Kanal entfernt) wird als normales Steuergate benutzt. Das zweite Gate ("floating gate", "schwebendes Gate") ist vom Kanal nur durch eine dünne Oxidisolation getrennt. Dieses schwebende Gate bestimmt den Speicherzustand (Sperren oder Leiten des Transistors) durch die Konzentration von gespeicherten Gate-Ladungen. Bei dem EPROM-Element (Bild 4.22) wird für die Programmierung die Drainspannung bis zum Lawinendurchbruch erhöht. Durch die hohen Feldstärken können energiereiche ("heiße") Elektronen durch die Gate-Isolation dringen. Durch die eingebrachte Ladungskonzentration wird die Transistorschwellspannung U_{TH} verschoben.

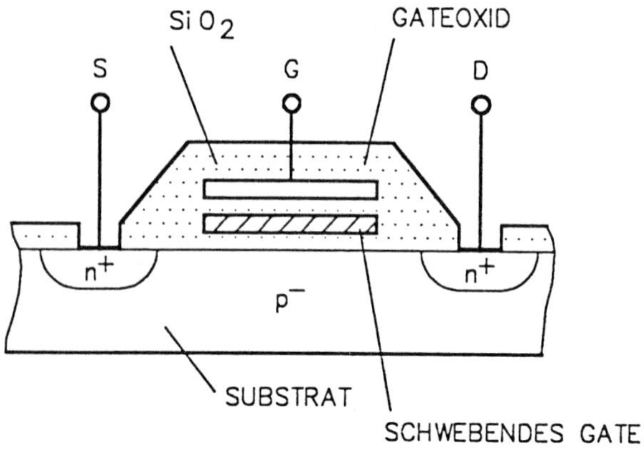

Bild 4.22. Löschbare Speicherzelle durch UV-Licht (EPROM)

Die Hersteller garantieren, daß die Ladungen im gesamten Temperaturbereich (z.B. von - 55 ^{0}C bis + 125 ^{0}C) für die Zeit von 10 Jahren erhalten bleiben. EPROM-Speicher werden durch Bestrahlung mit ultraviolettem Licht mit Wellenlängen von 200 bis 300 nm gelöscht. Die Hersteller geben im Datenblatt Lösch-Energiedichten oder bevorzugte Leistungsdichten mit Bestrahlungszeiten an (Beispiel: 10 mW · cm^{-2} und 30 min). EPROM-Speicher werden daher in Gehäuse mit einem Quarzfenster über dem Siliziumkristall eingebaut. Beim

Löschen werden alle Speicherzellen erreicht. Eine selektive Löschung einzelner Zellen ist nicht möglich.
Dieser Nachteil läßt sich bei den EEPROM-Speichern vermeiden. Durch die elektrische Löschtechnik lassen sich auch einzelne Zellen separat adressieren. Von der Funktion her ist das EEPROM mit einem RAM vergleichbar. Der Unterschied zeigt sich, wenn man die Zeiten für das Schreiben und Löschen mit den Schreibzykluszeiten des RAMs vergleicht. Sie liegen ca. um den Faktor 10 bis 30 höher als die RAM-Zykluszeit.

Wie beim EPROM wird beim EEPROM mit einem schwebendem Gate gearbeitet (Bild 4.23). Der Unterschied liegt aber im extrem dünnen Gateoxid im Drainbereich ($d_i \leq 10$ nm). Dies hat zur Folge, daß der physikalische Tunneleffekt schon bei Spannungen ab ca. 8 V wirkt. In Abhängigkeit der Polarität stellt sich eine bestimmte Feldrichtung ein, so daß Elektronen in zwei Richtungen transportiert werden können. Es wird somit der gleiche Mechanismus für das Schreiben und Löschen verwendet. Durch die extrem hohen Tunnelfeldstärken ist die Anzahl der Schreib- und Löschzyklen begrenzt. Die Hersteller geben 100 bis 10000 Zyklen an.

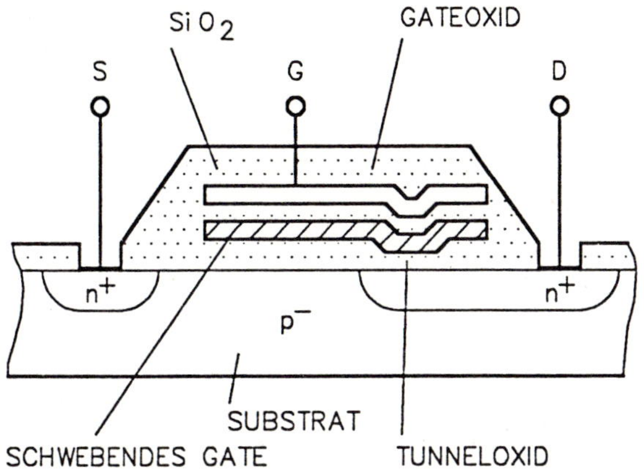

Bild 4.23. Elektrisch löschbare Speicherzelle (EEPROM)

Diese Basiszellen werden mit kleinsten Strukturgrößen hergestellt, wodurch sich sehr geringe Parasitärkapazitäten, kurze Signalpfade und hohe Integrationsdichten einstellen (siehe Abschnitt 4.5.1). MOS-Transistoren mit kleinen Strukturmaßen zeigen sehr geringe Steilheiten S, d.h. die Stromtreiberfähigkeiten sind begrenzt (siehe Abschnitt 3.6). Dies führt bei starker externer kapazitiver Belastung (lange Verbindungswege, Leiterplattenkapazitäten und Busbelastungen) zur Signalverschleifung bis zur Signalzerstörung. Großflächige Ausgangstransistoren lösen das Problem auf Kosten der Kristallfläche. Bipolartransistoren weisen weit höhere Steilheiten bei gleicher Kristallfläche auf. Dies führte zu einer Mischtechnologie, der BICMOS-Technik, die die Vorteile der Bipolartechnik und der CMOS-Technik verbindet (siehe Abschnitt 4.6).

Für Busanwendungen werden Schaltungen benötigt, die durch einen Steuereingang den Ausgang hochohmig schalten können. Schaltungen, die diesen dritten Zustand aufweisen, haben einen sog. "TRI-STATE"-Ausgang. Dadurch ist es möglich, verschiedene Ausgänge parallel zu schalten. Es darf aber immer nur ein Ausgang aktiv auf den Bus geschaltet werden. Alle anderen Schaltungen müssen in den hochohmigen Zustand (von den Herstellern durch den Buchstaben "Z" gekennzeichnet) geschaltet sein, weil sonst Kurzschlußströme zwischen UDD und USS fließen würden. Das hochohmige Ausgangsverhalten wird durch Sperren der Ausgangstransistoren erreicht (Bild 4.24).

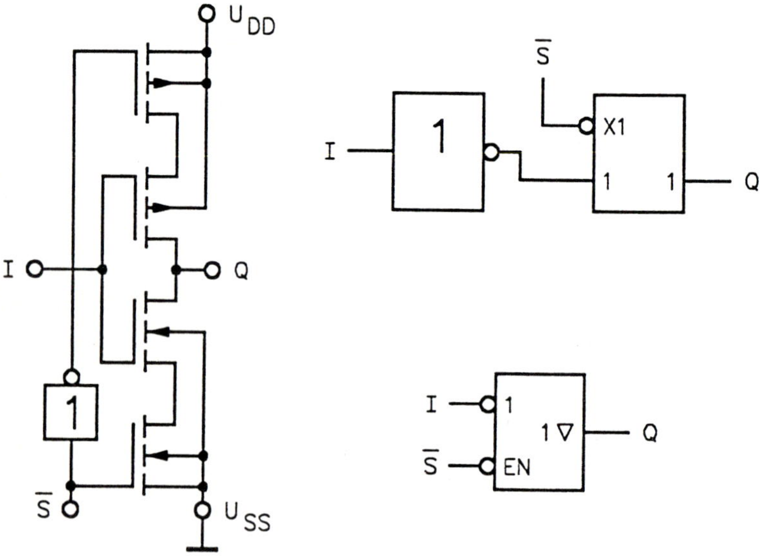

Bild 4.24. CMOS-Inverter mit TRI-STATE-Ausgang

Bei sehr schnellen CMOS-Schaltungen hat sich gezeigt, daß die Anschlußinduktivitäten und die parasitären Kapazitäten zwischen den Anschlüssen und auf dem Halbleiterkristall zu einem Signal-Übersprechen auf einzelne Ausgänge führen kann. Die Störimpulse können größer als der erlaubte Störabstand sein, so daß die erlaubten Pegelbereiche verlassen werden. Besonders stark ist dieser Effekt, wenn bei einem Mehrfach-Treiber auf allen Treibereingängen bis auf einen gleichzeitig ein Signal schaltet. Am Ausgang des nicht beschalteten Treibereinganges treten hohe Störspitzen auf. Man spricht vom "Simultaneous Switching"-Problem. Das Übersprechen läßt sich bei gegebenen Gehäusen und geringsten Abständen auf dem Siliziumkristall nicht vollständig vermeiden.
Die Firmen Texas Instruments und Valvo/Philips haben festgestellt, daß durch eine neue Anordnung der Anschlüsse für Versorgung (UCC) und Masse (GND) und eine geänderte Bauteilanordnung auf den Kristallen dieses Problem besser beherrscht werden kann. Aus diesem Grund werden die ACL-Familien dieser Hersteller mit einer anderen

Anschlußfolge geliefert. Die Anschlüsse für die Versorgungsspannung und für die Masse werden mehrfach vorgesehen. Bei dem typischen Dual-In-Line-Gehäuse wird die Mitte jeder Reihe für eine entsprechede Anzahl von Anschlüssen für U_{CC} und GND vorgesehen. Man spricht vom "Center-Pinning" im Gegensatz zum üblichen Eckenanschlußschema mit je einem Anschluß für U_{CC} und GND ("Corner-pinning").
Bei Leiterplattenentwürfen mit Bausteinen, die Center-Pinning aufweisen, ist ein direkter Austausch mit normalen (Schottky)-TTL-Schaltungen nicht möglich. Zur sicheren Unterscheidung werden die Bausteine wie folgt gekennzeichnet: 74 ACT 11xxx.
Am Beispiel eines NAND-Gatters werden die Unterschiede gezeigt: das Gatter mit normaler Eckenanschlußfolge heißt 74 ACT 00 und hat ein 14-poliges Gehäuse; das Gatter mit Mittenanschlußfolge heißt 74 ACT 11000 und hat ein 16-poliges Gehäuse mit je zwei Anschlüssen für U_{CC} und GND.

4.5.1 Größtintegration

In diesem Abschnitt sollen Strukturgrößen, resultierende Bauelementkapazitäten und elektrische Kenngrößen für größtintegrierte Schaltungen angesprochen werden.
Der Entwurf einer integrierten Schaltung beginnt mit der Festlegung der Schaltungstechnik und Berechnung der einzelnen Bauelemente. Diese zu entwerfende Schaltung kann durch Aufbau einer diskreten Schaltung unter Verwendung von Transistor-Arrays mit mehreren integrierten Transistoren innerhalb eines Bausteines ("bread board") simuliert werden. Bei großen Schaltungen ist dieses Verfahren nicht mehr praktikabel. Durch Schaltungssimulationen (analog, digital oder gemischt) läßt sich das Verhalten bei guter Kenntnis der Modellparameter vorausberechnen. Durch Änderung einzelner Parameter oder auch ganzer Schaltungsteile sind Simulationen schnell und einfach möglich. Eine "bread bord"-Schaltung zeigt durch den makroskopischen Aufbau andere parasitäre Größen (Kapazitäten, nichtlineare Widerstände und Transistoren) als eine integrierte Schaltung, was zu einem unterschiedlichem Signalverhalten führt.
Faßt man Schaltungsteile, die bestimmte Funktionen erfüllen, als Basiszellen zusammen, so lassen sich diese einfach simulieren und zu größeren Einheiten zusammenfügen. Die Schaltkreishersteller haben für die Basiszellen (Gatter, Flipflops, Register, Zähler) Entwurfsbibliotheken aufgebaut. Für bestimmte Technologien können Schaltungen mit Hilfe des "Layouts" in geometrische Figuren umgesetzt werden, die die Halbleitersubstratscheibe ("Wafer") strukturieren.
Jedes Bauelement besteht aus Bereichen unterschiedlicher Dotierung, Kontakten, Leitungsbahnen und Isolationsschichten [4.11]. Für die Strukturierung dieser Bereiche werden fotolithografische Methoden, ähnlich wie bei der Leiterplattenherstellung, benutzt. Der große Unterschied besteht in der Größe der einzelnen Strukturen. Für die Strukturierung verwendet man fotografische Masken. Diese Glasplatten weisen Bereiche auf, die lichtdurchlässig und lichtundurchlässig sind (z.B. durch eine metallische Beschichtung).
In der Fertigung werden im Jahr 1990 minimale Strukturbreiten von ca. 1 µm beherrscht. Der nächste Schritt führt zu Strukturbreiten von 0,8 µm. Durch den fotolithografischen Prozeß mit kurzwelligem Licht ("tiefes" UV-Licht mit Wellenlängen $\lambda \approx 0{,}2$ bis 0,3 µm) sind kleinere Strukturen kaum noch möglich, weil Beugungserscheinungen auftreten. Der

Übergang zu noch kurzwelligerer Bestrahlung mit Elektronenstrahlen ($\lambda \approx 0{,}1$ nm) ist häufig technologisch nicht sinnvoll, weil die Belichtungszeiten sehr lang sind. Dies ist durch die gerasterte Abtastung der Fotomaske gegeben. Eine andere Situation liegt vor, wenn eine strukturbezogene Belichtung direkt mit dem Elektronenstrahl erfolgt. Als weitere Strahlungsquelle steht die Röntgenröhre zur Verfügung. Wegen des Wellenlängenbereiches von 0,4 bis 4 nm und hoher homogener Strahlungsdichte können Röntgenbestrahlungsgeräte (Kompaktsynchrotrons) für die Halbleiterfertigung verwendet werden.
Eine wichtige Rolle spielen die fotoempfindlichen Lacke, die auf die entsprechende Bestrahlung reagieren müssen. In den Lackbereichen, die durch den fotolithografischen Belichtungsprozeß entfernt werden, können die folgenden Prozeßschritte (Schichtabtrag durch Ätzung, selektives Beschichten, Dotierung mittels Ionenimplantation) wirken. Die verbleibende Lackabdeckung dient als Schutzschicht für Bereiche, die nicht verändert werden sollen. Nach Beendigung einzelner Prozeßschritte wird der Schutzlack durch ein Lösungsmittel entfernt, nach einer erneuten homogenen Lackbeschichtung kann eine weiterer Fotoprozeß folgen.
Die chemische Beschichtung von Halbleitern aus der Gasphase (CVD, "chemical vapor deposition") erlaubt es, daß dünne neuartige Schichtzusammensetzungen zusätzlich zur thermischen Oxidation hergestellt werden können, die zu kompakteren Strukturen führen. Metallische Schichten zur Leitungsführung oder als Gatematerial lassen sich auch durch Bedampfungs- oder Katodenzerstäubungstechniken herstellen.
Für die selektive Dotierung einzelner Gebiete wird die Ionenimplantationstechnik verwendet. Durch gezielten Ionenbeschuß können Konzentration, Tiefe und Gebiet der Dotierung präzise eingestellt werden. Durch anschließende Temperprozesse bei Temperaturen größer als 700 ^{0}C werden die implantierten Ladungsträger aktiviert. Die Ionenquelle enthält die zu implantierenden Elemente. Durch die Beschleunigungsspannung läßt sich die Tiefe der Schicht im Substratmaterial steuern.
So ist es auch möglich, Stickstoff und Sauerstoff zu implantieren, um dreidimensionale Schaltungen mit mehreren aktiven Lagen übereinander erzeugen zu können. Stickstoff und Sauerstoff verbinden sich mit Silizium und es entstehen Si_3N_4- bzw. SiO_2-Isolationsschichten.
Durch die dreidimensionale Schaltungstechnik [4.17] ist es möglich, Schaltungen mit höherer Bauelementdichte herzustellen. Nachteilig sind aber der hohe technologische Aufwand, die schwierige vertikale Verbindungstechnik zwischen den einzelnen Lagen und die Beeinflussung einzelner Komponenten in übereinanderliegenden Schichten während des Herstellungsprozesses. Die elektrische und thermische Verkopplung der Komponenten ist nicht zu vernachlässigen.

Ein erster Schritt zur dreidimensionalen Schaltungstechnik ist schon seit Mitte der 80-iger Jahre bei den dynamischen RAMs gegangen worden. Der Speicherkondensator ist bei zweidimensionaler Ausführung sehr flächenintensiv, durch Ätzung eines Grabens ("trench"), der anschließend mit einer dünnen dielektrischen Schicht und einer weiteren leitenden Schicht als Deckelektrode versehen wird, läßt sich eine hohe Kapazität auf kleinster Fläche erzeugen (Bild 4.25). Eine weiterer Integrationsschritt wird durch Plazierung des MOS-Transistors über dem Trench-Kondensator erreicht.

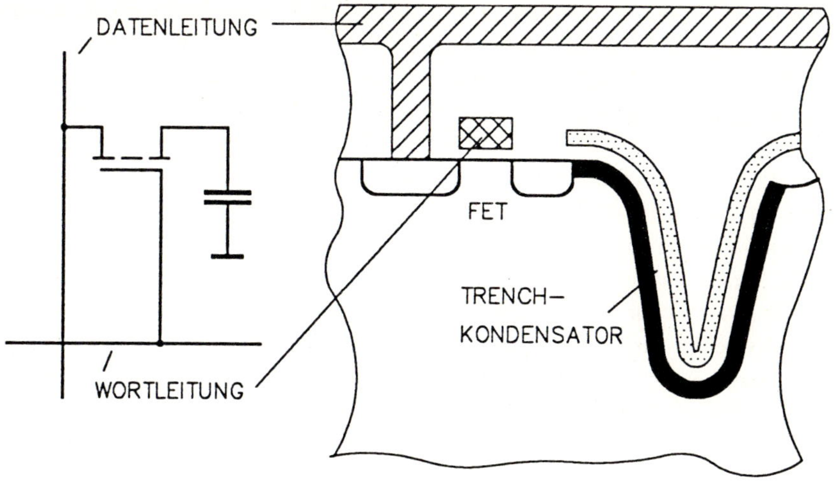

Bild 4.25. Dynamische RAM-Zelle mit "Trench"-Kondensator

Durch die kleinen Abmessungen der Transistoren ergeben sich bei den zur Zeit üblichen Betriebsspannungen hohe Feldstärken in den Bereichen des Gates und des Kanals. Die Anzahl der Transistoren steigt stark an durch komplexere Schaltungen bei fortschreitender Strukturverkleinerung. Die zusätzliche Verlustleistung führt zu einem Anstieg der Kristalltemperatur der Schaltung. Über Wärmeverteiler im Gehäuse und externe Kühlkörper kann die Wärme bedingt abgeführt werden. Eine starke Wirkung zeigt die Reduktion der Versorgungsspannung der Schaltungen, da bei CMOS-Schaltungen die Verlustleistung P_D proportional zum Quadrat der Versorgungsspannung steigt (siehe Gleichung 4.16 und 4.17). Die Hersteller von ACL-Schaltungen empfehlen daher eine neue Standardversorgungsspannung von 3,3 V. Dadurch reduziert sich P_D ca. um 55 %.

Für die im Abschnitt 4.7 beschriebene GaAs-MESFET-Logik wird bei einer Logikreihe heute schon eine Versorgungsspannung von 2 V angegeben.

Durch das fast ideale Schaltverhalten der MOS- und MESFET-Transistoren lassen sich vorgegebene Logikpegel bei Zusammenschaltung mit anderen Familien einhalten. Es können somit ACL-Schaltungen mit HC-, HCT- und TTL-Schaltungen direkt verbunden werden. GaAs- MESFET-Schaltungen lassen sich direkt mit ECL-Schaltungen betreiben.

Die niedrigere thermische und die feldstärkenabhängige Belastung sorgt für eine geringere Ausfallwahrscheinlichkeit der Schaltungen.

Die kleinen Strukturen ermöglichen kürzere Signallaufzeiten, weil die Verbindungswege kürzer sind und sich niedrigere Parasitärkapazitäten einstellen. Mit guter Näherung ist die prozentuale Reduktion der Strukturbreite proportional zur Verringerung der Signallaufzeit bzw. zur Zugriffszeit bei einem Speicher.

Fortschritte beim Einkristallziehen ermöglichen es heute, daß Silizium-Substratscheiben mit Durchmessern von 200 mm (≈ 8 Zoll) und GaAs-Substratscheiben mit 125 mm Durchmesser zur Verfügung stehen.

Ein Begrenzung der Größtintegration durch Herstellungstechnologien und physikalische Randbedingungen ist kurzfristig nicht zu sehen.

4.6 BICMOS-Logik

Die Hersteller von Logikschaltungen in BICMOS-Technik verknüpfen die Vorteile zweier Technologien. Die hochohmige Eingangsschaltung und die geringe Stromaufnahme von CMOS wird mit den Vorteilen der Bipolartechnik wie die hohe (kapazitive) Belastbarkeit und die kleinen Strukturen der Ausgangstransistoren verbunden.
BICMOS-Schaltungen werden daher besonders für Busanwendungen zum Treiben starker kapazitiver Lasten mit hoher Stromergiebigkeit verwendet. Andere typische Anwendungsgebiete sind Takttreiber für eine Vielzahl von Flipflop-Takteingängen, Ansteuerschaltungen für große RAM-Module und Treiber für Leistungs-MOS-Transistoren.
Durch die Kombination von P-Kanal-, N-Kanal- und NPN-Transistoren müssen zusätzliche technologische Schritte, im Vergleich zu einer reinen CMOS-Technologie, erfolgen. Die Anzahl der fotolithografischen Maskenschritte nimmt zu (3 bis 4 Maskenschritte mehr). Dadurch steigen auch die Herstellungskosten an. Das Schnittbild einer BICMOS-Struktur zeigt Bild 4.26. Bedingt durch das Polysilizium-Gate der MOS-Transistoren werden die Emitter der NPN-Transistoren mit Polysilizium belegt. Dadurch steigt die Stromverstärkung ca. um den Faktor 3 an (durch Begrenzung der Rekombinationsgeschwindigkeit an der Grenze Polysilizium / Monosilizium wird der Löchergradient im Emitter reduziert).

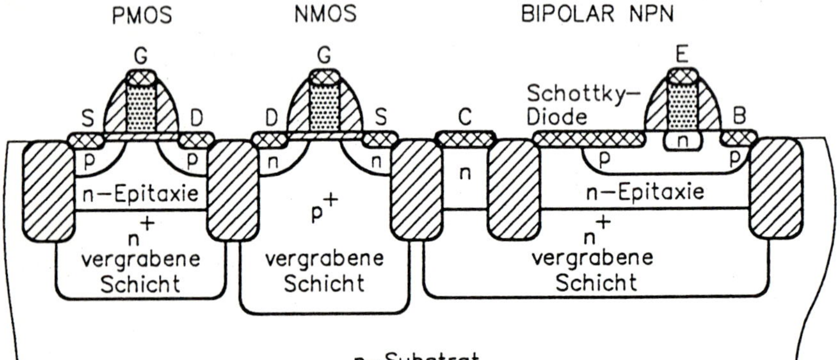

Bild 4.26. Schnittbild einer BICMOS-Struktur

Durch intermetallische Siliziumverbindungen, den Siliziden, stellen sich sehr niederohmige Kontakte ein. Die Lokaloxidationstechnik ("LOCOS") sorgt für die Isolation zwischen den Bauelementen. Die LOCOS-Technik erlaubt höhere Packungsdichten als bei PN-isolierten Bauelementen [4.11].

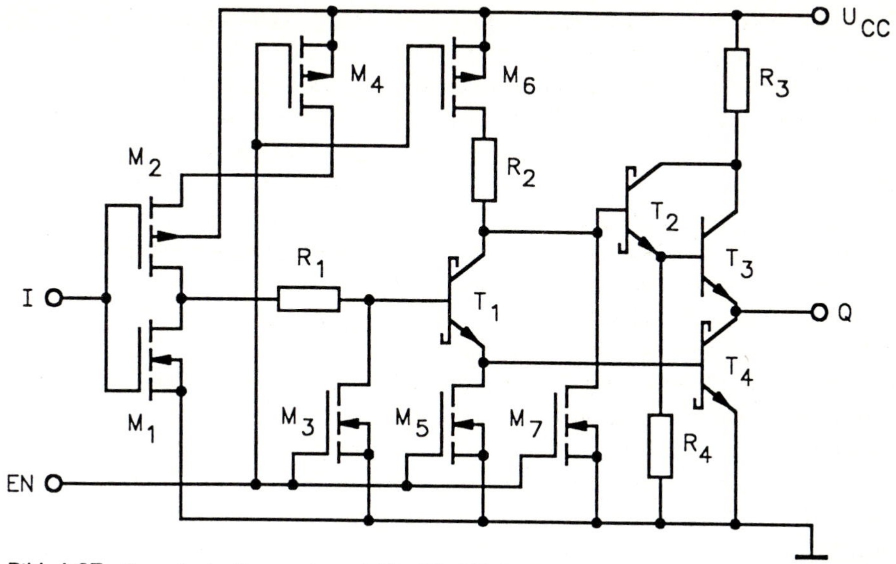

Bild 4.27. Grundschaltung eines TRI-STATE-BICMOS-Treibers

BICMOS-Treiberschaltungen haben häufig TRI-State-Ausgänge. Eine schematische Innenschaltung zeigt Bild 4.27. Am Eingang der Treiberschaltung sieht man den Standard-CMOS- Inverter mit M1 und M2 (hier ohne ESD-Schutzschaltung gezeichnet), gefolgt von einer Schottky-TTL-Schaltung mit T1 bis T4 und R1 bis R4. Die MOS-Transistoren M3 bis M7 sperren alle Transistoren des Treibers, wenn am Steuereingang EN ein H-Pegel anliegt.

Der Versorgungsstrom des Treibers ist bei TRI-State-Steuerung (EN = H) sehr gering und nur von der Größe der Sperrströme der Transistoren abhängig.

Typische Bausteine der Reihe 74 BCT xxx sind Treiber, Zweirichtungstreiber ("Transceiver") und Auffangregister. Zur Verbesserung des Schaltverhaltens gibt es Bausteine mit Ecken- und Mittenanschlüssen ("corner-pinning" und "center-pinning", vergleiche mit Abschnitt 4.5).

4.7 Galliumarsenid-MESFET-Logik

Für die Enwicklung von Höchstgeschwindigkeitsrechnern und zur digitalen Signalverarbeitung im Gigahertzbereich sind Siliziumschaltungen wegen der niedrigen Ladungsträgerbeweglichkeit ($\mu_P = 0{,}05\ m^2 \cdot V^{-1} \cdot s^{-1}$ für Löcher und $\mu_N = 0{,}14\ m^2 \cdot V^{-1} \cdot s^{-1}$ für Elektronen) nur bedingt geeignet. Die Verbindungshalbleiter aus der III-V-Gruppe zeigen deutlich höhere Beweglichkeiten, das Galliumarsenid läßt sich wegen seines hohen Bandabstandes auch bei Temperaturen über 200 °C einsetzen.

Die Elektronenbeweglichkeit liegt bei $0{,}85\ m^2 \cdot V^{-1} \cdot s^{-1}$ und somit um den Faktor 6 höher als bei Silizium. Die Beweglichkeit geht direkt in die Schaltgeschwindigkeit der Transistoren ein.

Bei der Herstellung von Transistoren aus GaAs gibt es einige technologische Schwierigkeiten, die den Einsatz bei Schaltungen verzögert haben. Erst durch die modernen Methoden der Silizium-Größtintegration (Molekularstrahlepitaxie, Herstellung dünner Schichten mit geringsten Verunreinigungen, Ionenimplantation zur Dotierung) wurde die Fertigung von GaAs-Schaltungen ermöglicht. Seit 1987 zeigen sich starke Zuwachsraten bei GaAs-Schaltungen. Folgende technologische Beschränkungen müssen berücksichtigt werden:

GaAs-Substratscheiben sind nur bis 125 mm Durchmesser verfügbar, die Defektdichte ist ca. um den Faktor 10 bis 100 höher als bei Silizium. Dadurch wird die Ausbeute kleiner sein als bei Silizium.

Der Preis pro Fläche ist bei GaAs höher als bei Silizium.

GaAs bildet kein eigenes (thermisches) Oxid. Durch Abscheidung von Silizium und Sauerstoff aus der Dampfphase können gute Oxide hergestellt werden. Diese Oxide lassen sich wegen mangelnder Reinheit aber nicht als Gateoxide verwenden, so daß Sperrschichtfeldeffekttransistoren mit Schottky-Gatekontakten hergestellt werden müssen. Dies wird auch im Namen MESFET ("MEtal Semiconductor FET") ausgedrückt.

Das Ausgangsmaterial ist N-leitend und wird durch Ionenimplantation selektiv umdotiert. Als Gatematerial werden Aluminium, Titan/Wolfram und Titan/Platin/Gold verwendet. Durch die Ionenimplantation können selbstleitende und selbstsperrende Transistoren vom Depletion- oder Enhancement-Typ hergestellt werden. Bild 4.28 zeigt das Schnittbild des selbstleitenden MESFET-Typs.

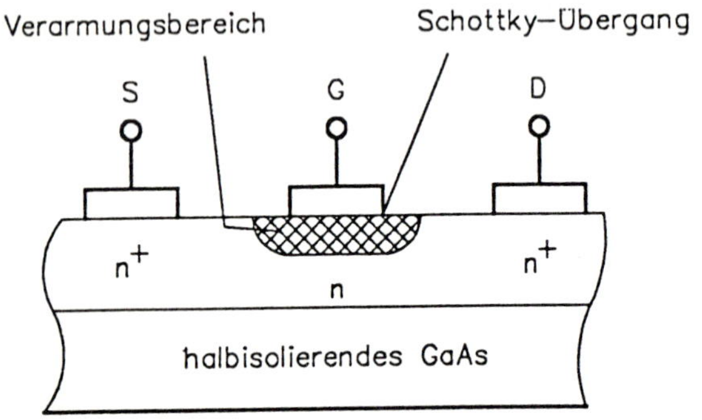

Bild 4.28. Schnittbild eines selbstleitenden GaAs-MESFETs

Bei den ersten Schaltungen mußte man aus technologischen Gründen ausschließlich selbstleitende MESFETs verwenden. Am Beispiel eines NOR-Gatters ist der Schaltungsaufwand gezeigt (Bild 4.29). Es werden 5 Transistoren und zwei Versorgungsspannungen benötigt. Zur Pegelanpassung sind die Transistoren M4 und M5 und die Schottkydioden D1 und D2 erforderlich [4.18]. Über Pegelanpaßstufen lassen sich direkt ECL-Schaltungen einbinden. Die Verlustleistung dieser NOR-Schaltung beträgt 1 bis 10 mW.

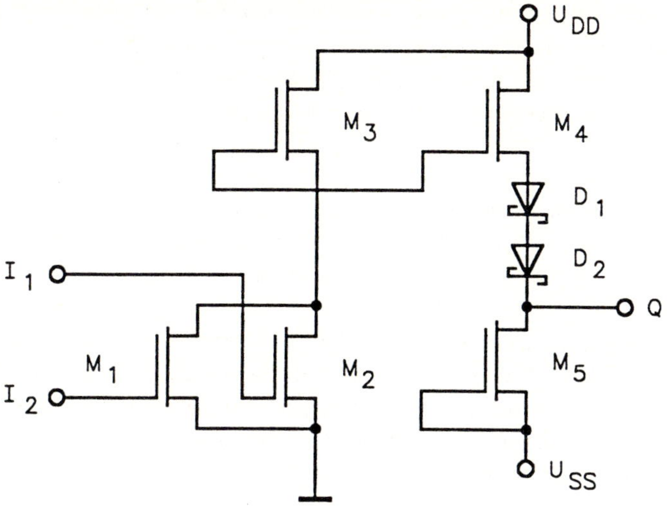

Bild 4.29. NOR-Gatter mit selbstleitenden MESFETs

Bei modernen Schaltungsentwürfen werden analog zur NMOS-Technik selbstsperrende MESFETs als Schalttransistoren und selbstleitende MESFETs als Lasttransistoren verwendet. Dadurch vereinfacht sich die Schaltung (Bild 4.30), es werden 2 selbstsperrende MESFETs als Schalttransistoren und ein selbstleitender MESFET als Lasttransistor bei einer Versorgungsspannung benötigt. Die Verlustleistung des NOR-Gatters reduziert sich auf 0,1 bis 0,25 mW.

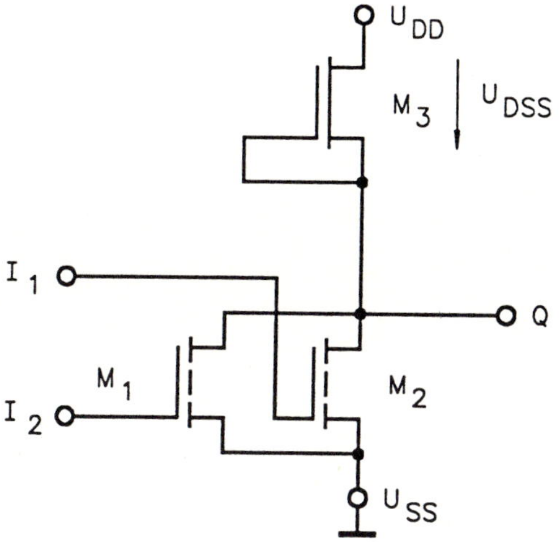

Bild 4.30. NOR-Gatter mit selbstsperrenden und selbstleitenden MESFETs

Die selbstsperrenden Transistoren zeigen im leitenden Zustand geringe Restspannungen $U_{DSON} \leq 100$ mV. Wenn diese Transistoren sperren, stellt sich am Lasttransistor eine Spannung (mit "shorted source gate") $U_{DSS} \approx 900$ mV ein. Bei $U_{DD} = 0$ V und $U_{SS} = -2$ V läßt sich diese Schaltung direkt mit ECL-Schaltungen ohne Pegelanpaßstufen verbinden.

Durch die Molekularstrahlepitaxie ist es möglich, auf Silizium-Substratscheiben selektiv GaAs abzuscheiden [4.19] und neben CMOS-Schaltungen schnelle GaAs-Schaltungen zu realisieren. Dabei wurden Gatterlaufzeiten von 570 ps bei Silizium und 70 ps bei GaAs gemessen.
MESFETS lassen sich mit Kanallängen von 1 µm herstellen. Bei einer Kanalbreite von 10 µm lassen sich ähnliche Integrationsdichten wie bei NMOS-Schaltungen erreichen. Die Integrationsdichte wird aber durch die hohe Verlustleistung pro Gatter, die bei hohen Schaltgeschwindigkeiten benötigt wird, begrenzt. Niedrigere Verlustleistungen führen zu niedrigeren Strömen, dadurch dauert natürlich die Umladung von Parasitärkapazitäten am Ausgang länger.
Besonderes Interesse zeigen die Hersteller bei schnellen RAMs, programmierbaren Logikschaltungen (PALs = "Programmable Array Logic") und Spezialprozessoren. Eine ECL-anschlußkompatible Logikreihe ist verfügbar.

5 Kippschaltungen und Speicher

Durch eine starke Mitkopplung von Verstärkerstufen erreicht man, daß sich das Ausgangssignal nur noch sprunghaft ändert. Die beiden Signalwerte, die sich dabei einstellen, werden binären Wertigkeiten ("0" oder "1" als Zustände bzw. LOW ("L") oder HIGH ("H") als Pegel) zugeordnet.

Diese sprunghafte Änderung, die auch als "Kippen" bezeichnet wird, ist abhängig von der Kippbedingung, für die es vier unterschiedliche Arten gibt: pegelgesteuert, zustandsgesteuert ohne stabile Lagen ("astabil"), zustandsgesteuert mit einer stabilen und einer metastabilen Lage ("monostabil") und zustandsgesteuert mit zwei stabilen Lagen ("bistabil").

Die pegelgesteuerte Kippstufe wird zur Impulsformung verwendet. Beim Überschreiten einer festgelegten Eingangsspannung U_{IE} ("Schwellwert") kippt die Schaltung von dem stabilen Zustand in den anderen und verharrt dort, bis die Eingangsspannung einen Schwellwert U_{IA} wieder unterschreitet.

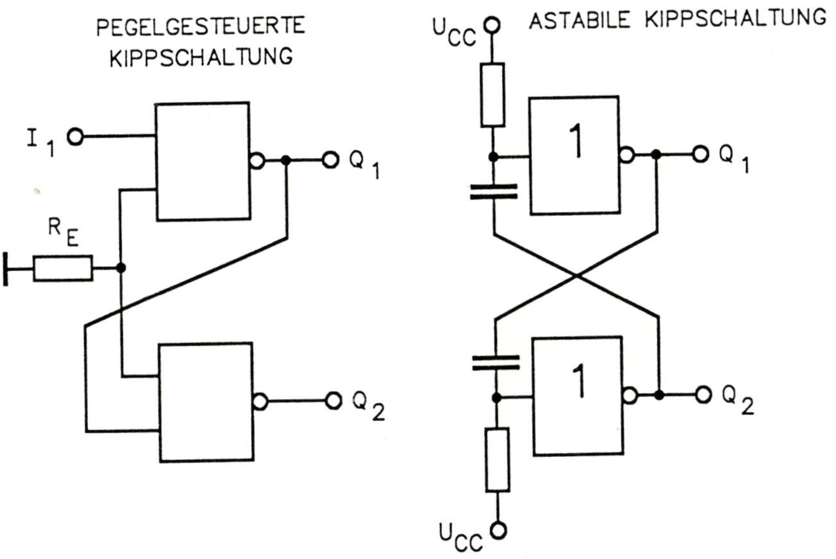

Bild 5.1. Pegelgesteuerte und astabile Kippschaltung

Eine Kippstufe mit einer festen Eingangsschwelle ($U_{IE} = U_{IA}$) wird als **Komparator** bezeichnet. Ist die Ausschaltschwellspannung U_{IA} kleiner als U_{IE}, heißt die Kippstufe **Schmitt-Trigger**.
Die Differenz der Einschalt- und Ausschaltschwellspannung wird als "Hysterese" bezeichnet.
Die astabile Kippstufe findet Verwendung als Rechteckspannungsgenerator ("Oszillator").
Zur Verzögerung von Impulsen eignet sich die monostabile Kippstufe, die durch einen "Trigger"-Impuls für eine vorgegebene Zeit den stabilen Zustand verläßt.
Bei einer bistabilen Kippstufe stellt sich durch die äußere Triggerung eine entsprechende stabile Lage ein. Dieses "Flipflop"-Verhalten wird bei allen sequentiellen Logikschaltungen und bei statischen Halbleiterspeichern genutzt (Bild 5.1 und Bild 5.2).

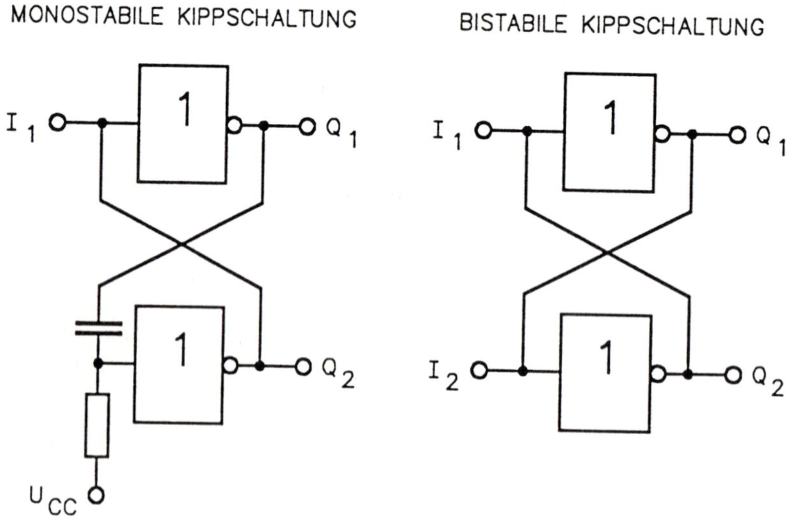

Bild 5.2. Monostabile und bistabile Kippschaltung

Für die Verstärkerstufen in Kippschaltungen verwendet man Transistorinverter, NAND- oder NOR-Gatter oder Operationsverstärker.
Zur Erklärung der Funktionsweise der Kippschaltungen ist der Einsatz von Operationsverstärkern besonders geeignet, wenn man von einem idealen Verhalten ausgeht. Dies führt auch zu einer einfachen Schaltungsberechnung. Die Kennwerte der Kippschaltungen lassen sich mit relativ hoher Genauigkeit bestimmen.

5.1 Operationsverstärker als nichtlineares Schaltelement

Ein Operationsverstärker (Abkürzung: "OP-Verstärker", "OPV" oder "OPAmp") besteht aus einem Eingangsdifferenzverstärker mit hochohmigem Eingangswiderstand und einer niederohmigen Ausgangsstufe.

Bei einem idealen Verhalten geht man von einem unendlich hohen Eingangswiderstand, einer unendlich hohen Differenzverstärkung bei unendlicher Bandbreite und einem Ausgangswiderstand, der gegen null strebt, aus. Reale OP-Verstärker zeigen dieses Verhalten natürlich nicht. Durch geschickte Wahl der äußeren Beschaltung und durch Einengung des Betriebsfrequenzbereiches kann man in vielen Fällen die Beziehungen, die für ideale OP-Verstärker gelten, auch bei realen OP-Verstärkern anwenden.

5.1.1 Funktion und Kenngrößen

In diesem Abschnitt soll auf die Schaltungstechnik nicht eingegangen werden. Details sind [5.1 bis 5.4] zu entnehmen.

Operationsverstärker bestehen im allgemeinen aus zwei oder mehreren hintereinandergeschalteten Differenzverstärkern, einer Koppelstufe (zur Erzeugung gegenphasiger Signale) und einem Ausgangsverstärker (z.B. in Gegentakt-AB-Technik). Die erste Differenzverstärkerstufe sorgt für eine hohe Verstärkung und für einen großen Eingangswiderstand. Um große Eingangswiderstände im Giga- und Tera-Ohmbereich zu erreichen, werden Feldeffekttransistoren verwendet (MOS und Sperrschicht-FET). Durch den Aufbau des Verstärkers wird ein Differenzeingangssignal U_d in ein massebezogenes Ausgangssignal U_o mit der Verstärkung

$$A_o = \frac{U_o}{U_d} \qquad (5.1)$$

überführt (Bild 5.3). Diese "offene Spannungsverstärkung", auch "Leerlaufverstärkung" genannt ("open loop voltage gain", "amplification"), liegt bei realen OP-Verstärkern zwischen 50000 und 500000, entsprechend 94 dB bis 114 dB.

Je größer diese Verstärkung ist, um so kleiner muß U_d sein, damit das Ausgangssignal U_o im linearen Aussteuerbereich liegt. Die maximale Aussteuerung ist durch die Betriebsspannung begrenzt.

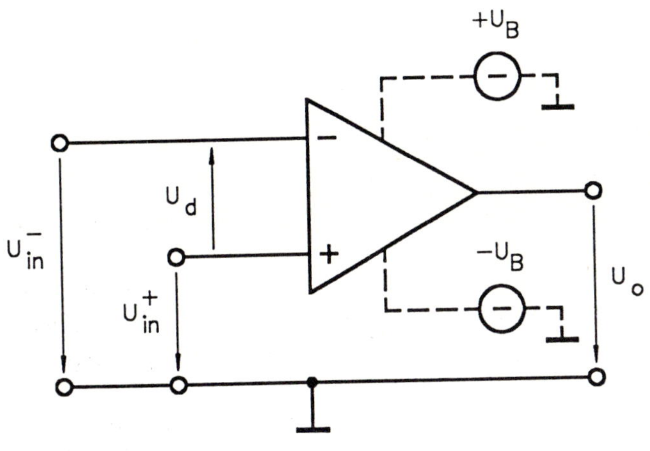

Bild 5.3. Schaltsymbol des Operationsverstärkers

Durch die großen Eingangswiderstände R_{in} ergeben sich sehr niedrige Eingangsströme

$$I_{in} = \frac{U_d}{R_{in}} \qquad (5.2)$$

im Femto- bis Nanoamperebereich.

Die Ausgangsquellspannung U_o läßt sich nur im unbelasteten Fall am Ausgang abgreifen. Durch den endlichen Ausgangswiderstand R_{out} steht am Ausgang bei Belastung die Spannung

$$U_{out} = U_d \cdot A_o - R_{out} \cdot I_{out} \qquad (5.3)$$

zur Verfügung. Das Ersatzschaltbild eines realen Operationsverstärkers ist aus Bild 5.4 zu ersehen. Der Eingang mit dem Pluszeichen im Symbol heißt "nichtinvertierender" Eingang, der andere mit dem Minuszeichen entsprechend "invertierender" Eingang.

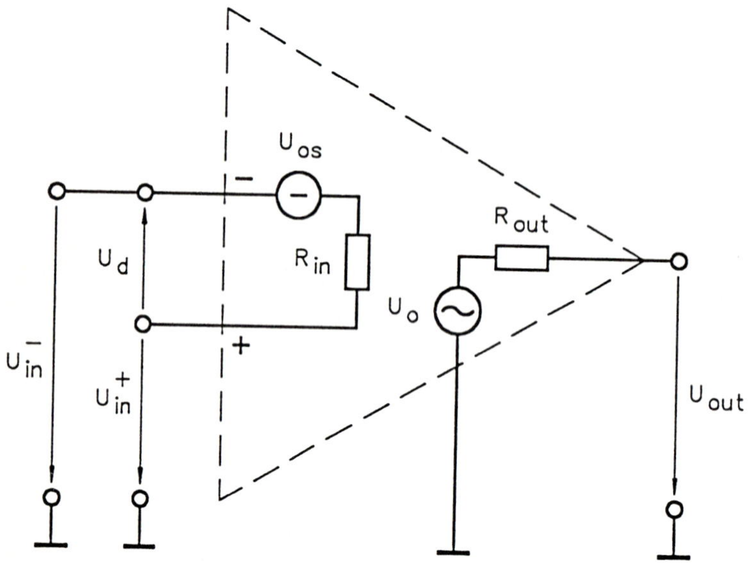

Bild 5.4. Ersatzschaltbild des realen OP-Verstärkers

Die Beziehung (5.3) gilt natürlich nur für den linearen Aussteuerbereich zwischen U_{outmax} und U_{outmin} (Bild 5.5).
Durch Schaltungsunsymmetrien im OP-Verstärker ist es möglich, daß sich bei einer Eingangsdifferenzspannung U_d = 0 V eine merkliche Ausgangsspannung U_{out} einstellt. Dieses Fehlverhalten wird durch die Kenngrößen Eingangsfehlspannung und Gleichtaktspannung charakterisiert.
Die Eingangsfehlspannung U_{os} ("input offset voltage") ist eine Kompensationsspannung, die am Eingang eines Operationsverstärkers aufgebracht werden muß, damit sich am Ausgang wieder U_{out} = 0 V einstellt.

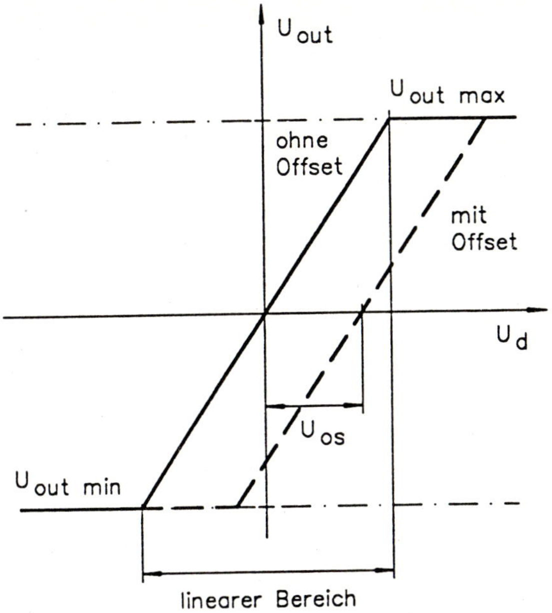

Bild 5.5. Übertragungskennlinie des unbeschalteten realen OP-Verstärkers

Speist man eine Spannung U_{cm} zwischen Masse und den Eingängen U_p und U_n ein (somit ist $U_d = 0$ V), so zeigt sich bei realen OP-Verstärkern eine merkliche Ausgangsspannung. Bei einer derartigen "Gleichtakt"-Aussteuerung ("common mode") muß die Gleichtaktverstärkung

$$A_{cm} = \frac{U_o}{U_{cm}} \qquad (5.4)$$

sehr klein sein. Als Gütekriterium geben die Hersteller die Gleichtaktunterdrückung ("common mode rejection ratio")

$$CMRR = \frac{A_o}{A_{cm}} \qquad (5.5)$$

an. Dieser Wert sollte möglichst groß sein. Die Gleichtaktunterdrückung wird in dB angegeben.

Operationsverstärker werden über externe Bauelemente rückgekoppelt, dies kann zu Schwingungen der Schaltung führen. Man verhindert dies durch eine interne oder externe Tiefpaßbeschaltung des OP-Verstärkers, die als "Frequenzkompensation" bezeichnet wird. Die Ausgangsspannung folgt somit verzögert der Eingangsspannung, die Leerlaufspannungsverstärkung A_o stellt sich nur bei Gleichspannung und Niederfrequenz bis 100 Hz ein. Benötigt man Operationsverstärker, die auch bei höheren Frequenzen eine ausreichende Leerlaufverstärkung aufweisen, muß man auf sogenannte "Video-OP-Verstärker" zurückgreifen.

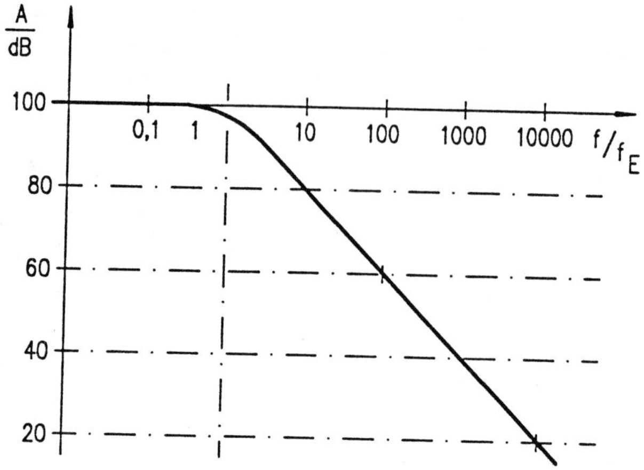

Bild 5.6. Bodediagramm des unbeschalteten realen OP-Verstärkers

Die Hersteller von OP-Verstärkern wählen Frequenzkompensationsnetzwerke, die für einen Abfall der Leerlaufverstärkung von 20 dB pro Frequenz-Dekade sorgen. Im Frequenzgangdiagramm ("Bode-Diagramm" siehe Bild 5.6) gibt es zwei weitere charakteristische Punkte, dies sind der 3 dB-Abfall von der Leerlaufverstärkung bei Gleichspannung ("3 dB bandwidth") mit der zugehörigen "Eckfrequenz" f_E und die Transit- oder Einsverstärkungs-

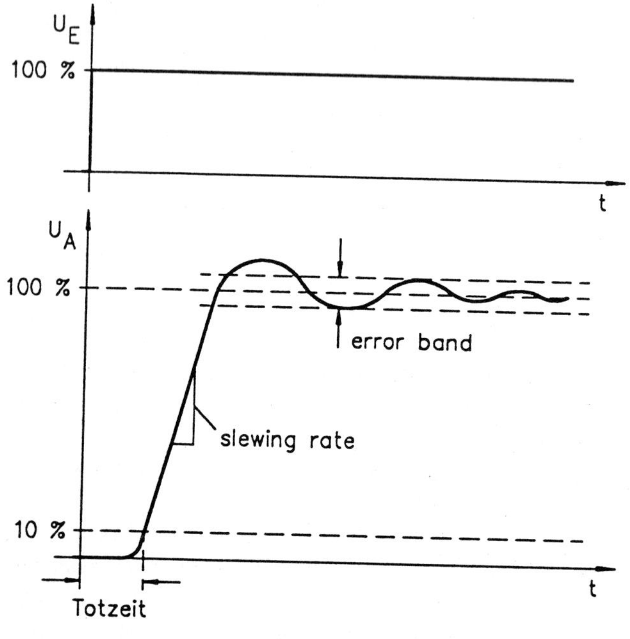

Bild 5.7. Sprungantwort eines realen Operationsverstärkers

frequenz f_T ("unity gain frequency"). Im Bereich des 20 dB- Abfalles läßt sich der OP-Verstärker durch das Bandbreiten-Verstärkungsprodukt beschreiben: $f \cdot A(f) = f_T \cdot 1 = f_T$.

Durch die Frequenzkompensation und durch parasitäre Kapazitäten zeigt sich bei sprungförmiger Eingangsaussteuerung eine begrenzte Flankensteilheit der Ausgangsspannung. Diese Flankensteilheit ("slewing rate") liegt bei Standard-OP-Verstärkern zwischen 0,5 V/µs und 20 V/µs. Breitband- oder Video-OP-Verstärker zeigen Werte bis 5000 V/µs = 5 V/ns. Durch das dynamische Verhalten rückgekoppelter OP-Verstärker und durch parasitäre Induktivitäten und Kapazitäten steht das Ausgangssignal erst nach einer Zeitverzögerung ("Totzeit") und einer gedämpften Überschwingung ("overshoot") zur Verfügung. Ein zulässiges Überschwingung ("error band") wird durch ein Toleranzband vorgegeben (Bild 5.7).
Eine Zusammenfassung wichtiger Daten ist aus Tabelle 5.1. zu ersehen.

Tabelle 5.1. Daten von Operationsverstärkern

	ideal	µA 741	LF 356	NE 5539
Leerlaufverstärkung	∞	106 dB	106 dB	52 dB
Gleichtaktunterdrückung	∞	90 dB	100 dB	80 dB
Eingangswiderstand	∞	2 MΩ	1 TΩ	0,1 MΩ
Eingangsfehlspannung (Offset)	0	6 mV	2 mV	2,5 mV
Offsetdrift	0	15 µV/K	3 µV/K	5 µV/K
Eingangsstrom	0	500 nA	30 pA	5 µA
Einsverstärkungsfrequenz	∞	1,5 MHz	4,5 MHz	1200 MHz
Flankensteilheit	∞	0,6 V/µs	12 V/µs	600 V/µs
Ausgangswiderstand	0	75 Ω	30 Ω	10 Ω
Bemerkungen		Standard	FET-Eingang	Video-OPV

Geht man bei der Dimensionierung von OP-Verstärkerschaltungen von idealisierten Bedingungen aus, d.h. von großer Leerlaufverstärkung, hohem Eingangswiderstand R_{in}, einem kleinen Ausgangswiderstand R_{out} und äußeren Beschaltungswiderständen, die sehr viel hochohmiger als R_{out}, aber sehr viel niederohmiger als R_{in} sind, so lassen sich sehr einfache Beziehungen angeben, die nur die äußeren Beschaltungselemente beinhalten.
Die wichtigsten Grundschaltungen sind der invertierende und der nichtinvertierende Verstärker (Bild 5.8 und 5.9).
Eine Abwandlung des nichtinvertierenden Verstärkers ist der Impedanzwandler (Bild 5.10), mit dem niederohmige Lasten an hochohmige Quellen oder an Kapazitäten geschaltet werden können.
Die Grundrechenoperationen Addition und Subtraktion lassen sich mit den Schaltungen von Bild 5.11 und 5.12 ausführen.

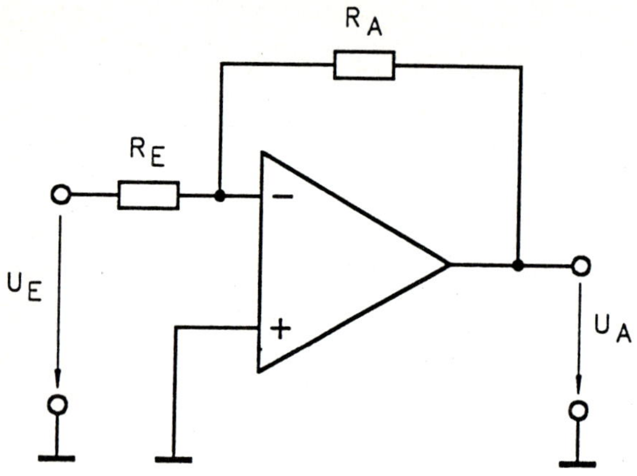

Bild 5.8. Invertierender OP-Verstärker

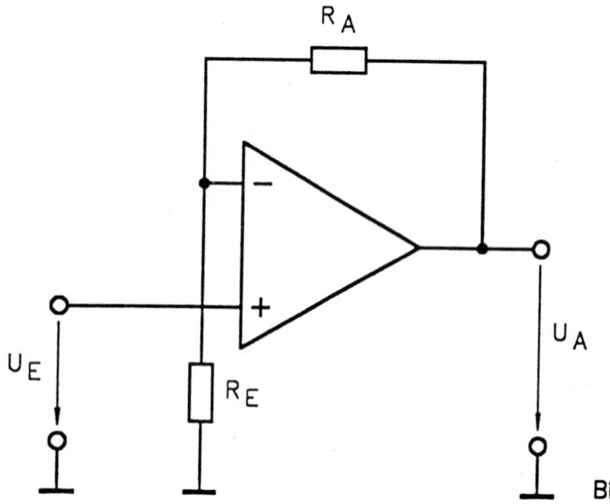

Bild 5.9. Nichtinvertierender OP-Verstärker

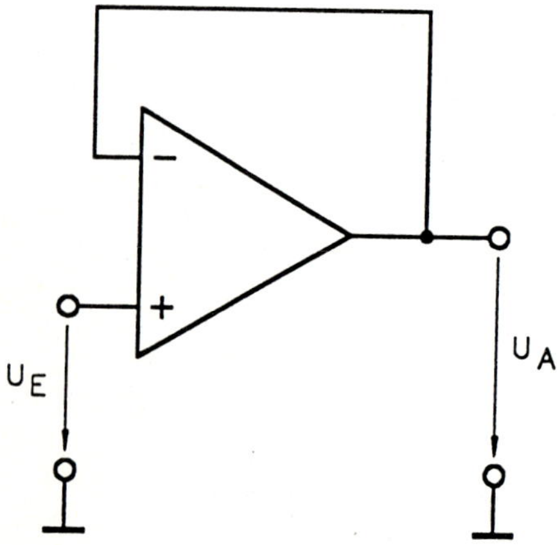

Bild 5.10. Nichtinvertierender Einsverstärker (Impedanzwandler)

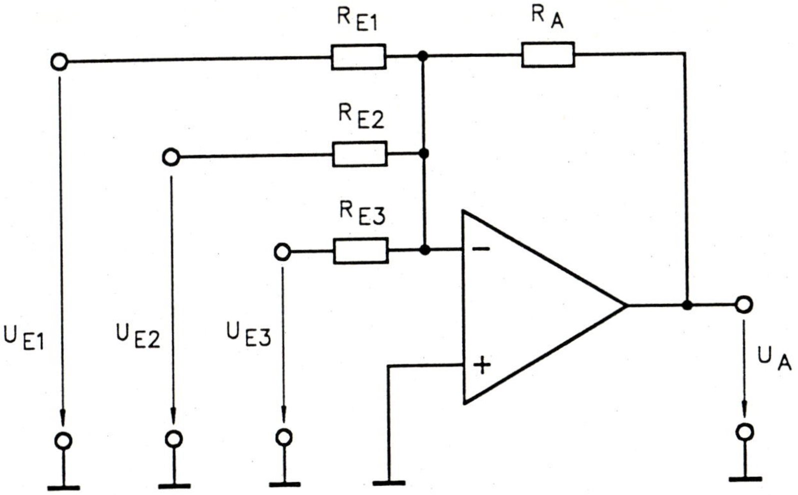

Bild 5.11. Summierer

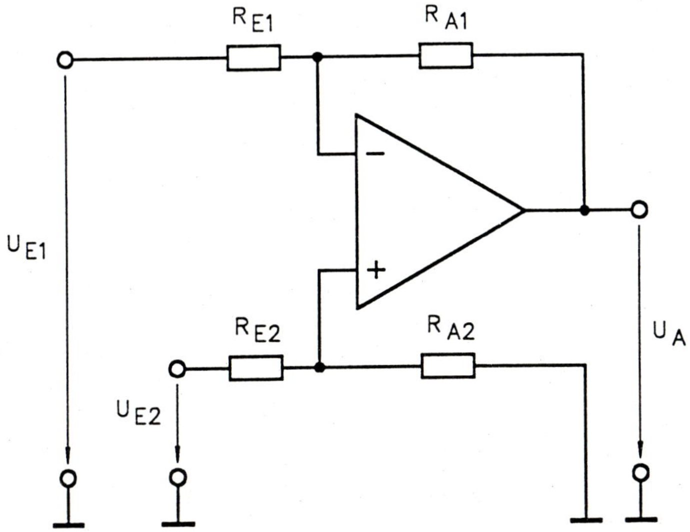

Bild 5.12. Differenzverstärker

Es gelten die folgenden einfachen Beziehungen für den:

invertierenden Verstärker: $\frac{U_A}{U_E} = -\frac{R_A}{R_E}$, (5.6)

nichtinvertierenden Verstärker: $\frac{U_A}{U_E} = 1 + \frac{R_A}{R_E}$, (5.7)

Impedanzwandler: $$\frac{U_A}{U_E} = 1, \qquad (5.8)$$

Summierer: $$U_A = -R_A \cdot \left(\frac{U_{E1}}{R_{E1}} + \frac{U_{E2}}{R_{E2}} + \frac{U_{E3}}{R_{E3}} \right) \qquad (5.9a)$$

mit $R_E = R_{E1} = R_{E2} = R_{E3}$: $$U_A = -\frac{R_A}{R_E} \cdot (U_{E1} + U_{E2} + U_{E3}) \qquad (5.9b)$$

Differenzverstärker: $$U_A = \frac{R_{A2}}{R_{E2}+R_{A2}} \cdot \frac{R_{E1}+R_{A1}}{R_{E1}} \cdot U_{E2} - \frac{R_{A1}}{R_{E1}} \cdot U_{E1} \qquad (5.10a)$$

mit $R_E = R_{E1} = R_{E2}$
und $R_A = R_{A1} = R_{A2}$: $$U_A = \frac{R_A}{R_E} \cdot (U_{E2} - U_{E1}) \qquad (5.10b)$$

Für die Berechnung des realen Verhaltens von OP-Verstärkern mit äußerer Beschaltung sollte man auf SPICE-Simulationen mit Makromodell-Darstellung zurückgreifen. Für die gebräuchlichen OP-Verstärker sind diese Modelle veröffentlicht [5.5, 5.6].

5.2 Pegelgesteuerte Kippschaltungen

Pegelgesteuerte Kippstufen vergleichen eine Eingangsspannung mit einer Referenzschwellspannung. Schaltet eine Kippstufe beim Überschreiten einer Schwelle ein und beim Unterschreiten auch wieder aus, so heißt diese Schaltung Komparator. Diese Funktion läßt sich mit einem Operationsverstärker realisieren, wenn man den invertierenden Eingang auf eine Referenzspannungsquelle legt und den nichtinvertierenden auf den Eingang der Kippstufe. Nachteile dieser Schaltung sind

a) das langsame Schaltverhalten, bedingt durch eine Übersteuerung am Eingang, wenn hohe Pegelunterschiede zwischen den Eingängen auftreten,
b) die niedrige Flankensteilheit bei Standard-OP-Verstärkern und
c) die OP-Verstärkerendstufe, die im allgemeinen keine Logikpegel zur Verfügung stellt.

5.2.1 Komparatoren

Diese Nachteile werden vermieden, wenn man die Schaltung niederohmig, mit begrenzter Leerlaufverstärkung und mit einer Logikendstufe (TTL, ECL oder CMOS) aufbaut. Durch die begrenzte Leerlaufverstärkung wird ein Kompensationsnetzwerk zur Schwingunterdrükkung überflüssig. Durch schaltungstechnische Maßnahmen wird eine starke Übersteuerung der Eingangsstufe vermieden. Die Hersteller von Komparatoren charakterisieren diese Schaltungen durch die Anstiegszeit des Ausgangssignales bei sprunghafter Übersteuerung am Eingang ("input overdrive") und durch die Verzögerungszeit ("propagation delay time") (Bild 5.13 für LM 319).

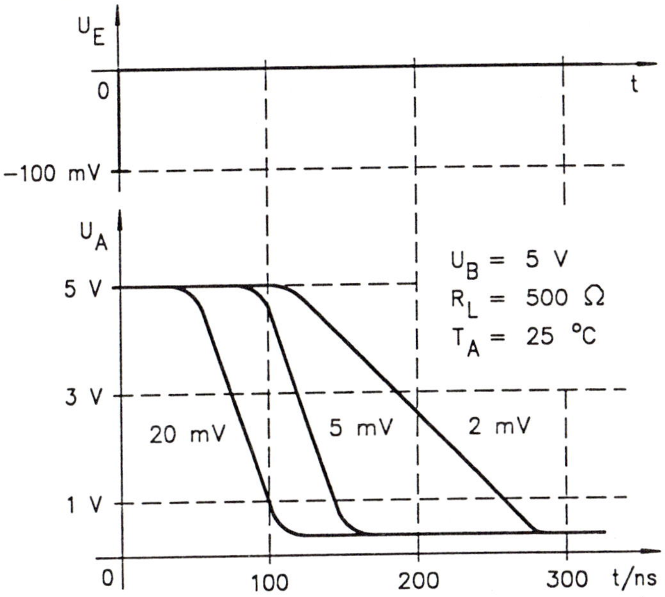

Bild 5.13. Ausgangssignal des Komparators LM 319 bei sprunghafter Übersteuerung am Eingang

Der Komparator schaltet schon bei sehr geringen Abweichungen von der Referenzschwellspannung, bedingt durch die relativ hohe Leerlaufverstärkung. Komparatoren wie LM 311 oder LM 319 weisen Leerlaufverstärkungen $A_o > 200000$ auf. Dies hat zur Folge, daß kleinste Änderungen oder Störungen auf dem Eingangssignal zum Kippen der Schaltung führen.

5.2.2 Schmitt-Trigger

Zur Vermeidung hoher Kippempfindlichkeiten bei pegelgesteuerten Kippstufen werden zwei Schaltschwellen benötigt. Die Differenz aus Einschaltschwelle U_{IE} und Ausschaltschwelle U_{IA} wird als Hysterese U_H bezeichnet (Bild 5.14).
Derartige Schaltungen werden als Schmitt-Trigger bezeichnet. Die Funktionsweise des Schmitt-Triggers zur Regeneration einer gestörten Pulsfolge ist aus Bild 5.15 zu ersehen. Die Hysterese bei Schmitt-Trigger-Schaltungen wird durch eine Mitkopplung vom Ausgang zum Eingang der Kippstufe erzeugt.
Die Schaltungstechnik ist stark abhängig von der Technologie der Bauelemente. Schmitt-Trigger, die aus diskreten Bipolartransistoren oder in TTL-Technik aufgebaut sind, haben eine Differenzverstärker-Struktur und erzeugen die Mitkopplung über einen Spannungsteiler aus R_1 und R_2 und dem gemeinsamen Emitter-Widerstand R_E, wie aus Bild 5.16 zu ersehen und in [5.7] ausführlich beschrieben ist.
Ein ähnliche Schaltung läßt sich bei einem über zwei Widerstände mitgekoppelten OP-Verstärker anwenden. Durch Anlegen einer Referenzspannung können der Einschalt- und

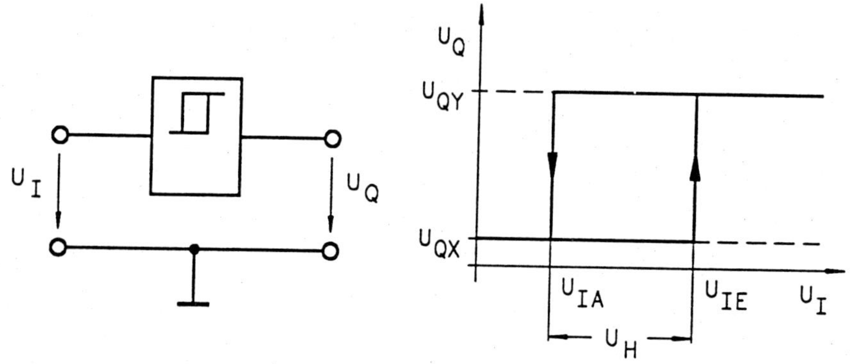

Bild 5.14. Symbol und Ubertragungskennlinie des Schmitt-Triggers

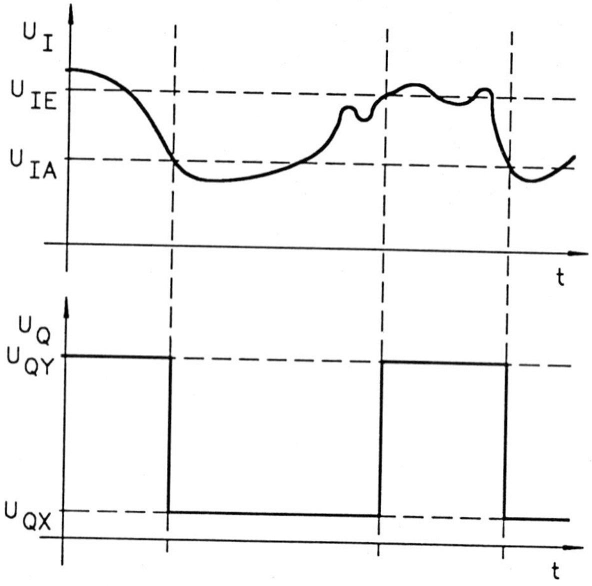

Bild 5.15. Funktionsweise des Schmitt-Triggers

Ausschaltschwellwert eingestellt werden. Die beiden möglichen Varianten unterscheiden sich durch das Ausgangsspannungsverhalten. Die Schaltung nach Bild 5.17 zeigt einen invertierenden Schmitt-Trigger mit idealisiertem OP-Verstärker und Bild 5.18 einen entsprechenden nichtinvertierenden Schmitt-Trigger.

Ausgehend von einem Kippverhalten bei $U_D \approx 0$ V ($A_o \rightarrow \infty$) ergeben sich folgende Schaltspannungen unter Berücksichtigung der auftretenden Sättigungsausgangsspannungen U_{Amax} und U_{Amin}.

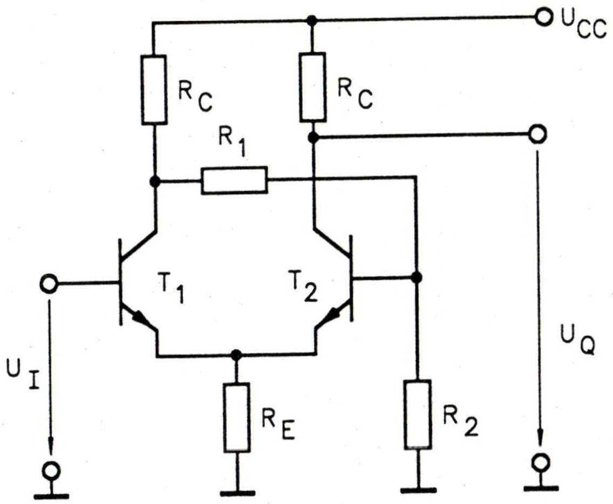

Bild 5.16. Schmitt-Trigger mit Bipolartransistoren

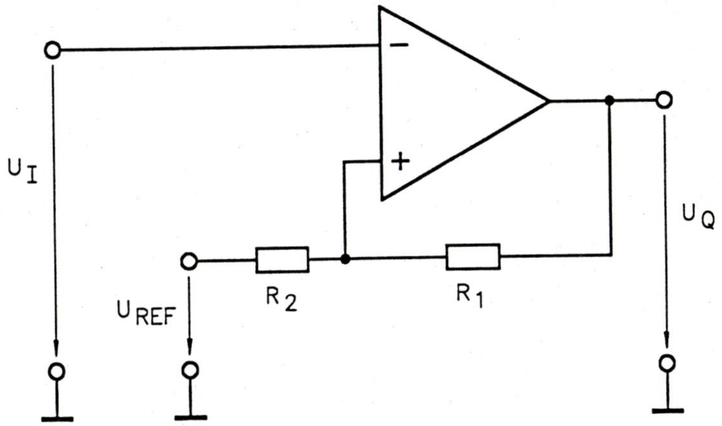

Bild 5.17. Invertierender Schmitt-Trigger

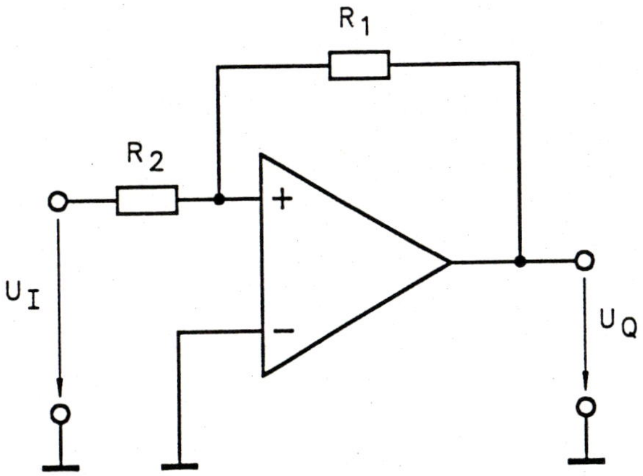

Bild 5.18. Nichtinvertierender Schmitt-Trigger mit einem Operationsverstärker

Tabelle 5.2. Schaltspannungen des invertierenden Schmitt-Triggers

Schaltspannung	$U_{Ref} \neq 0$	$U_{Ref} = 0$	
U_{IE}	$U_{Ref} + (U_{Amax} - U_{Ref}) \cdot \frac{R_1}{R_1 + R_2}$	$U_{Amax} \cdot \frac{R_1}{R_1 + R_2}$	(5.11)
U_{IA}	$U_{Ref} + (U_{Amin} - U_{Ref}) \cdot \frac{R_1}{R_1 + R_2}$	$U_{Amin} \cdot \frac{R_1}{R_1 + R_2}$	(5.12)
$U_H = U_{IE} - U_{IA}$	$(U_{Amax} - U_{Amin}) \cdot \frac{R_1}{R_1 + R_2}$		(5.13)

Tabelle 5.3. Schaltspannungen des nichtinvertierenden Schmitt-Triggers

Schaltspannung	$U_{Ref} \neq 0$	$U_{Ref} = 0$	
U_{IE}	$U_{Ref} \cdot \frac{R_1 + R_2}{R_2} - U_{Amin} \cdot \frac{R_1}{R_2}$	$-U_{Amin} \cdot \frac{R_1}{R_2}$	(5.14)
U_{IA}	$U_{Ref} \cdot \frac{R_1 + R_2}{R_2} - U_{Amax} \cdot \frac{R_1}{R_2}$	$-U_{Amax} \cdot \frac{R_1}{R_2}$	(5.15)
$U_H = U_{IE} - U_{IA}$	$(U_{Amax} - U_{Amin}) \cdot \frac{R_1}{R_2}$		(5.16)

Bei Schmitt-Triggern in MOS-Technik wird die Mitkopplung innerhalb einer integrierten Schaltung über einen Transistor hergestellt. Bei Standard-Logikschaltungen, die als nichtinvertierende Treiber oder als zwei Inverter hintereinandergeschaltet sind, läßt sich die Mitkopplung mit zwei Widerständen realisieren. Diese Schaltung ist eine Variante des nichtinvertierenden OP-Verstärker-Schmitt-Triggers. Die Beziehungen (5.14) bis (5.16) gelten hier näherungsweise.
Bei der Integration einer Schmitt-Trigger-Schaltung wird in NMOS-Technik eine Basiszelle nach Bild 5.19, bestehend aus vier Transistoren, gewählt ([5.8 und 5.9]). In der CMOS-Technik werden sechs Transistoren benötigt. Das Prinzip der Schaltung wird der Einfachheit halber am Beispiel des NMOS- Schmitt- Triggers erklärt. CMOS-Schaltungen weisen zusätzlich einen schwellwertabhängigen Lastkreis auf. Dadurch ergeben sich steilere Überhänge im Hystereverhalten der Übertragungskennlinie (Bild 5.19 und 5.20).

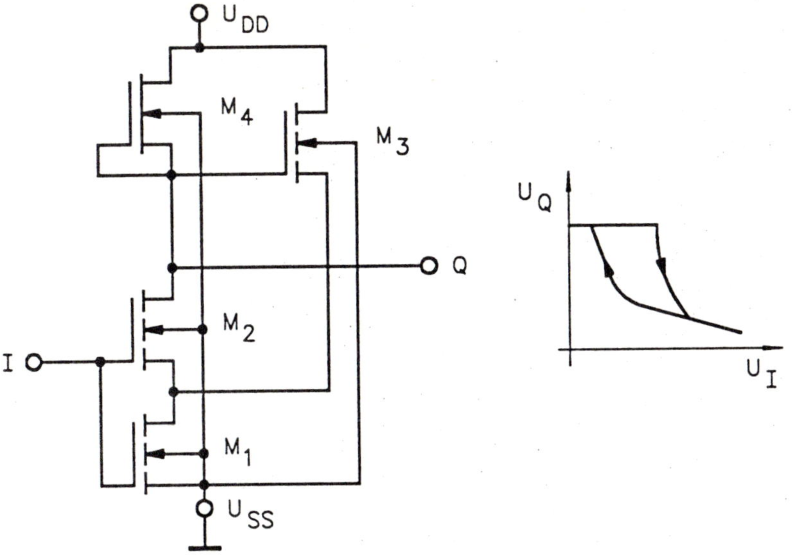

Bild 5.19. CMOS-Schmitt-Trigger mit Übertragungskennlinie

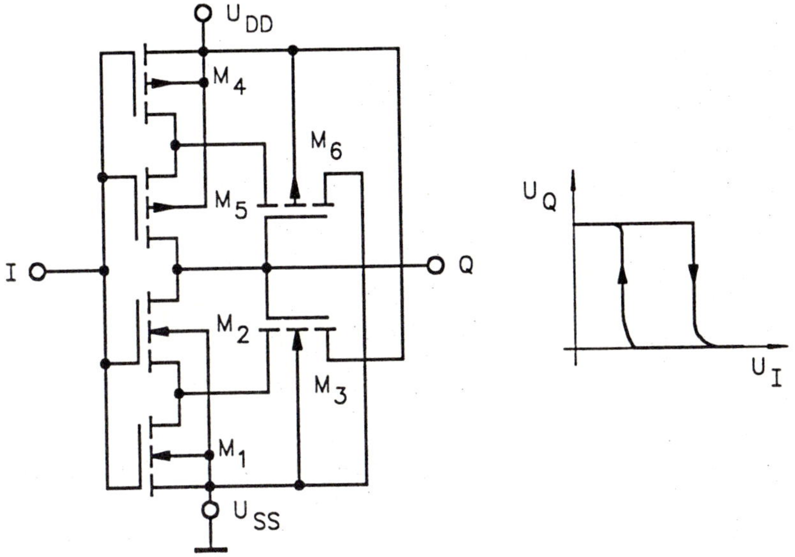

Bild 5.20. NMOS-Schmitt-Trigger mit Übertragungskennlinie

Solange die Eingangsspannung am Schmitt-Trigger unter dem Schwellwert U_{IE} liegt, führt der Ausgang Q einen H-Pegel (U_Q entspricht U_{DD}, siehe Abschn. 3.6). Der Ausgang Q wechselt von H nach L, wenn die beiden Transistoren M1 und M2 leitend werden. Ausgehend von gleichartigen Transistoren ergeben sich durch die unterschiedlichen Source/Bulk-Potentiale auch unterschiedliche Schwellspannungen U_{TH}. Dadurch leitet der Transistor M1 bei ansteigender Eingangsspannung als erster, weil bei M2 das Source-Potential höher liegt und somit die zum Durchschalten benötigte Gatespannung auch größer ist. Durch das Einschalten von M1 führt auch M3 einen Drainstrom. Die Drain-Source-Spannung U_{DS1} vom Transistor M1 sinkt in Abhängigkeit von den Breiten/Längenverhältnissen $\beta = W/L$ der beiden Transistorkanäle.
Ausgehend von der Triggerschwelle

$$U_{IE} = U_{TH2} + U_{DS1} \qquad (5.17)$$

mit der Drain-Source-Spannung

$$U_{DS1} = U_{GS1} - U_{TH2} \qquad (5.18)$$

ergibt sich für M1 an der Grenze des Sättigungsbereiches ein Drainstrom

$$I_{D1} = \frac{\beta_1}{2} \cdot (U_{IE} - U_{TH1})^2 \, . \qquad (5.19)$$

Der Transistor M3 ist gesättigt. Für den Drainstrom folgt

$$I_{D3} = \frac{\beta_3}{2} \cdot (U_{DD} - U_{DS1} - U_{TH3})^2 \qquad (5.20)$$

Vernachlässigt man die Substrateffekte, so ergibt sich $U_{TH1} = U_{TH2} = U_{TH3} = U_{TH}$.
Mit $I_{D1} = I_{D3}$ folgt

$$U_{IE} = \frac{U_{DD} + U_{TH} \cdot \sqrt{\frac{\beta_3}{\beta_1}}}{1 + \sqrt{\frac{\beta_3}{\beta_1}}} \qquad (5.21)$$

als Einschaltschwelle.
Der Wert von U_{IE} läßt sich durch Veränderung der Kanallängen und -breiten der Transistoren M1 und M3 einstellen. Die Spannungen U_{DD} und U_{TH} liegen fest.
Nach Erreichen der Einschaltschwelle beginnt der Transistor M2 zu leiten, als Folge muß der Transistor M3 sperren, da U_{DS2} kleiner als U_{GS3} wird. Wird die Eingangsspannung auf einen kleineren Wert als U_{IE} abgesenkt, so bleibt der Transistor M3 gesperrt.
Die Situation ändert sich schlagartig, wenn die Eingangsspannung unter die Schwellspannung des Transistors M2 sinkt. Die Transistoren M2 und M3 sperren. Die Schaltung verhält sich wie ein NAND-Gatter mit $U_{IA} = U_{TH2}$.
Bei der CMOS-Schmitt-Trigger-Schaltung wird der Lasttransistor M4 durch eine Komplementär-Transistorstruktur ersetzt. Diese Schaltung findet man bei den Schaltkreisen HEF 40106 und 74 HC 14.
Im Abschnitt 8.2 sind SPICE-Daten für eine CMOS-Schmitt-Trigger-Simulation zu finden.

5.3 Astabile Kippschaltungen

5.3.1 Astabile Kippschaltung mit Schmitt-Trigger

Man kann auf einfache Art eine astabile Kippschaltung aufbauen, wenn man bei einem invertierenden Schmitt-Trigger eine RC-Rückkopplung vom Ausgang zum Eingang herstellt. Der Schmitt-Trigger kann mit Hilfe eines OP-Verstärkers, aus diskreten Transistoren oder mit einer integrierten Schaltung aufgebaut werden. Aus den Eingangsschwellwerten und den Pegeln für die Zustände Low und High können die Frequenz und der Tastgrad berechnet werden. Die Berechnung der Schaltung für Bild 5.21 ist besonders einfach, wenn der Eingangswiderstand sehr groß und der Ausgangswiderstand sehr klein im Verhältnis zum frequenzbestimmmenden Widerstand R sind. Treffen diese Annahmen nicht zu, so müssen die Eingangs- und Ausgangswiderstände mit in die Berechnung einbezogen werden. Dabei ist zu beachten, daß diese Widerstände häufig pegelabhängig sind. In den Abschnitten 3.7 und 5.3.2 werden einfache Ersatzschaltbilder für die Berechnung von Kippstufen aufgezeigt, die auch für die astabile Kippstufe mit Schmitt-Trigger anwendbar sind.

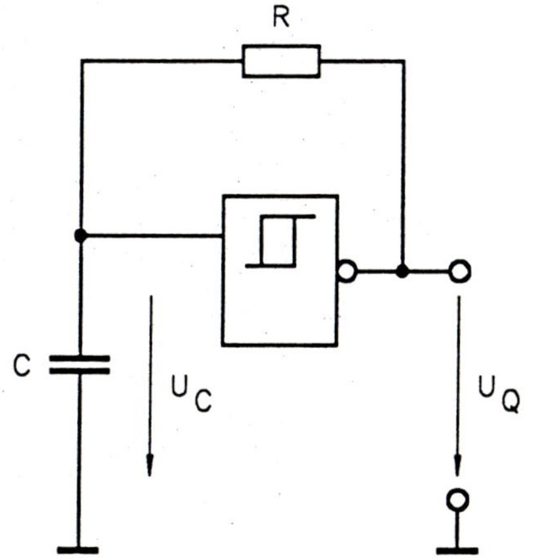

Bild 5.21. Astabile Kippschaltung mit invertierendem Schmitt-Trigger

Bei dieser Schaltung wird der Kondensator C über den Widerstand R ständig umgeladen. Beim Einschalten ist der Kondensator C entladen und die Eingangsspannung des Schmitt-Triggers gleich null. Am Ausgang des invertierenden Schmitt-Triggers stellt sich ein H-Pegel U_{QH} ein. Bei CMOS-Schaltungen entspricht U_{QH} näherungsweise der Betriebsspannung U_{DD}. Die typische Ausgangsspannung bei TTL-Schaltungen liegt bei U_{QH} = 3,4 V. Im ungünstigsten Fall ("worst case") darf U_{QHmin} = 2,4 V sein; dies ist bei der Schaltungsberechnung zu berücksichtigen.
Die mit der Zeitkonstante $\tau = R \cdot C$ ansteigende Kondensatorspannung strebt gegen U_{QH}. Der Ladevorgang wird nach Erreichen des Einschaltschwellspannung U_{IE} beendet, da U_Q auf den Wert U_{QL} springt (U_{QL} bei CMOS ist näherungsweise 0 V, bei TTL 0 V bis 0,4 V).

Der Kondensator C wird nun über R entladen bis die untere Schwelle zum Ausschalten erreicht wird. Der Ausgang U_Q springt wieder auf U_{QH}, eine Schwingung mit stationären Eckwerten ($U_{Cmin} = U_{IA}$ und $U_{Cmax} = U_{IE}$) stellt sich ein.
Die Schwingfrequenz läßt sich für die in Bild 5.22 markierten Bereiche (α, β und γ) ermitteln.

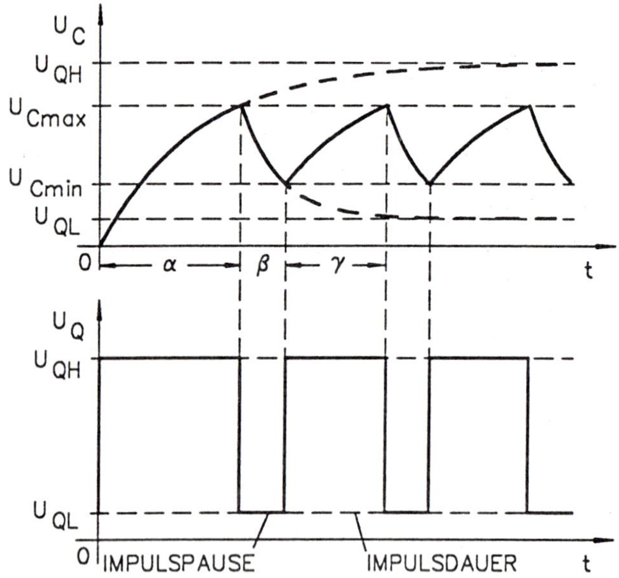

Bild 5.22. Spannungsverläufe einer astabilen Kippschaltung mit Schmitt-Trigger

Für den Bereich α gilt:

$$U_C(t) = U_{QH} + (U_{QL} - U_{QH}) \cdot \exp (-t/\tau_\alpha) \qquad (5.22)$$

mit

$$\tau_\alpha = ((R + R_{QH}) \parallel R_{IL}) \cdot C. \qquad (5.23a)$$

Vernachlässigt man den Eingangswiderstand R_{IL} und den Ausgangswiderstand R_{QH}, so ergibt sich für die Zeitkonstante

$$\tau_\alpha = R \cdot C. \qquad (5.23b)$$

Die Abschnitte β und γ charakterisieren den eingeschwungenen Zustand, da sie immer in wechselnder Folge auftreten. Im Bereich β wird der Kondensator entladen, die Spannung sinkt von $U_{Cmax} = U_{IE}$ exponentiell auf $U_{Cmin} = U_{IA}$ nach folgender Beziehung:

$$U_C(t) = U_{QL} + (U_{Cmax} - U_{QL}) \cdot \exp (-t/\tau_\beta) \qquad (5.24)$$

und

$$\tau_\beta = ((R + R_{QL}) \parallel R_{IH}) \cdot C \qquad (5.25)$$

Im Bereich β liegt der Ausgangspegel bei U_{QL}, man spricht von einer "Impuls-Pause". Der zugehörige Zeitabschnitt T_P berechnet sich aus der Beziehung (5.24) durch Einsetzen von $U_C(t) = U_{Cmin}$:

$$T_P = \tau_\beta \cdot \ln\left(\frac{U_{Cmax} - U_{QL}}{U_{Cmin} - U_{QL}} \right). \qquad (5.26)$$

Die "Impuls-Dauer" T_D wird durch den Zeitabschnitt γ charakterisiert. Der Ausgangspegel U_{QH} führt zu einer Ladung von C, beginnend mit einem Anfangswert U_{Cmin}. Für diesen Zeitabschnitt gilt:

$$U_C(t) = U_{QH} + (U_{Cmin} - U_{QH}) \cdot \exp(-t/\tau_\gamma) \qquad (5.27)$$

mit $\tau_\gamma = \tau_\alpha$ und

$$T_D = \tau_\gamma \cdot \ln\left(\frac{U_{QH} - U_{Cmin}}{U_{QH} - U_{Cmax}} \right). \qquad (5.28)$$

Die Beziehung für die Schwingfrequenz der astabilen Kippschaltung lautet:

$$f = \frac{1}{T_D + T_P}. \qquad (5.29a)$$

Nimmt man ein ideales Verhalten für den Schmitt-Trigger an, so ergibt sich folgende einfache Beziehung:

$$f = \frac{1}{R \cdot C \cdot \ln\left(\frac{U_{DD} - U_{IA}}{U_{DD} - U_{IE}} \cdot \frac{U_{IE}}{U_{IA}} \right)}. \qquad (5.30)$$

Für den invertierenden Schmitt-Trigger mit idealem OP-Verstärker (Bild 5.17) läßt sich eine Schwingfrequenz f mit den Beziehungen (5.11) und (5.12) berechnen.
Für $U_{Amax} = - U_{Amin}$ und somit $U_{IE} = - U_{IA}$ folgt $T_D = T_P$ (d.h. $V_T = 0{,}5$) und

$$f = \frac{1}{2 \cdot R \cdot C \cdot \ln\left(1 + 2 \cdot \frac{R_1}{R_2} \right)}. \qquad (5.31)$$

5.3.2 Astabile Kippschaltungen mit Invertern

Kippschaltungen lassen sich mit Gattern (Invertern) der verschiedenen Logikfamilien aufbauen. Durch die unterschiedlichen Eingangsschaltungen bei CMOS und innerhalb der TTL-familien Standard, Low-Power-Schottky, FAST und ALS/AS (siehe Abschnitt 4.2.2) ergeben sich verschiedene Schaltungsvarianten.
Bei einer symmetrischen Schaltung mit zwei Invertern (im einfachsten Fall zwei Transistoren) und kreuzgekoppelten RC-Gliedern nach Bild 5.23 und 5.24, stellen sich an den Ausgängen durch Umladevorgänge Rechteckimpulse ein. Diese Schaltung ist besonders geeignet für Inverter der Standard- bzw. Low-Power-Schottky-Familie.

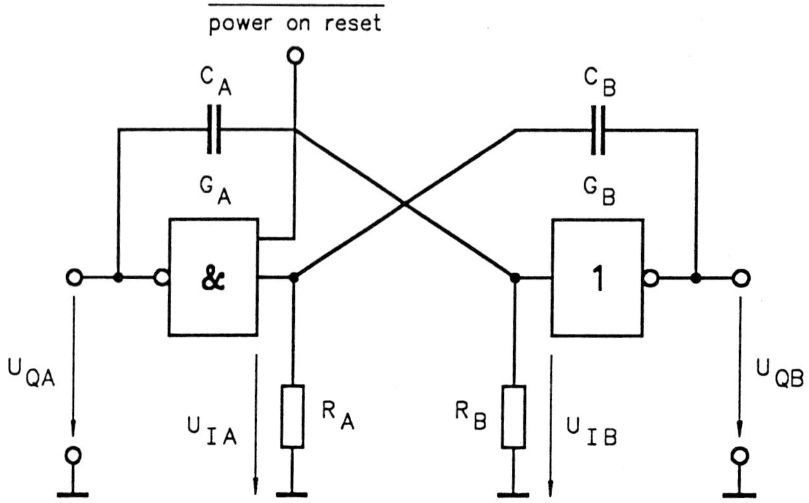

Bild 5.23. Astabile Kippschaltung mit zwei Invertern (symmetrische Schaltung)

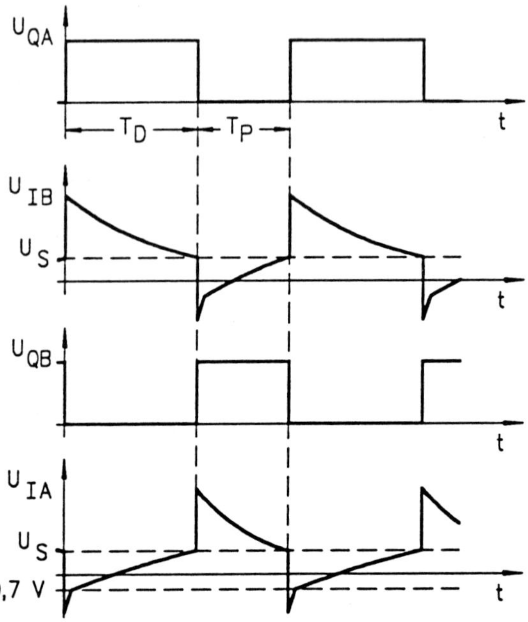

Bild 5.24. Spannungsverläufe bei der symmetrischen Schaltung

Die Widerstände R_A und R_B werden so gewählt, daß sich durch die internen Basiswiderstände R_1 (vergl. mit Bild 4.2, 4.5 und 4.6) Spannungsabfälle an R_A bzw. R_B einstellen, die kleiner sind als die Umschaltspannungen U_S der Inverter. Diese Dimensionierung führt zu steilen Impulsflanken und verbessert das Anschwingverhalten der symmetrischen Schal-

tung. Um ein sicheres Anschwingen zu gewährleisten, sollte man eine Anschwinghilfe mit definierter Einschaltimpulslage vorsehen ("power on reset").
Für die Funktionsbeschreibung im eingeschwungenen Zustand sei angenommen, daß der Ausgang vom Inverter G_A H-Pegel und der von G_B L-Pegel führt. Über den Widerstand R_B wird C_B aufgeladen. Die Spannung am Eingang I_B fällt exponentiell bis zum Erreichen der Gatterumschaltspannung U_S von G_B ($= U_{SB}$). Dadurch kippt G_B und führt einen H-Ausgangspegel U_{QHB}. Bis zu diesem Zeitpunkt hat sich am Eingang I_A eine Spannung durch den herausfließenden Strom I_{ILA} eingestellt, die einen Wert $R_A \cdot I_{ILA} < U_{SA}$ nicht übersteigen darf. Beim Kippen steigt die Spannung U_{IA} am Eingang von G_A sprungartig um den Wert $U_{QHB} - U_{QLB}$ an, während U_{IB} um $U_{QHA} - U_{QLA}$ verringert wird. Durch die Schutzdiode im Inverter wird U_{IA} auf $U_F \approx -0{,}7$ V geklemmt.

Impulsdauer und Impulspause lassen sich abschätzen, wenn man davon ausgeht, daß beim Kippen die Eingangsspannung U_I von dem Wert U_S auf den Wert $U_S + (U_{QH} - U_{QL})$ springt und nach Ablauf der Impulsbreiten T_D bzw. T_P wieder den Wert U_S erreicht (mit $T_{DQB} = T_{PQA}$ und $T_{DQA} = T_{PQB}$). Für T_{DQA} am Ausgang von G_A gilt im Zeitabschnitt $0 < t < T_{TDQA}$:

$$U_{IB}(t) = (U_{SB} - (U_{QHA} - U_{QLA}) \cdot \exp (-t/\tau_B). \qquad (5.32)$$

Bei $t = T_{DQA}$ ist $U_{IB}(t) = U_S$ und somit folgt

$$T_{DQA} = T_{PQB} = R_B \cdot C_B \cdot \ln \left(\frac{U_{SB} - U_{QHA} - U_{QLA}}{U_{SB}} \right). \qquad (5.33)$$

Durch Tausch der Indizes lassen sich T_{DQB} und T_{PQA} ermitteln. Für eine symmetrische Ausgangsspannung (mit dem Tastgrad $v_T = 0{,}5$) läßt sich eine Schwingfrequenz f ermitteln mit Berücksichtigung folgender Werte $U_{SB} = U_{SA} = U_S = 1{,}5$ V, $U_{QHA} = U_{QHB} = U_{QH} = 3{,}6$ V und $U_{QLA} = U_{QLB} = U_{QL} \approx 0$ V sowie $R_B = R_A = R$ und $C_B = C_A = C$:

$$f \approx \frac{1}{2{,}4 \cdot R \cdot C}. \qquad (5.34)$$

Diese Schaltung hat den Nachteil, daß zwei RC-Glieder benötigt werden. Im folgenden werden zwei Kippschaltungen beschrieben, die nur ein RC-Glied benötigen. Weiterhin zeigen diese Schaltungen ein besseres Anschwingverhalten. Allerdings ist aber der Tastgrad $v_T \neq 0{,}5$.
Für die genaue Untersuchung dieser Schaltungen müssen die pegelabhängigen Eingangs- und Ausgangsdaten (Ströme bzw. Widerstände) mit berücksichtigt werden. Dazu werden die Ersatzschaltbilder aus Abschnitt 3.7 herangezogen und für Eingangspannungen erweitert, die außerhalb des Bereiches von Masse (GND, U_{SS}) und Betriebsspannung (U_{CC}, U_{DD}) liegen.
Die erste Schaltung wird fast ausschließlich bei CMOS-Schaltungen angewendet. Durch Umladungen des frequenzbestimmenden Kondensators können Eingangsspannungen auftreten mit Pegelwerten größer U_{DD} bzw. kleiner U_{SS}.

Es soll folgende in Bild 5.25 gezeigte Ersatzschaltung gelten:

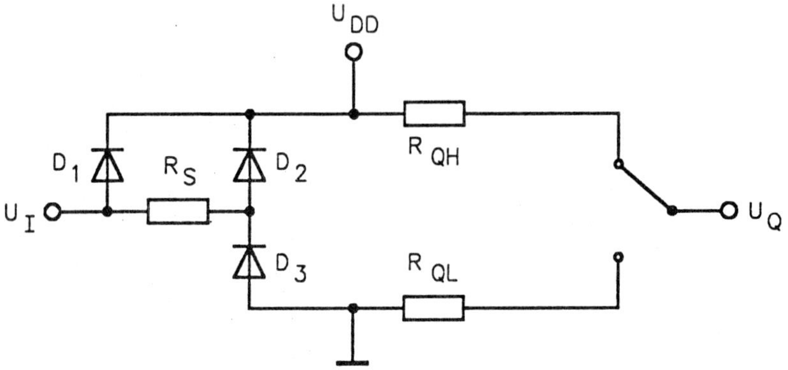

Bild 5.25. Ersatzschaltbild für den Eingang und Ausgang einer CMOS-Schaltung

Die Diode D_3 ist eine "parasitäre" Diode, die durch den Herstellungsprozeß vorgegeben ist. Die weiteren Schutzdioden D_2 und D_1 sind über einen Serienwiderstand R_S mit der Eingangsklemme verbunden. Daraus lassen sich für den Eingang I vier charakteristische Bereiche angeben, die im Ersatzschaltbild durch entsprechende Schalterstellungen dargestellt werden (Bild 5.26):

1) der normale Bereich mit $-U_{F1} < U_I < U_S$ (mit U_{F1} = Flußspannung von Diode D1),
2) der normale Bereich mit $U_S < U_I < U_{DD} + U_{F3}$,
3) der Bereich $U_I < -U_{F1}$ und
4) der Bereich $U_I > U_{DD} + U_{F3}$.

Der differentielle Widerstand der Dioden in Flußrichtung ist durch R_F gekennzeichnet. Für das Ausgangsverhalten werden die Widerstände R_{DSon} der P- und N-Kanal-Transistoren als R_{QH} bzw. R_{QL} berücksichtigt.

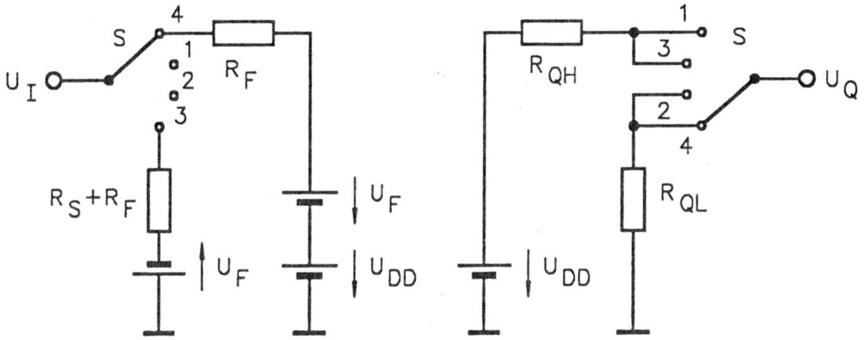

Bild 5.26. Pegelbezogenes Ersatzschaltbild einer CMOS-Schaltung

Diese Ersatzschaltbilder sollen für die Berechnung einer astabilen Kippstufe mit zwei Invertern (Bild 5.27) herangezogen werden. Für die Ausgangspotentiale der beiden Inverter gilt $U_{QA} = \overline{U_{QB}}$, der Kondensator C wird in Abhängigkeit der Pegel U_{QA} und U_{QB} umgeladen. Die Spannung am Verbindungspunkt zwischen R und C steuert den Inverter G_A.

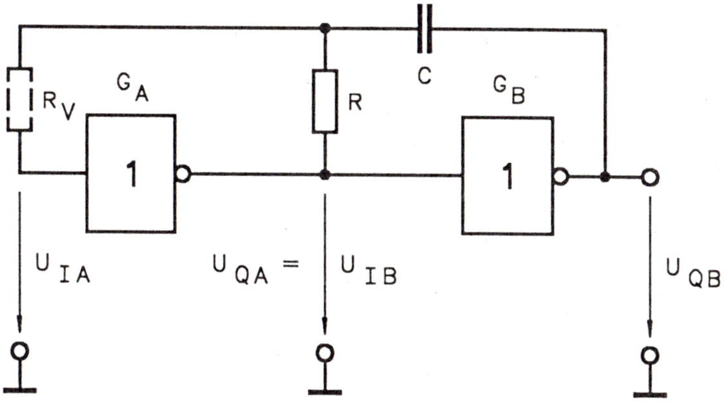

Bild 5.27. Schaltung einer unsymmetrischen astabilen Kippschaltung mit zwei Invertern

Beim Überschreiten der Umschaltspannung U_{SA} schaltet U_{QA} auf L-Pegel, die Aufladung des Kondensators wird dadurch beendet. Die Spannung U_{QB} steigt auf das H-Potential U_{DD}. Durch die positive Spannung $U_C = U_S$ stellt sich ein Potential $U_{IA} = U_{DD} + U_S$ ein, durch die Schutzdiode D_3 sinkt das Potential mit einer sehr kleinen Zeitkonstanten

$$\tau_1 = [\ R_{QHB} + (\ R_F \parallel (\ R + R_{QLA}\ ))] \cdot C$$

auf $U_{DD} + U_F$ ab (Schalterstellungen: 4 bei G_A und 1 bei G_B). Von der Kondensatorspannung $U_C = U_{DD} + U_F$ ausgehend (Schalterstellung 2 bei G_A) lädt sich der Kondensator mit einer Zeitkonstanten

$$\tau_2 = (\ R + R_{QLA} + R_{QHB}\ ) \cdot C$$

um, bis die Spannung U_{IA} kleiner als U_S wird. Schlagartig stellen sich U_{QHA} und U_{QLB} ein, die Spannung am Eingang U_{IA} sinkt auf $U_S - U_{DD}$ und steigt dann mit der Zeitkonstanten

$$\tau_3 = [(\ R_{SA} \parallel (\ R + R_{QHA}\ )) + R_{QLB}\ ] \cdot C$$

auf $-U_F$. Bei steigender Spannung U_{IA} stellt sich die Zeitkonstante

$$\tau_4 = (\ R + R_{QHA} + R_{QLB}\ ) \cdot C$$

ein (Schalterstellung 1 bei G_A und 2 bei G_B). Die Spannung am Eingang von G_A steigt weiter bis U_{SA} an, somit haben wir eine Periode durchlaufen. Vernachlässigt man die Zeitkonstanten τ_1 und τ_3 sowie R_{QH} und R_{QL}, so lassen sich folgende einfache Beziehungen angeben für U_{QHB}:

$$U_{IA}\ (t) = (\ U_{DD} + U_F\ ) \cdot \exp\ (\ -t/R \cdot C\ ). \qquad (\ 5.35\ )$$

Bei $t = T_D$ nimmt $U_{IA}(t)$ den Wert $U_{SA} = U_S$ an, daraus folgt:

$$U_{SA} = (U_{DD} + U_F) \cdot \exp(-T_D/R \cdot C) \qquad (5.36)$$

und

$$T_D = R \cdot C \cdot \ln\left(\frac{U_{DD} + U_F}{U_S}\right). \qquad (5.37)$$

Für U_{QLB} läßt sich die Impulsbreite (= Impulspause der Rechteckschwingung T_P) im Zeitabschnitt von τ_4 berechnen. Ausgehend von dem Anfangswert $-U_F$ und dem Endwert U_{DD} berechnet sich ein Exponentialverlauf der Eingangsspannung

$$U_{IA}(t) = U_{DD} - (-U_F - U_{DD}) \cdot \exp(-t/R \cdot C). \qquad (5.38)$$

Zum Zeitpunkt $t = T_P$ nimmt U_{IA} den Wert U_{SA} an. Daraus folgt:

$$T_P = R \cdot C \cdot \ln\left(\frac{U_{DD} + U_F}{U_{DD} - U_S}\right) \qquad (5.39)$$

Für die Periodendauer folgt:

$$T = T_D + T_P = 1/f = R \cdot C \cdot \ln\left(\frac{(U_{DD} + U_F)^2}{U_S \cdot (U_{DD} - U_S)}\right) \qquad (5.40)$$

Mit $U_S \approx U_{DD}/2$ und $U_F \approx 0{,}7$ V folgt für $T \approx 1{,}7 \cdot R \cdot C$.
Für eine genauere Analyse sind in (5.37) und in (5.39) die Zeitkonstanten $\tau = R \cdot C$ durch τ_2 bzw. τ_4 zu ersetzen. Durch Berücksichtigung von τ_1 und τ_3 bei T_D und T_P ergeben sich längere Impulsbreiten $T_D^* = T_D + \Delta T_D$ und $T_P^* = T_P + \Delta T_P$.

Es gilt für

$$\Delta T_D = \tau_1 \cdot \ln\left(\frac{U_{DD} + U_S}{U_{DD} + U_F}\right) \qquad (5.41)$$

und für

$$\Delta T_P = \tau_3 \cdot \ln\left(\frac{2 \cdot U_{DD} - U_S}{U_{DD} + U_F}\right). \qquad (5.42)$$

In der Praxis wird vor den Inverter G_A ein Vorwiderstand R_V geschaltet, der einen Wert von (1 bis 10) · R aufweist. R_V sollte viel größer als der interne Schutzwiderstand R_S sein, dadurch werden die Zeitkonstanten τ_1 und τ_3 nicht mehr von den internen Widerständen der Inverter bestimmt.
Neuere CMOS-Schaltungen weisen eine geänderte Eingangsschaltung mit einem zusätzlichen Schutzwiderstand zwischen der Diode D_3 und dem Eingang auf. Dieser Widerstand R_2 (siehe Bild 4.17 im Abschnitt 4.5) begrenzt den Strom durch diese Diode. In unserem Fall könnte die Zeitkonstante τ_1 nicht auftreten.

Mit TTL-Invertern wird diese Schaltung selten aufgebaut, weil die Bauelementeparameter sehr stark eingehen. Für die Periodendauer ergibt sich $T \approx (2 \text{ bis } 3) \cdot R \cdot C$.
Üblicherweise wird in TTL-Technik eine astabile Kippschaltung mit einer 3-Inverterschaltung nach Bild 5.28 realisiert. Die Spannungsverläufe sind aus Bild 5.29 zu entnehmen.

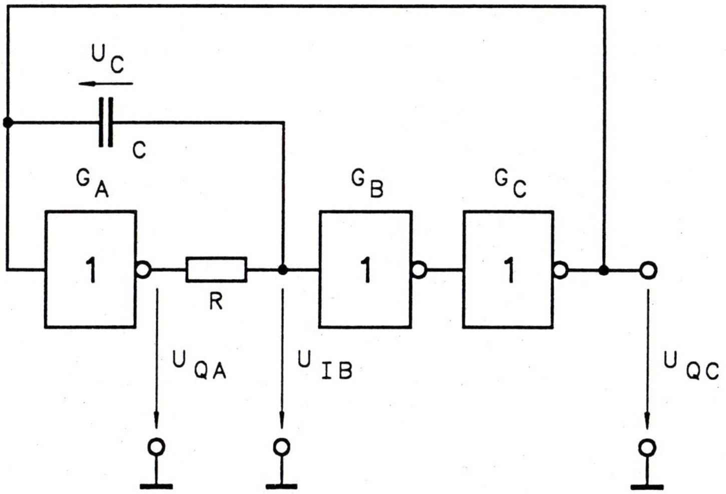

Bild 5.28. Astabile Kippschaltung mit drei Invertern

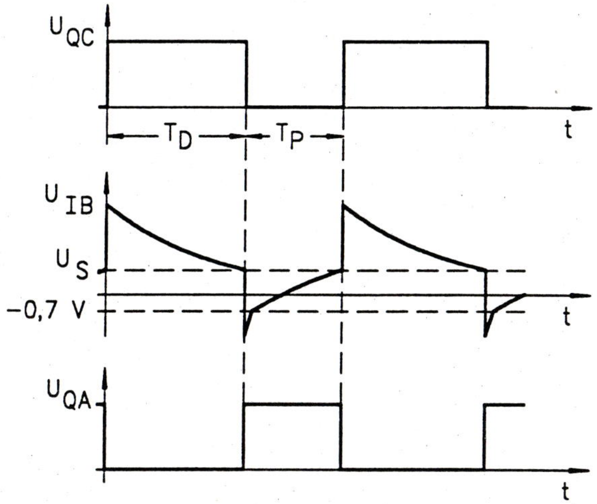

Bild 5.29. Spannungsverläufe bei der astabilen Kippschaltung mit drei Invertern

Die Impulsdauer T_D beginnt, wenn beim Inverter G_B die Umschaltschwelle $U_{IB} = U_{SB}$ überschritten wird. Durch die Rückkopplung und den geladenen Kondensator C springt U_{IB} auf den Wert U_{SB} + (U_{QHA} - U_{QLA}). Der Inverter G_A führt einen L-Pegel am Ausgang, dadurch lädt sich der Kondensator C über den Widerstand R um.
Beim Unterschreiten von $U_{IB} = U_{SB}$ stellt sich am Ausgang von G_C ein L-Pegel ein und die Impulsdauer ist beendet, d.h. die Impulspause beginnt. Die Eingangsspannung U_{IB}

springt auf U_{SB} - (U_{QHC} - U_{QLC}). Über den Widerstand R wird der Kondensator C umgeladen, U_C strebt gegen U_{QHA} bis U_{IB} = U_{SB} erreicht wird und der Ausgang Q_C wieder H-Pegel führt (= Beginn von T_D). Mit Hilfe der bekannten Ersatzschaltbilder lassen sich die zuvor beschriebenen Umladephasen berechnen. Ausgehend von einem Widerstand R, der sehr viel größer ist als R_{QH} und R_{QL}, und $U_{QL} \approx 0$ V folgt

$$T_D \approx R \cdot C \cdot \ln\left(\frac{U_S + U_{QH}}{U_S}\right) \qquad (5.43)$$

Durch die leitende Schutzdiode am Eingang von G_B treten bei der Impulspause zwei unterschiedliche Zeitkonstanten τ_1 und τ_2 auf.
Es gilt näherungsweise für T_{P1} mit $\tau_1 = (R \parallel R_F) \cdot C$ mit $R \gg R_{QH}$, R_{QL} und $R_{IL} \gg R$:

$$T_{P1} \approx (R \parallel R_F) \cdot C \cdot \ln\left(\frac{U_{QH} \cdot \frac{R_F}{R + R_F} - U_S - U_{QH}}{U_{QH} \cdot \frac{R_F}{R + R_F} + U_F}\right) \qquad (5.44)$$

und für

$$T_{P2} \approx R \cdot C \cdot \ln\left(\frac{U_{QH} + U_F}{U_{QH} - U_S}\right). \qquad (5.45)$$

Bei der Festlegung des Wertes von R muß berücksichtigt werden, daß ein maximaler Wert R_{max} nicht überschritten werden darf, da sich sonst kein sicherer L-Pegel am Eingang des Inverters einstellen kann. Es gilt

$$R_{max} = \frac{\overline{U_{IL}}}{|\overline{I_{IL}}|} = \frac{0{,}8\ \text{V}}{0{,}4\ \text{mA}} = 2000\ \Omega \text{ bei Low-Power-Schottky-TTL}$$

bzw.

$$= \frac{0{,}8\ \text{V}}{0{,}6\ \text{mA}} = 1333\ \Omega \text{ bei FAST.}$$

Bei vielen Anwendungen sollen Impulsdauer und Impulspause gleich lang sein (Tastgrad, Tastverhältnis v_T = 0,5). Dies läßt sich bei den beschriebenen RC-Schaltungen durch unterschiedlich große Lade- bzw. Entladewiderstände realisieren. Eine einfache Realisierung läßt sich mit Dioden durchführen, die in Reihe zu den zeitbestimmenden Widerständen geschaltet werden.
Die Bilder 5.30a bis c zeigen einige Möglichkeiten. Die Ströme I_L und I_E sollen in der Richtung unterschiedliche Lade- und Entladeströme darstellen.
Im Beispiel nach Bild 5.30a sind der Lade- und Entladekreis voneinander unabhängig. Der Widerstand R_2 ist für die Ladung wirksam. Durch die gesperrte Diode D_1 ist R_1 ohne Einfluß. Bei einer niederohmigen Auslegung von R_1 und R_2 muß der Flußwiderstand der Diode R_F (= 10 Ω bis 300 Ω) mit berücksichtigt werden.
Die Bilder 5.30b und c zeigen Schaltungen, bei denen stromrichtungsabhängig ein Widerstand R_2 parallel oder in Reihe zu einem Widerstand R_1 geschaltet wird. Der Widerstand R_1 ist für beide Stromrichtungen wirksam. Man muß aber bedenken, daß der

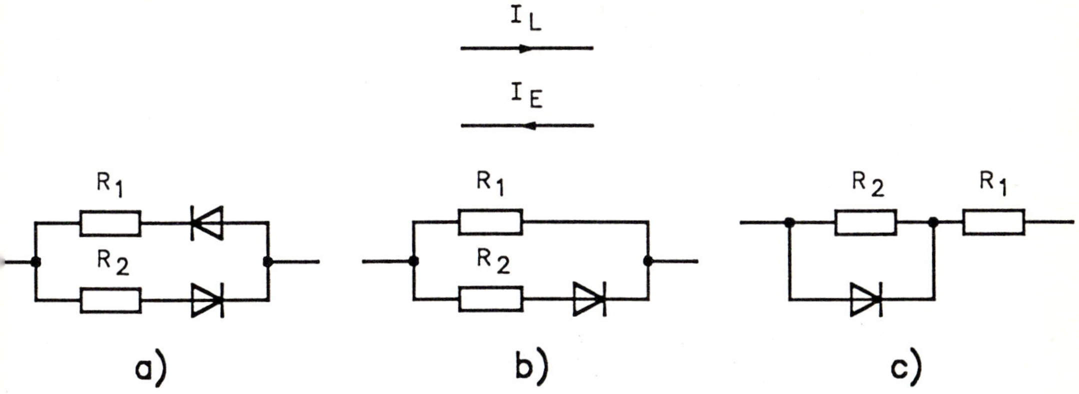

Bild 5.30. Tastgradänderungen über stromrichtungsabhängige Widerstandsnetzwerke

Spannungsabfall in Flußrichtung nahezu konstant ist und den Umladespannungsbereich verkleinert. Durch Wahl einer Schottky-Diode mit U_F = 0,3 V gegenüber 0,7 V bei einer Siliziumdiode ergibt sich ein größerer Umladespannungsbereich für den Kondensator.
Eine andere Möglichkeit der Erzeugung von symmetrischen Rechteckimpulsen besteht darin, eine astabile Kippschaltung der doppelten Frequenz aufzubauen, die mit einer nachgeschalteten bistabilen Kippstufe als Frequenzteiler-Flipflop arbeitet.

5.4 Monostabile Kippschaltungen

In der Vergangenheit wurden monostabile Kippschaltungen ("Monoflops") zur Impulsverlängerung, Impulsformung, Einstellung bestimmter Impulszeiten und zur Erzeugung verschiedener Impulsmuster verwendet. Nachteilig ist die mangelhafte Stabilität der Zeitwerte. Deshalb ist der Einsatz klassischer RC-zeitbestimmter Monoflops zu vermeiden. Eine Alternative bieten Zählerschaltungen, die mit einem Takt hoher Frequenz arbeiten. Für eine vorgegebene Zählrate von Taktimpulsen gibt der Zähler beim Erreichen eines Endwertes einen Impuls ab. Durch geschickte logische Verknüpfungen lassen sich somit RC-gesteuerte Schaltungen vermeiden. Die Stabilität des "Zähler-Monoflops" ist nur vom Taktoszillator abhängig. Bei synchron arbeitenden (Mikro)-Prozessorschaltungen mit festem Taktraster können RC-Monoflops durch Zeitinstabilität den taktgesteuerten Ablauf stören. Bei asynchronen Schaltungen, z.B. in der Steuerungstechnik, finden die RC-Monoflops wegen ihres einfachen Aufbaus häufiger Verwendung.

5.4.1 Monoflops mit NAND-Schaltungen

Das logische Verhalten wird wie folgt beschrieben:
Durch das Anlegen eines Eingangsimpulses, d.h. durch Triggern mit der positiven Flanke, stellt sich am Ausgang Q für eine vorgegebene Zeit T_D ein H-Pegel ein, der selbsttätig nach Ablauf von T_D wieder auf den L-(Ruhe)-Pegel kippt.

Die Grundschaltung läßt sich mit NAND-Gattern in CMOS- und TTL-Technik realisieren. Die Wirkungsweise mit den zugehörigen Impulsdiagrammen ist den Bildern 5.31 und 5.32 zu entnehmen. Die Schaltung wird für eine CMOS-Schaltung betrachtet, ohne auf die internen Schutzschaltungen und die endlichen Ein-Widerstände der Transistoren einzugehen.
Eine genauere Berechnung mit Nutzung der Ersatzschaltbilder ist bei der NOR-Schaltungsrealisierung des Monoflops zu finden.

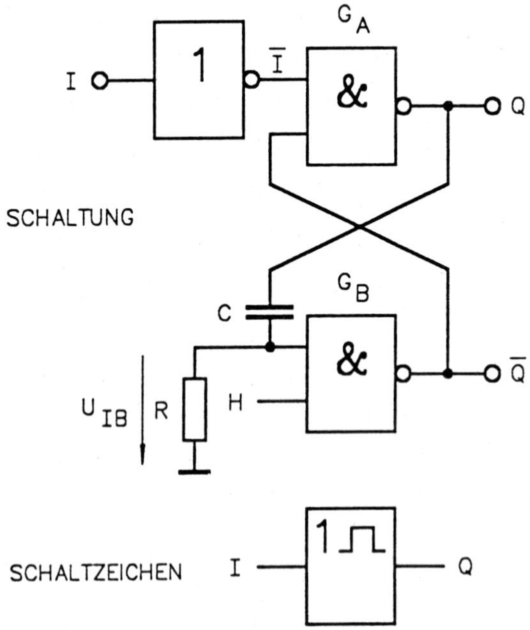

Bild 5.31. Monostabile Kippschaltung mit NAND-Gattern

Bei der NAND-Realisierung kippt das Monoflop durch einen L-Impuls am Triggereingang des Gatters G_A bzw. durch einen H-Impuls am Eingang des vorgeschalteten Inverters. Der Ausgang von G_A muß dadurch einen H-Pegel annehmen. Über den Widerstand R lädt sich nun der leere Kondensator C auf. Dadurch sinkt die Spannung an R exponentiell von U_{DD} und strebt gegen Null. Bei $U_{IB} = U_S$ kippt G_B zum Zeitpunkt T_D am Ausgang $\overline{Q}$ von L nach H. Liegt auch am Triggereingang von G_A ein H-Pegel, so kippt der Ausgang auf L, und der monostabile Zustand wird wieder verlassen. Dieses Zeitverhalten stellt sich ein, wenn die Triggerimpulsbreite T_I kleiner ist als T_D. Bei Impulsbreiten T_I größer als T_D bestimmt der L-Pegel am Gattereingang von G_A die Zeitdauer des H-Pegels beim Ausgang Q.
Diese Abhängigkeit von der Triggerpulsbreite läßt sich vermeiden, wenn man hinter den Ausgang $\overline{Q}$ einen zusätzlichen Inverter schaltet, der dann Q erzeugt. Wegen der Kondensatorladung gilt:

$$U_S = U_{DD} \cdot \exp\left(-T_D/\tau \right) \qquad (5.46)$$

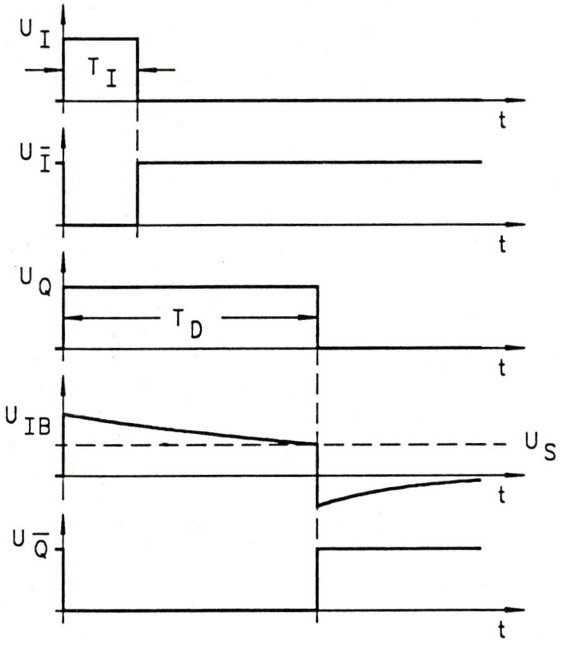

Bild 5.32. Impulsverläufe bei der monostabilen Kippschaltung mit NAND-Gattern

mit

$$\tau = R \cdot C$$

und

$$T_D = R \cdot C \cdot \ln\left(\frac{U_{DD}}{U_S}\right). \quad (5.47)$$

Bei den CMOS-Reihen 4000 und 74 HC liegt U_S ca. bei $U_{DD}/2$, daraus folgt eine monostabile Zeit $T_D \approx 0{,}7 \cdot R \cdot C$.

5.4.2 Monoflops mit NOR-Schaltungen

Diese Schaltung wird genauer untersucht, indem die Einflüsse der Eingangsschutzschaltung und der Ausgangstransistoren mit R_{QH} und R_{QL} mit in die Berechnung einbezogen werden. Weiterhin soll die Erholzeit berechnet werden, die nötig ist, bis eine erneute Triggerung erfolgen darf, ohne daß ein signifikanter Zeitfehler bei T_D auftritt.
Die Ersatzschaltung für den Eingangskreis einer CMOS-Schaltung ist in Bild 5.25 zu sehen. Ausgehend von dem NOR-Monoflop nach Bild 5.33 wird ein Gesamtersatzschaltbild entworfen (Bild 5.34).
Prinzipiell ist diese Schaltung sehr ähnlich der NAND-Realisierung. Die Triggerung erfolgt bei der NOR-Schaltung aber durch einen H-Impuls.
Durch den Widerstand R, der einseitig an U_{DD} liegt, kann der Kondensator C in der stabilen Ausgangslage nicht aufgeladen werden, d.h. U_C bleibt 0 V.

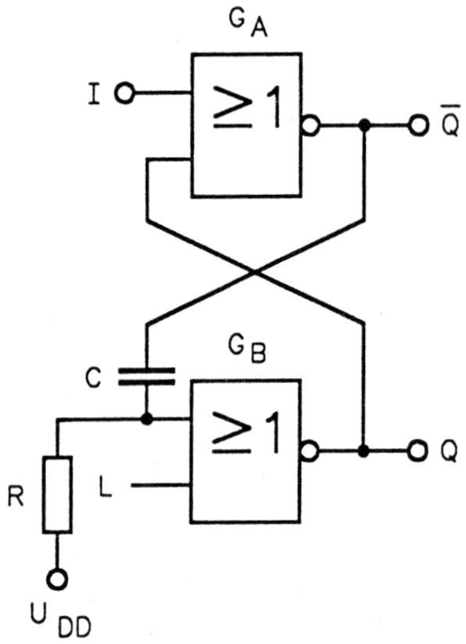

Bild 5.33. Monostabile Kippschaltung mit NOR-Gattern

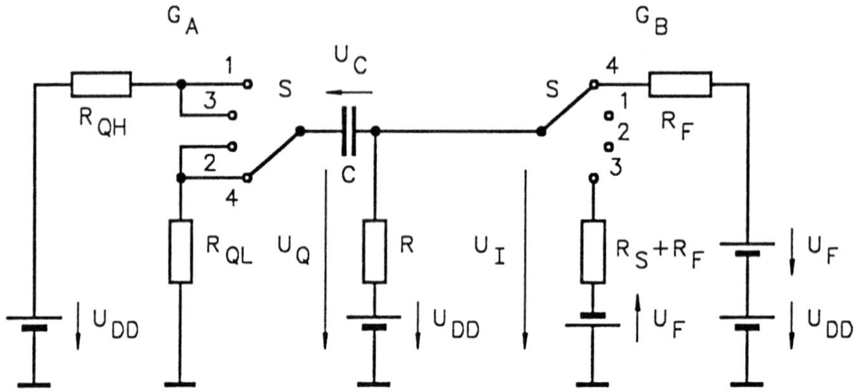

Bild 5.34. Pegelabhängige Ersatzschaltung der monostabilen Kippschaltung mit NOR-Gattern

Durch den Triggervorgang ausgelöst, kippt das Gatter G_A von H nach L am Ausgang. Über den Widerstand R wird der Kondensator C geladen mit der Zeitkonstanten $\tau_1 = (R + R_{QLA}) \cdot C$ und dem Endwert der Ladespannung U_{DD}. Bei $U_{IA} = U_{SA}$ ist zum Zeitpunkt T_D die Kippbedingung erfüllt. Daraus ergeben sich mit

$$U_{IB}\ (t = 0) = \frac{R_{QLA}}{R + R_{QLA}} \cdot U_{DD}$$

die folgenden Beziehungen für $0 < t \leq T_D$ (Schalterstellung 2 bei G_A und 1 bei G_B):

$$U_{IB}\ (t) = U_{DD} + U_{DD} \cdot \left(\frac{R_{QLA}}{R + R_{QLA}} - 1 \right) \cdot \exp\ (-t/\tau_1). \qquad (5.48)$$

Es folgt

$$U_{IB}\,(t = T_D) = U_{SB} = U_{DD}\cdot\left(1 - \frac{R}{R + R_{QLA}}\cdot\exp\,(-T_D/\tau_1)\right) \quad (5.49)$$

und

$$T_D = (\,R + R_{QLA}\,)\cdot C\cdot\ln\left(\frac{U_{DD}}{U_{DD} - U_{SB}}\cdot\frac{R}{R + R_{QLA}}\right). \quad (5.50)$$

Für $R >> R_{QLA}$ und $U_{SA} = U_{DD}/2$ folgt:

$$T_D = R\cdot C\cdot\ln 2 = 0{,}69\cdot R\cdot C.$$

RC-Monoflops benötigen nach Ablauf einer Impulsbreite T_D eine gewisse Zeit der Erholung zur Entladung des zeitbestimmenden Kondensators. Als Erholzeit T_{ERH} wird die Zeit definiert, die verstreichen muß, damit T_D nicht unter 90 % des maximalen Wertes absinkt (mit $T_D^* = 0{,}9\cdot T_D$).

Die folgenden Berechnungen geben eine Abschätzung für T_{ERH} mit der Vereinfachung, daß der zeitbestimmende Widerstand R viel größer als R_{QLA}, R_{QHA} und R_{FB} ist. R_{FB} ist der differentielle Widerstand der Schutzdiode, die vom Eingang des Gatters zur Versorgung U_{DD} angeordnet ist.

Im Ersatzschaltbild steht G_A in der Schalterstellung 1 und G_B in 4.

Nach Ablauf der Zeit T_D zum Zeitpunkt T_1 springt die Eingangsspannung U_{IB} von dem Wert U_{SB} auf

$$U_{DD} + U_{FB} + (\,U_C - U_{FB}\,)\cdot\frac{R_{FB}}{R_{FB} + R_{QHA}}$$

mit $U_C\ (\,t = T_1\,) = U_{SB}$.

Mit der Zeitkonstanten $\tau_2 = (\,R_{FB} + R_{QHA}\,)\cdot C$ sinkt U_{IB} bis zum Zeitpunkt T_2 von T_{ERH} auf $U_{DD} + U_{FB}$ (Bild 5.35).

Es ergibt sich für

$$T_2 - T_1 = (\,R_{FB} + R_{QHA}\,)\cdot C\cdot\ln\left(\frac{U_{FB}\cdot R_{QHA} + U_{SB}\cdot R_{FB}}{U_{FB}\cdot(\,R_{FB} + R_{QHA}\,)}\right). \quad (5.51)$$

Zum Zeitpunkt T_2 stellt sich eine Kondensatorspannung

$$U_C\,(\,T_2\,) = U_{FB}\cdot\left(1 + \frac{R_{QHA}}{R_{FB}}\right)$$

ein, die exponentiell auf einen Wert U_C^* zum Zeitpunkt T_3, d.h. zum Ende von T_{ERH}, sinkt. Der Kondensator hat sich somit nach Ablauf der Erholzeit nicht vollständig entladen. Für die geforderte Zeitbedingung $T_D^* = 0{,}9\cdot T_D$ muß

$$U_C^* = U_{DD} - (\,U_{DD} - U_{SB}\,)\cdot\exp\left(\frac{0{,}9\cdot T_D}{R\cdot C}\right) \quad (5.52)$$

sein. Daraus läßt sich die Zeitdauer

$$T_3 - T_2 = R\cdot C\cdot\ln\left[\frac{U_{FB}}{U_C^*}\cdot\left(1 + \frac{R_{QHA}}{R_{FB}}\right)\right] \quad (5.53)$$

bestimmen.

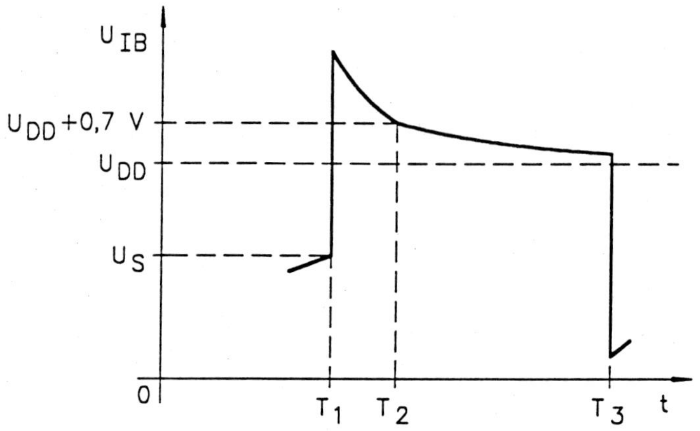

Bild 5.35. Definition der Erholzeit bei der monostabilen Kippschaltung mit NOR-Gattern

Für die Erholzeit folgt somit

$$T_{ERH} = T_3 - T_1. \qquad (5.54)$$

Für die Logikfamilie 74 HC ergibt sich eine Erholzeit $T_{ERH} \approx 1{,}7 \cdot R \cdot C$ bzw. $T_{ERH} \approx 2{,}5 \cdot T_D$. In der Praxis wird häufig das Kriterium für die 90 %-ige Entladung des Kondensators herangezogen. Daraus folgt eine Erholzeit $T_{ERH} = 2{,}3 \cdot R \cdot C$.
Die aufgezeigten Monoflops reagieren nicht auf weitere Triggerimpulse während der Zeit T_D, d.h. sie sind nicht nachtriggerbar. Möchte man aber erreichen, daß sich bei erneuter Triggerung sofort der metastabile Zustand einstellt, so muß der zeitbestimmende Kondensator kurzfristig durch den Triggerimpuls über einen Schalttransistor entladen werden.
Die Schaltkreise 74 LS 123 bzw. 74 HC 123 wurden für diesen Zweck entwickelt.

5.5 Zeitgeberschaltungen (Timer)

Astable und monostabile Schaltungen mit Logikgattern zeigen starke Abweichungen im zeitlichen Verlauf, bedingt durch instabile Umschaltschwellen U_S und durch starke Streuungen bei den Kennwerten R_{QH}, R_{QL}, R_S und R_F. Die Ausgangsspannung eines stark kapazitiv belasteten Gatterausganges ist nicht mehr rechteckförmig. Zur Pulsaufbereitung müssen Gatter (möglichst mit Schmitt-Trigger-Eingang) nachgeschaltet werden.
Zur Vermeidung dieser Nachteile wurden integrierte Zeitgeberschaltungen (Timer) entwickelt, die einen Fenster-Komparator mit nachgeschaltetem RS-Flipflop enthalten, der sich als Präzisions-Schmitt-Trigger beschalten läßt. Ein im EIN-Zustand sehr niederohmiger Schalttransistor dient zur schnellen Entladung des Zeitkondensators. Über externe Widerstände und den Zeitkondensator C werden die benötigten Impulsbreiten erzeugt. Das Bild 5.36 zeigt den Aufbau des Präzisions-Schmitt-Triggers [5.3]. Die Umschaltschwellen

werden hier nicht wie bei OP-Verstärkerschaltungen aus den Sättigungsspannungen der Endstufe abgeleitet, sondern aus Referenzspannungen gewonnen, die an den beiden Komparatoren K_A und K_B anliegen. Ein nachgeschaltetes RS-Flipflop wird mit einem L-Pegel gesetzt, wenn die Eingangsspannung U_I den Pegel U_{IB} überschreitet, und gelöscht, wenn U_I den Pegel U_{IA} wieder unterschreitet. Diese Schaltung wird bei dem "Standard"-Timern 555 und 7555 (in TTL- bzw. CMOS-Technik) benutzt [5.2]. Das Blockschaltbild der Timer zeigt Bild 5.37.

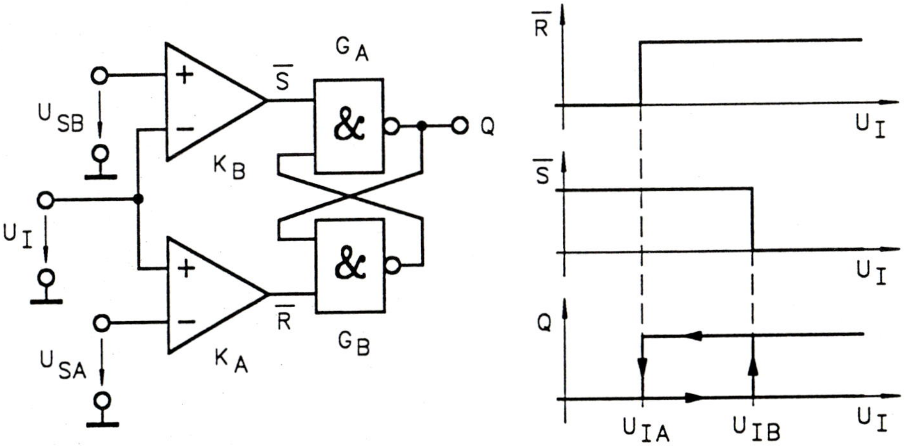

Bild 5.36. Präzisions-Schmitt-Trigger

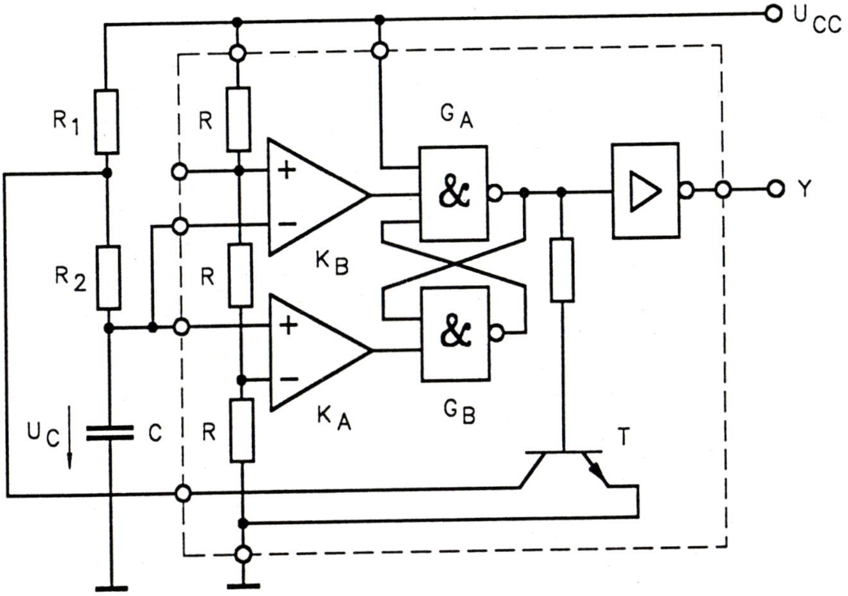

Bild 5.37. Astabile Kippschaltung mit einem Timer 555 (7555)

Durch die äußere Beschaltung mit R_1, R_2 und C arbeitet der 555 (bzw. 7555) als astabile Kippschaltung. Durch die Spannungsteilung über die drei gleich großen Widerstände R werden aus der Betriebsspannung U_{CC} die Referenzspannungen U_A und U_B abgeleitet. Durch die große Relativgenauigkeit der Widerstände mit Abweichungen von max. 20 % (typ. 5 %) beim 555 und max 6 % (typ. 1 %) beim 7555 treten nur geringe Zeitfehler auf. Ausgehend von den Nennwiderstandswerten liegen die Schwellen U_{SA} und U_{SB} bei $\frac{1}{3}U_{CC}$ und bei $\frac{2}{3}U_{CC}$.
Über einen Steueranschluß lassen sich die Schwellen in Grenzen durch äußere Spannungsspeisung oder durch Widerstandsbeschaltung einstellen. Durch die Spannungsspeisung läßt sich der Timer als spannungsgesteuerter Oszillator (VCO, "voltage controlled oscillator") oder als Frequenzmodulator einsetzen.

Bei der astabilen Schaltung nach Bild 5.37 wird das RS-Flipflop gelöscht, d.h. der Ausgang Y geht auf L, wenn die Kondensatorspannung U_C die obere Schaltschwelle überschreitet. Der Ausgang des NAND-Gatters G_A liegt auf H, dadurch schaltet der Transistor T durch und entlädt den Kondensator C über den Widerstand R_2, bis die untere Schaltschwelle erreicht wird. Der Komparator K_A geht am Ausgang auf L-Pegel, setzt das RS-Flipflop und sperrt den Transistor T. Über die Widerstände R_1 und R_2 wird C wieder geladen. Die Kondensatorspannung pendelt somit im eingeschwungenem Zustand mit exponentiellem Verlauf zwischen U_{SA} und U_{SB}. Daraus berechnen sich die Impulsdauer

$$T_D = (R_1 + R_2) \cdot C \cdot \ln\left(\frac{U_{CC} - U_{SA}}{U_{CC} - U_{SB}}\right) \qquad (5.55a)$$

$$= (R_1 + R_2) \cdot C \cdot \ln 2$$

$$= 0{,}69 \cdot (R_1 + R_2) \cdot C \qquad (5.55b)$$

und die Impulspause

$$T_P = R_2 \cdot C \cdot \ln\left(\frac{U_{SB}}{U_{SA}}\right) \qquad (5.56a)$$

$$= R_2 \cdot C \cdot \ln 2$$

$$= 0{,}69 \cdot R_2 \cdot C . \qquad (5.56b)$$

Daraus folgt die Schwingfrequenz

$$f = \frac{1}{T_D + T_P} = \frac{1{,}44}{(R_1 + 2 \cdot R_2) \cdot C} . \qquad (5.57)$$

Das Bild 5.38 zeigt die Spannungsverläufe beim Timer als astabile Kippschaltung.

Eine symmetrische Rechteckschwingung mit dem Tastgrad $v_T = 0{,}5$ läßt sich erzeugen, wenn man parallel zum Widerstand R_2 eine Diode schaltet, deren Katodenseite mit dem Kondensator verbunden ist. Die Widerstände R_1 und R_2 müssen gleich groß sein. Bei der Ladung des Kondensators wird R_2 durch den Flußwiderstand R_F der Diode überbrückt. Für $R_1 = R_2 \gg R_F$ ergeben sich annähernd gleiche Lade- und Entladezeitkonstanten.

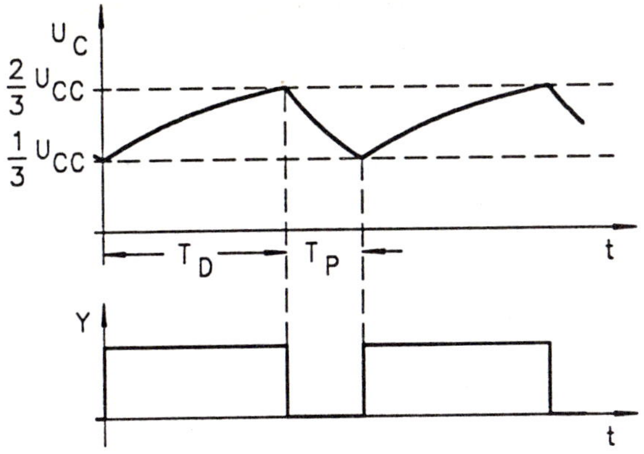

Bild 5.38. Impulsverläufe bei einer astabilen Kippschaltung mit dem Timer 555 (7555)

Bei dem CMOS-Schaltkreis 7555 ist die Schaltung einfacher, die beiden Widerstände R_1 und R_2 entfallen, dafür wird ein Widerstand vom Kondensator (Anschluß 2 und 6 beim 7555) an den Ausgang Y (Anschluß 3) gelegt. Die Ausgangspegel liegen näherungsweise bei 0 V und bei U_{CC}. Daraus folgen

$$T_D = R \cdot C \cdot \ln\left(\frac{U_{CC} - U_{SA}}{U_{CC} - U_{SB}}\right) \qquad (5.58a)$$

$$= 0{,}69 \cdot R \cdot C \qquad (5.58b)$$

und die Pulspause

$$T_P = R \cdot C \cdot \ln\left(\frac{U_{SB}}{U_{SA}}\right) \qquad (5.59a)$$

$$= 0{,}69 \cdot R \cdot C . \qquad (5.59b)$$

Daraus folgt die Schwingfrequenz

$$f = \frac{1}{T_D + T_P} = \frac{1{,}44}{R \cdot C} \quad . \qquad (5.60)$$

Durch die kapazitive Belastung von Y können Verschleifungen des Rechtecksignales auftreten. Der Transistor T wird mit einem externen Widerstand R_L beschaltet, an dem somit ein Logiksignal $Y_L = Y$ zur Verfügung steht.
Durch eine einfache Schaltungsänderung nach Bild 5.39 läßt sich der Timer als monostabile Kippschaltung betreiben. Im Ruhezustand wird der Kondensator C ständig durch den leitenden Transistor T am Laden gehindert. Es stellt sich die sehr kleine Restspannung des durchgeschalteten Transistors $U_{CEX} = U_{CR}$ beim 555 ein. Beim 7555 ergibt sich die Kondensatorspannung U_{CR} durch den EIN-Widerstand des MOS-Transistors über Spannungsteilung $[\, R_{DSON} / (R_{DSON} + R)] \cdot U_{CC}$.
Durch einen negativen Triggerimpuls (low-aktiv) am Komparator K_A wird das RS-Flipflop gesetzt, und der Transistor T sperrt. Im Unterschied zur astabilen Schaltung wird der

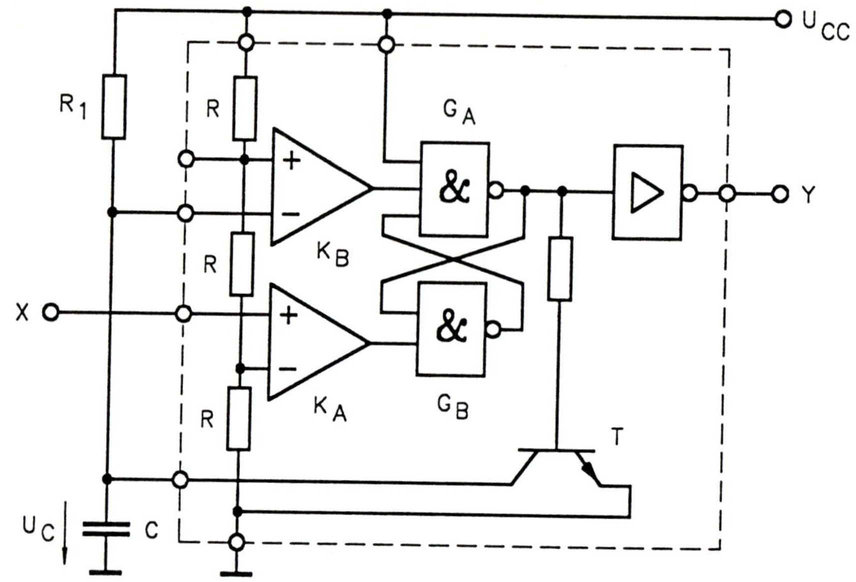

Bild 5.39. Monostabile Kippschaltung mit einem Timer 555 (7555)

Kondensator C über einen Widerstand R von der niedrigen Restspannung U_{CR} (≈ Massepotential) bis $U_{SB} = \frac{2}{3} U_{CC}$ geladen, wie Bild 5.40 zeigt.
Dadurch wird das RS-FF gelöscht, der Ausgangspegel geht auf den L-Pegel U_{YL}. Der Kondensator C wird über den Transistor T auf U_{CR} entladen. Die Entladezeit wird analog

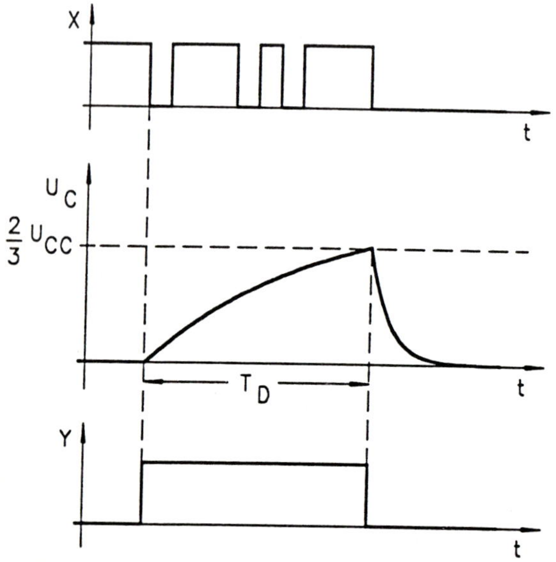

Bild 5.40. Impulsverläufe bei einer monostabilen Kippschaltung mit dem Timer 555 (7555)

zum Gatter-Monoflop als Erholzeit bezeichnet. Ausgehend von einem exponentiellen Entladevorgang läßt sich die Erholzeit T_{ERH} abschätzen. Läßt man einen 10 %-igen Fehler bei U_{CR} zu, so ergibt sich für $T_{ERH} \approx 2{,}3 \cdot R_{ON} \cdot C$ mit dem EIN-Widerstand $R_{ON} = R_{DSON}$ bzw. R_{CEX} für einen MOS- bzw Bipolar-Transistor. Als metastabile Zeit des Timer-Monoflops folgt

$$T_D = R \cdot C \cdot \ln \left(\frac{U_{CC} - U_{CR}}{U_{CC} - U_{SB}}\right) \qquad (5.61a)$$

und unter Vernachlässigung von U_{CR}

$$T_D = R \cdot C \cdot \ln 3, \quad = 1{,}1 \cdot R \cdot C. \qquad (5.61b)$$

Mit Hilfe eines externen Transistors T^* läßt sich die Timerschaltung zu einem nachtriggerbaren Monoflop ausbauen.
Die Schaltung und die Impulsverläufe sind aus den Bildern 5.41 und 5.42 zu entnehmen.

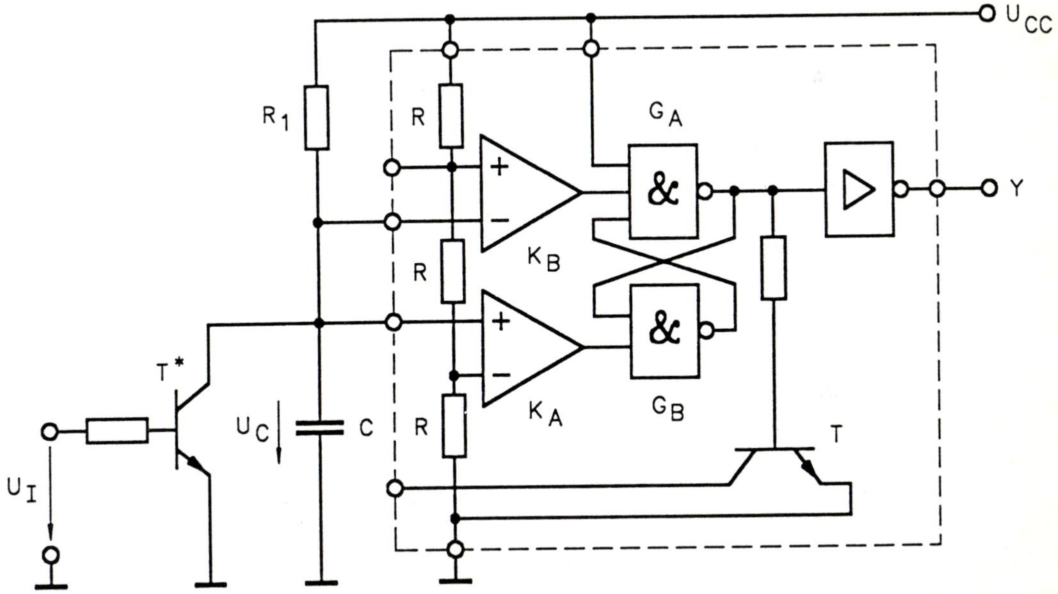

Bild 5.41. Nachtriggerbare monostabile Kippschaltung mit einem Timer 555 (7555)

Der Triggerimpuls entlädt in seiner H-Phase den Kondensator C und setzt dadurch das RS-FF auf U_{YH}. Wenn der Triggerimpuls den L-Pegel erreicht, sperrt der externe Transistor T^*, und C kann sich über den Widerstand R_1 aufladen. Tritt während des metastabilen Zustandes ein Triggerimpuls auf, so wird der Kondensator C über T^* entladen. Der Ausgang Y bleibt die ganze Zeit über auf H-Potential, bis die Kondensatorspannung die Schwelle U_{SB} erreicht. Die Zeit T_D stellt sich zwischen der fallenden Flanke des letzten Triggerimpulses und der des Ausgangssignales von Y ein.

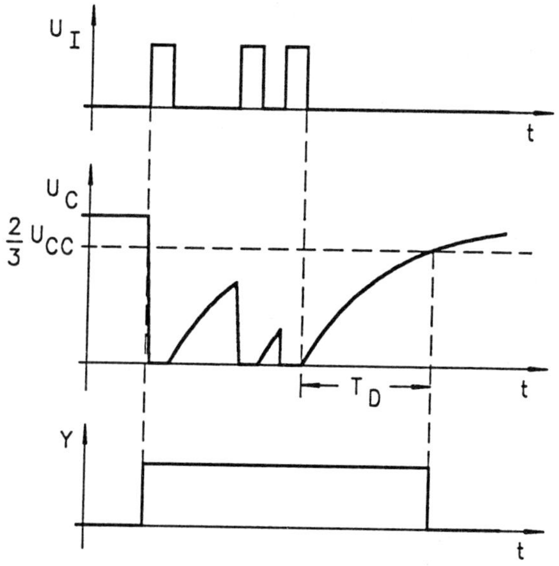

Bild 5.42. Impulsverläufe bei einer nachtriggerbaren monostabilen Kippschaltung mit einem Timer 555 (7555)

5.6 Bistabile Kippschaltungen

Eine bistabile Kippschaltung, die im technischen Sprachgebrauch als "Flipflop" bezeichnet wird, ist von grundlegender Bedeutung für die Digitaltechnik. Das Flipflop ist die Basiszelle für Zähler, Register, Schieberegister und statische Schreib-Lese-Speicher (SRAMs). Durch interne Rückkopplungen und vorgeschaltete Schaltnetze lassen sich verschiedene logische und zeitliche Flipflop-Verhaltensformen realisieren [5.10]. Aus schaltungstechnischer Sicht soll nur auf die Grundschaltung, das Rücksetz/Setz-Flipflop (RS-FF), eingegangen werden.

Dieses RS-Flipflop läßt sich durch Rückkopplung von zwei Gattern realisieren. Schaltungsmäßig können dies diskret aufgebaute Transistorstufen, integrierte Logikschaltungen oder vollständig integrierte Flipflops, die sich als Basiszellen in einer höherintegrierten Schaltung befinden, sein.

Die Bilder 5.43a und b zeigen zwei rückgekoppelte NOR-Gatter in Widerstands-Transistor-Logik in typischen Darstellungsweisen. Die symmetrische Darstellung nach Bild 5.43b zeigt, daß beide Gatter gleichberechtigt sind. Eine Vorzugslage der Schalttransistoren T_1 und T_2 ist nicht gegeben. Dies ließe sich mit einem zusätzlichen Eingang über einen weiteren Basiswiderstand R_B realisieren, der durch einen Einschaltrücksetzimpuls ("power on reset") für einen definierte Flipflop-Zustand sorgt.

Die Dimensionierung der Schaltung erfolgt nach den Regeln, die in den Kapiteln 3.4 bzw. 3.6 für Bipolar-oder MOS-Transistoren aufgezeigt sind.

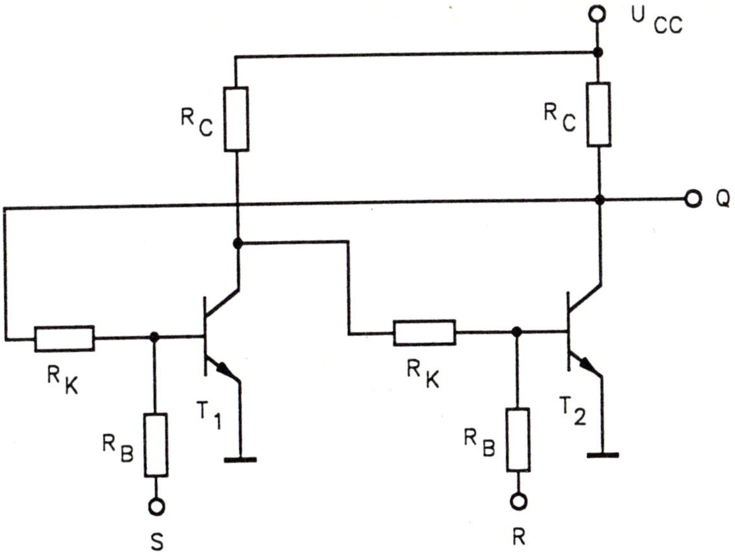

Bild 5.43a. Bistabile Kippschaltung mit NOR-Gattern (als rückgekoppelte Inverter dargestellt)

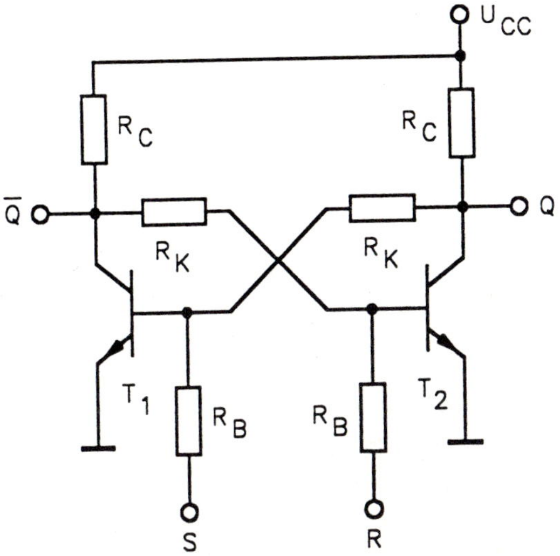

Bild 5.43b. Bistabile Kippschaltung mit NOR-Gattern (symmetrische Darstellung)

Für die Beschreibung der Wirkungsweise des RS-Flipflops sei angenommen, daß der Transistor T1 sperrt und T2 leitet. Durch die Rückkopplung ist dieses Verhalten stabil. Das RS-FF ist gelöscht, weil am Ausgang Q ein L-Pegel anliegt. Beide Eingänge liegen auf L-Potential, damit keine Störungen das Flipflop beeinflussen können. Wird jetzt ein H-Pegel an den Eingang S gelegt, so beginnt T_1 zu leiten, folglich sperrt der Transistor T_2. Über den Widerstand R_K wird dieses Verhalten stabilisiert. Es bleibt auch nach Änderung des Pegels am S-Eingang erhalten, am Ausgang Q liegt nun ein H-Pegel, d.h. das Flipflop ist gesetzt. Durch Anlegen eines H-Pegels an R wird das FF durch Leiten von T_2 und Sperren von T_1 rückgesetzt und somit gelöscht. Legt man aber an beide Eingänge S und R einen H-Pegel, so wird das invertierte Verhalten von Q und $\overline{Q}$ gestört, weil beide Ausgänge L-Potential führen. Dies Eingangsbelegung ist bei einem RS-Flipflop, das aus NOR-Gattern aufgebaut wird, verboten. Die Tabelle 5.4, die auch als Arbeitstabelle bezeichnet wird, zeigt die Pegel, die bei einem RS-Flipflop, bestehend aus NOR-Gattern, auftreten.

Tabelle 5.4. Arbeitstabelle eines NOR-RS-Flipflops

R	S	Q	$\overline{Q}$	
H	H	L	L	nicht erlaubter Zustand!
H	L	L	H	
L	H	H	L	
L	L	Q	$\overline{Q}$	Speicherung, keine Zustandsänderung!

RS-Flipflops lassen sich auch aus NAND-Gattern aufbauen. Hier ist das gleichzeitige Anliegen von $\overline{S}$ = L und $\overline{R}$ = L verboten!

5.7 Speicherschaltungen

Halbleiter-Speicherschaltungen zum Schreiben und Lesen von Daten lassen sich in zwei unterschiedliche Hauptgruppen einteilen. Dies sind der statische Schreib-Lese-Speicher, der eine Flipflop-Struktur besitzt und der dynamische Schreib-Lese-Speicher mit einem integrierten Speicherkondensator, dessen Ladung zyklisch aufgefrischt werden muß ("refresh"). Der Speicherkondensator ist mit einem Transistor zur Speicherplatzselektion verbunden, man spricht daher auch von einer 1-Transistorzelle (vergleiche mit Bild 4.25).
Statische Schreib-Lese-Speicher, SRAMs genannt ("static random access memory"), weisen je nach Technologie zwei bis sechs Transistoren pro Speicherzelle auf. Bei der 6-Transistorzelle werden zwei Transistoren als Ersatz für Lastwiderstände verwendet, weil Widerstände in integrierten Schaltungen einen großen Platzbedarf aufweisen.
Die dynamischen Speicher (DRAM = "dynamic random access memory") benötigen zusätzlich zu den Speicherzellen aufwendige Hilfsschaltungen ("Refresh"-Verstärker und Ladungspumpen zur Erzeugung interner Hilfsspannungen), die einen nicht zu vernachlässigenden Flächenbedarf haben.
Ausgehend von gleicher Speicher-Bausteinfläche und Technologie liegt die Speicherkapazität bei DRAMs ca. um den Faktor vier höher als bei SRAMs (Beispiel: CMOS-Technologie).

5.7.1 Statische Speicher

Das in Bild 5.43b gezeigte Flipflop entspricht der Flipflop-Basiszelle, die bei statischen Schreib-Lese-Speichern in TTL-Technik verwendet wird.
Die einzelnen Basiszellen werden an die Prozeßgegebenheiten der Logikfamilie und an die Schaltkreisherstellungstechnologien angepaßt.
Diese FF-Basiszellen werden matrixartig angeordnet. Über zwei Dekoderschaltungen wird jeweils eine Zeile ("row") und eine Spalte ("column") adressiert und somit selektiert. Der Speicherzustand der kreuzgekoppelten Flipflop-Zelle wird über zwei Leitungen D und $\overline{D}$ gelesen oder geschrieben. Beim Schreibvorgang kippt das FF, wenn der zuvor gespeicherte Inhalt geändert wird.
Für zwei Technologien, TTL und CMOS, werden die SRAM- Grundschaltungen aufgezeigt. Das Prinzip bipolarer RAMs wird anhand einer Schaltung für 16 Bit als 4 x 4-Matrix beschrieben.

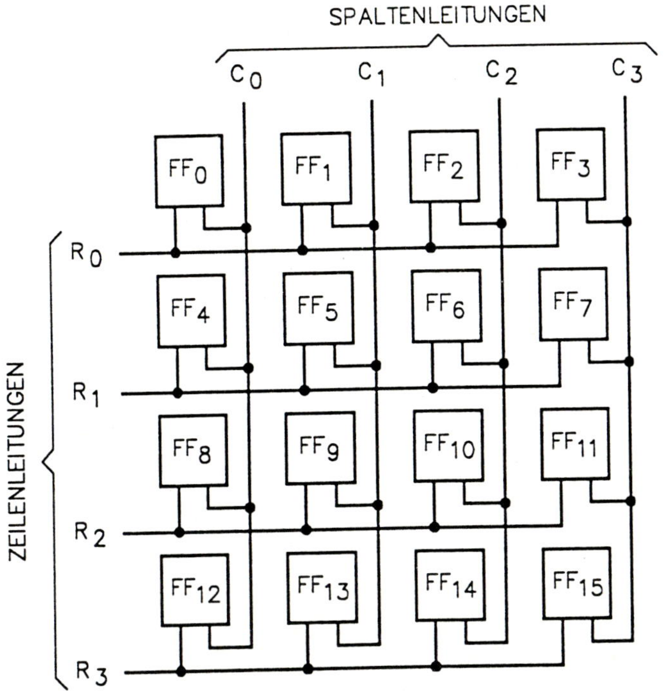

Bild 5.44. Matrixartige Anordnung von Flipflop-Speicherelementen

Die Bilder 5.44 bis 5.46 zeigen die matrixartige Anordnung der einzelnen Speicherelemente (FF_0 bis FF_{15}) mit einer Multi-Emitterkopplung zur Auswahl der Flipflop-Zelle über die Eingänge R und C ("row" und "column"). Jeder Transistor verfügt über eine weitere Emitterleitung ($\overline{D}$ bzw. D), die alle mit entsprechenden Schreibverstärkern und Leseverstärkern verbunden sind. Über diese Leitungen werden Daten ein- oder ausgegeben.

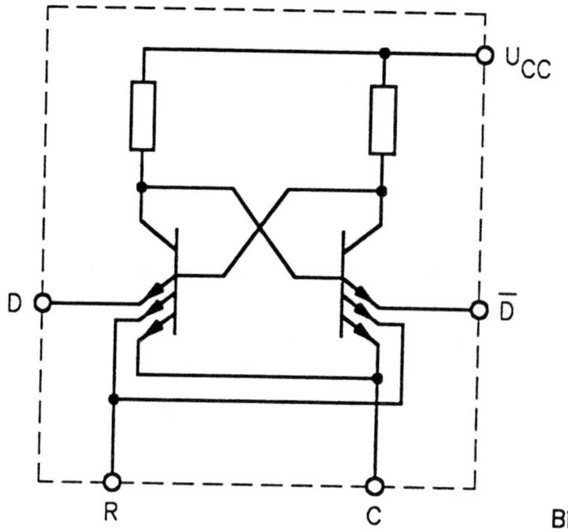

Bild 5.45. TTL-Speicherelement

Die Adressierung des Speichers erfolgt durch Dekodierung der Adressen A_0 bis A_3, die Betriebsart (Schreiben oder Lesen) wird durch ein Steuersignal $R/\overline{W}$ festgelegt. Beim Schreiben werden die Schreibverstärker W_0 und W_1 freigegeben und die Leseverstärker R_0 und R_1 gesperrt. Beim Lesen werden dann entsprechend die Leseverstärker freigegeben und die Schreibverstärker gesperrt.
Die Flipflopzelle wird angesprochen, wenn die Leitungen R und C H-Pegel führen. Dadurch fließen die Emitterströme I_{EX} beim leitenden und I_{EY} beim gesperrten Transistor zu den angeschlossenen Leseverstärkern. Bei allen anderen Flipflop-Zellen fließen die Emitterströme ausschließlich durch die Schalttransistoren der Dekoder ab.
Durch Aktivierung der Leseverstärker kann ein Datum D_{OUT} oder $\overline{D_{OUT}}$ ausgegeben werden (Bild 5.46).

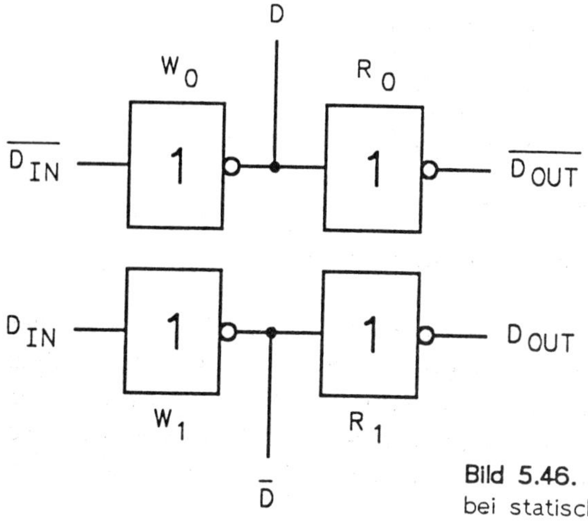

Bild 5.46. Anordnung der Schreib/Lese-Verstärker bei statischen TTL-RAMs

Für den Schreibvorgang werden die Schreibverstärker aktiviert und legen in Abhängigkeit des Eingangsdatums beim FF die eine Emitterleitung auf H und die andere auf L-Pegel. Ausgehend von einem gesperrten Transistor T2 und leitendem T1 kippt dieses FF, wenn am Emitter von T2 (Anschluß D) ein L-Pegel anliegt. Durch den H-Pegel an allen drei Emitteranschlüssen des Transistors T1 sperrt dieser. Dadurch stellt sich ein hohes Basispotential an T2 ein, folglich leitet jetzt dieser Transistor.

Bipolare TTL-RAMs wurden in der Vergangenheit wegen kurzer Zugriffszeiten (< 100 ns) bei schnellen Schaltungen eingesetzt. Durch den großen Flächenbedarf der Bipolartransistoren und die hohe Verlustleistung ist die Speicherkapazität begrenzt (≤ 4 kbit).

Durch neue Technologien mit kleinsten Strukturbreiten (≤ 1 µm) ergeben sich für MOS-Transistoren größere Flächendichten als bei den Bipolartransistoren (≤ 1 Mbit bei CMOS-SRAMs).

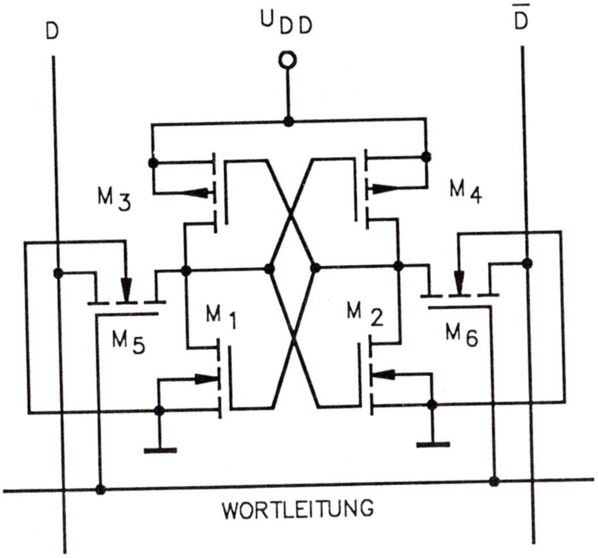

Bild 5.47. CMOS–RAM mit sechs Transistoren

Bei einem CMOS-RAM findet man im allgemeinen 6-Transistor-Speicherzellen wie Bild 5.47 zeigt. Die Speicherzelle wird durch die beiden rückgekoppelten CMOS-Inverter mit den Transistoren M1 bis M4 gebildet. Wenn M1 und M4 leiten, sperren M2 und M3. Durch die anliegende Adresse wird vom Zeilendekoder eine Zeile, die als "Wortleitung" bezeichnet wird, aktiviert. Die von der Wortleitung mit einem H-Pegel angesteuerten Schalttransistoren M5 und M6 legen beim Lesen die Drainpotentiale der N-Kanal-Transistoren auf die beiden Spaltenleitungen, die als "Bitleitungen" (D und $\overline{D}$) bezeichnet werden. Diese Bitleitungen werden einem Spaltenmultiplexer zugeführt, der das durch die Adresse selektierte Bitleitungspaar auf den Leseverstärker legt und zum Ausgang führt.

Beim Schreibvorgang arbeitet der Multiplexer als Dekoder/Demultiplexer, das Datum liegt in Eigenform und invertiert an den beiden selektierten Bitleitungen. Die gewünschte Speicherzelle wird durch Dekodierung der Wortleitung selektiert. Liegt z.B. an der Bitleitung D ein L-Pegel und sperrt M_1, so erzwingt der eingeschaltete Transistor M_5, daß der zuvor leitende Transistor M_2 sperrt und M_1 leitet.

5.7.2 Dynamische Speicher

Dynamische RAMs weisen sehr hohe Speicherkapazitäten (z.Z. ≤ 4 Mbit) auf. Die hohe Integrationsdichte wird durch den einfachen Datenspeicher, bestehend aus einer MOS-Kapazität von einigen Femtofarad und einem Schalttransistor für die Bitleitung, erreicht ("1 Transistor-Speicher").

Bedingt durch Leckströme müssen die Speicherkondensatoren periodisch, d.h. spätestens nach 2 ms, aufgeladen werden. Dieser "Refresh"-Vorgang erfolgt automatisch während des Lesens oder in speziellen Refresh-Zyklen. Innerhalb der Zeit von ca. 2 ms müssen alle Zeilenadressen des Speichers angesprochen werden. Zur Verringerung der Anschlußbeine ist es üblich, daß die Zeilen- und Spaltenadressen zeitlich nacheinander angelegt werden. Dies wird über zwei spezielle Leitungen zur Selektierung (RAS = "row address select" und CAS = "column address select") gesteuert. Das Zeitverhalten von RAS und CAS in Verbindung mit dem Schreib/Lesesignal und den Freigabesignalen führt zu einer komplexen Zeitablaufsteuerung.

Zum Verständnis des Speicherprinzips wird nur ein Element (Zelle) betrachtet (Bild 5.48).

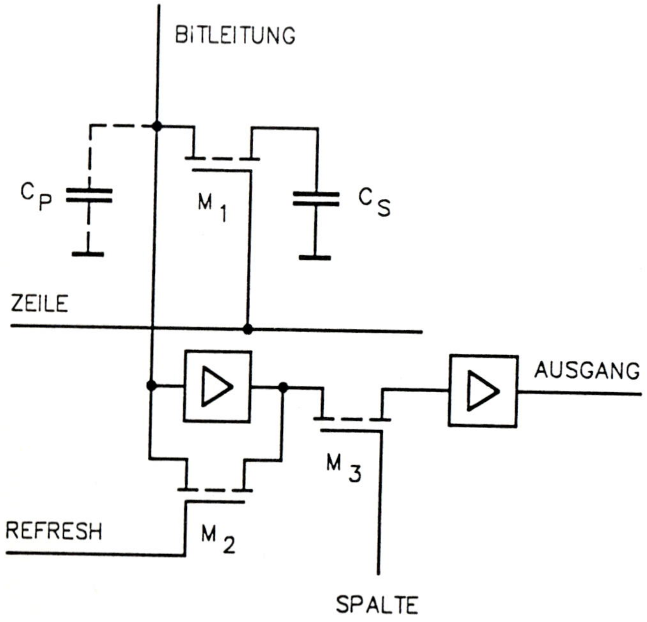

Bild 5.48. "1-Transistor"-Speicher mit Signalauffrischung bei dynamischen RAMs

Ist der Speicherkondensator C_S geladen, entspricht dies einer logischen 1 (H-Pegel), ein nichtgeladender C_S einer logischen 0 (L-Pegel). Der Ladungsunterschied zwischen einem geladenen und einem ungeladenen Kondensator liegt bei ca. 10^6 Elektronen.

Über den Adreßdekoder wird nun eine Zeile (= Wortleitung) selektiert. Der H-Pegel auf der Wortleitung steuert den Schalttransistor M_1 durch und entlädt C_S wegen der hohen Parasitärkapazität $C_P \approx 10 \cdot C_S$ der Bitleitungen. Dieser Ladungsausgleich bewirkt, daß die gespeicherte Information einer ganzen Zeile zerstört wird.
Über einen Leseverstärker läßt sich das Signal an C_P verstärken.

Zum Auslesen wird über die Zeilenleitung der Transistor M_1 durchgeschaltet. Der Ausgang des Leseverstärkers wird durch Schalten des selektierten Spaltentransistors M_3 auf den Ausgangsverstärker geführt. Wegen der Ladungszerstörung ist eine Rückkopplung über M_2 erforderlich, die das Signal am Kondensator C_P auffrischt ("Refresh"). Der Speicherkondensator C_S wird über den Schalttransistor M_1 von C_P geladen und somit auch aufgefrischt.

Während eines reinen "Refresh"-Vorganges wird M_3 nicht aktiviert.

Bei einem Schreibvorgang wird eine Bitleitung durch den Adreßdekoder selektiert und dadurch die zugehörige parasitäre Kapazität C_P geladen. Über die selektierte Wortleitung (Zeile) wird die Ladung über M_1 dem Speicherkondensator C_S zugeführt.

6 Interface-Schaltungen

Jede Schaltkreisfamilie hat unterschiedliche Pegelbereiche für die Zustände "LOW" und "HIGH". Die Ströme und Spannungen innerhalb einer Schaltkreisfamilie sind für die Ein- und Ausgänge aufeinander abgestimmt. Für die Kombination verschiedener Schaltkreisfamilien, also beim Übergang zwischen verschiedenen Systemen oder durch Sonderschaltkreise bedingt, die nur in bestimmten Technologien hergestellt werden, sind Übergangsschaltungen ("Interface-Schaltungen") zur Signalanpassung erforderlich. Über Interface-Schaltungen werden auch elektromechanische Systeme (Aktoren, Stellglieder und Motoren) gesteuert. Zur Potentialtrennung und zur Leistungsanpassung sind mechanische und elektronische Relais üblich.
Über Optokoppler (Kombination einer Leuchtdiode und eines fotoempfindlichen Elementes, siehe Abschnitt 6.4) lassen sich Potentialtrennungen herstellen. Zur Potentialtrennung von Wechselspannungen oder von Impulsen lassen sich auch Transformatoren und Impuls-Übertrager einsetzen.

Ausgehend von den Pegeln der Schaltkreisfamilien und den Eingangs- und Ausgangswiderständen der Schaltungen sollen Interface-Schaltungen zur Pegelumsetzung und für Leistungsstufen untersucht werden.

Die besonderen Eigenschaften von Optokopplern werden in Hinblick auf digitale Anwendungen erläutert.

6.1 Pegelumsetzer

Bei der Kombination verschiedener TTL-Schaltkreisfamilien (Standard, LS, S, ALS, AS und FAST) ist ein Übergang direkt möglich. Die Pegelbereiche für L und H sind nahezu identisch. Unterschiedlich sind aber die Eingangsströme und die maximalen Ausgangsströme für H- und L-Pegel. Dies führt zu einem Fan in/Fan out-Problem. Man muß für jede Schaltung eine Strombilanz aufstellen und die erlaubte Anzahl der Eingänge pro Ausgang berücksichtigen [6.1 und 6.2].
In der Tabelle 6.1. findet man die Anzahl der Eingänge, die maximal an einen Ausgang geschaltet werden dürfen für den LOW- und den HIGH-Pegel (L/H). Die angegebenen

Werte gelten für Standardgatter gleichen Typs (Beispiel: TTL-Inverter 74 (/LS/S/ ALS/AS/F) 04).
Der kleinere Wert ist für die Schaltung maßgeblich, d.h. daß ein Standard-TTL-Ausgang mit maximal 20 Eingängen von ALS-Schaltungen (und nicht mit 160 !) belastet werden darf.

Nicht betrachtet werden Leistungsgatter (z.B. 74 S 140) und spezielle Bustreiber (z.B. 74 F 240 bis 244 oder 74 F 3037 bis 3040). Die Leitungstreiber 74 F 3037 bis 3040 liefern Ströme I_{QLMAX} = 160 mA und I_{QHMAX} = - 67 mA [6.2].

Tabelle 6.1. TTL-Ausgangsfächer für LOW- und HIGH-Pegel (F_{OL} und F_{OH}) nach [6.1, 6.2]

Ausgang	Eingang					
	Standard	LS	S	ALS	AS	FAST
Standard-TTL	10/10	40/20	8/8	160/20	40/20	26/20
Low-Power-Schottky-TTL (LS)	5/10	20/20	4/8	80/20	20/20	13/20
Schottky-TTL (S)	12/25	50/50	10/20	200/50	50/50	33/50
Advanced Low-Power-Schottky-TTL (ALS)	5/2	20/5	4/2	80/5	20/5	13/5
Advanced Schottky-TTL (AS)	5/10	20/20	4/8	80/20	20/20	13/20
Fairchild Advanced Schottky–TTL (FAST)	12/25	50/50	10/20	200/50	50/50	33/50

Das Fan out einer Schaltung für den H-Pegel am Ausgang (F_{OH}) läßt sich erhöhen, wenn man einen Widerstand von der Versorgungsspannung zum Ausgang legt. Dadurch verringert sich natürlich das Fan out für den L-Pegel (F_{OL}), weil dieser Widerstand einen zusätzlichen Strom verursacht.

Bei der Kombination von TTL- und CMOS-Schaltungen muß man darauf achten, daß die Pegel aufeinander abgestimmt sind. Verwendet man CMOS-Schaltungen der Reihe 74 HCT, ist eine direkte Beschaltung möglich. Die Eingangspegelbereiche der Reihe 74 HCT sind identisch mit denen von TTL-Schaltungen. Ausgangsseitig zeigen alle CMOS-Schaltungen (74 HCT, aber auch 74 HC und 4xxx) sehr niedrige L-Pegel und sehr hohe H-Pegel.

Die Werte liegen typischerweise 0,1 V über U_{SS} (= GND = Masse) und 0,1 V unter U_{DD} (= U_{CC} = Versorgungsspannung).
Da CMOS-Ausgänge nur begrenzte Ströme treiben können, ist die Anzahl der TTL-Eingänge pro Ausgang begrenzt [6.3]. Die Daten für die maximale Ausgangsstrombelastung I_{QMAX} sind herstellerabhängig und liegen bei 4 bis 8 mA für LOW und HIGH (74 HC/HCT).
Bei der 4000 B-Reihe (B = gepuffert) liegen die Ströme I_{QMAX} für U_{CC} = 5 V bei ca. 0,4 mA, so daß gerade eine 74 LS-TTL-Schaltung angeschlossen werden kann.
Für den Übergang von Bausteinen der 4000 B-Reihe zu TTL gibt es besondere Bausteine. Diese Bausteine sind immer dann unerläßlich, wenn die Versorgungsspannung bei CMOS größer ist als 5 V (maximal sind 18 V zulässig). Der CMOS-Standardtreiber 4049 ist im Bild 6.1 zu sehen [6.4]. Die Schaltung arbeitet als Inverter, für die nichtinvertierende Treiberfunktion ist der Baustein 4050 gedacht.

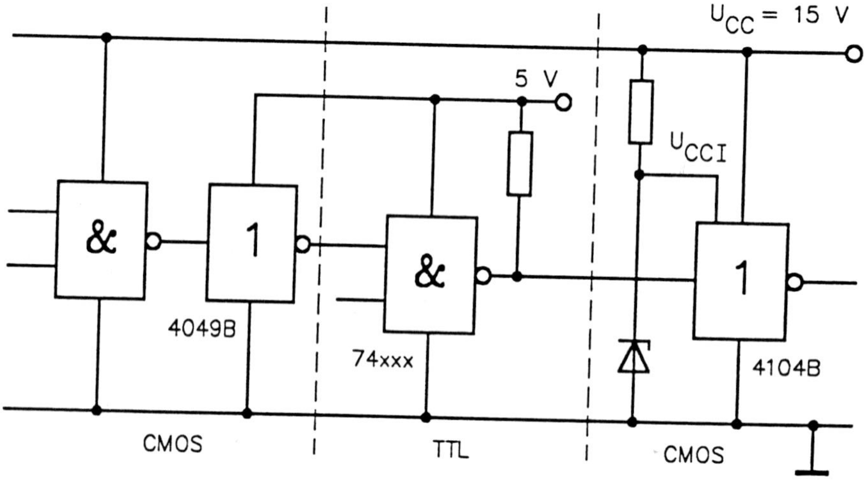

Bild 6.1. CMOS-TTL-CMOS-Interface mit den Bausteinen 4049 und 4104

Die Hersteller von CMOS-Schaltungen erlauben die Parallelschaltung einzelner Gatter, wenn sich diese in einem Baustein befinden. Durch den Integrationsprozeß sind die Daten der Gatter nahezu gleich. Bei eingangs- und ausgangsseitiger Parallelschaltung von 6 Invertern pro Baustein (z.B. 4069 oder 74 HC 04) steht nahezu der sechsfache Ausgangsstrom $\Sigma I_Q = 6 \cdot I_Q$ zur Verfügung. Aus Sicherheitsgründen sollte man die Schaltung nur mit ca. $(0{,}8$ bis $0{,}9) \cdot \Sigma I_Q$ belasten.
Der Übergang von TTL nach CMOS läßt sich durch den CMOS-Baustein 4104 oder durch einen TTL-Inverter mit open collector realisieren. Die Sperrspannung des Transistors mit offenem Kolektor muß größer sein als die Betriebsspannung der CMOS-Schaltung. Diese Forderung ist bei den Bausteinen 7406 und 7407 erfüllt (Bild 6.2).

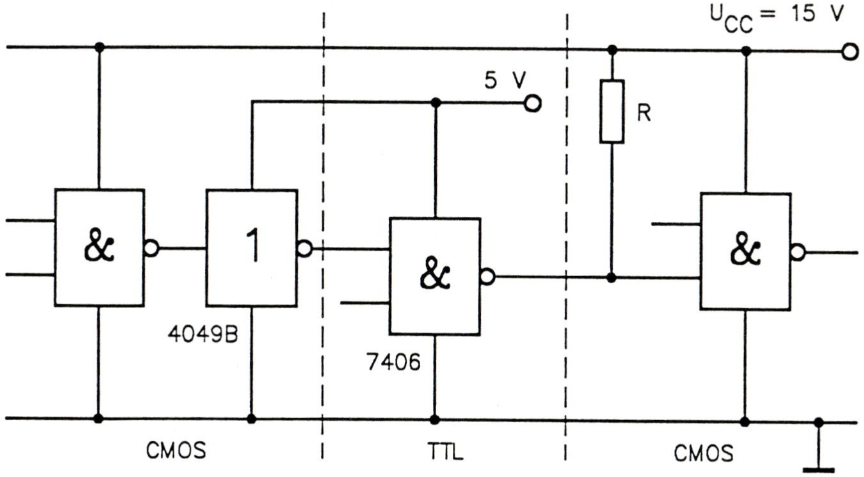

Bild 6.2. CMOS-TTL-CMOS-Interface mit offenem Kollektorausgang

Wird der Ausgang einer TTL-Schaltung mit dem Eingang einer CMOS-Schaltung (Reihe: 4xxx oder 74 HC xxx) belegt (Versorgungsspannung U_{CC} = 5 V), so muß dieser Ausgang mit einem Ziehwiderstand R gegen U_{CC} ("Pull up- Widerstand") beschaltet werden (Bild 6.3). Dieser Widerstand erhöht die TTL-Ausgangsspannung für den H-Zustand auf $U_{QH} \approx U_{CC}$.
Ohne Widerstand kann sich im ungünstigsten Fall U_{QH} = 2,4 V einstellen. Dieser Wert liegt aber niedriger als der minimal zugelassene H-Eingangspegel der CMOS-Schaltung ($U_{IH} \geq 0{,}7 \cdot U_{CC}$).

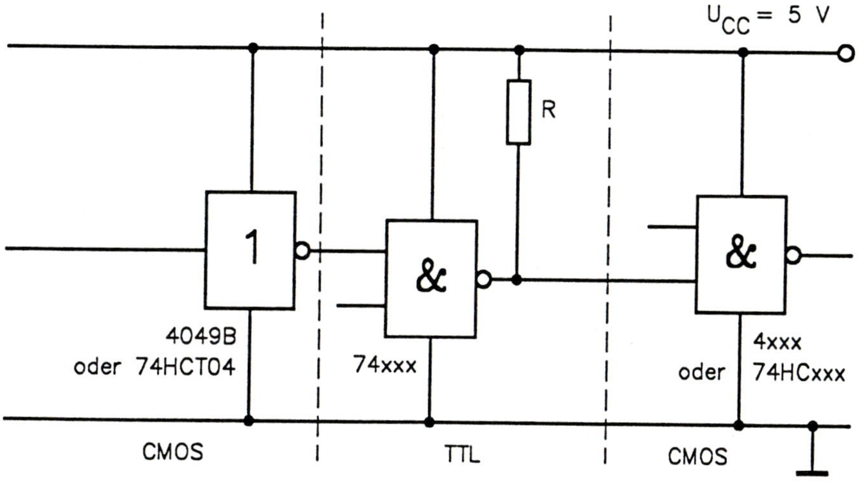

Bild 6.3. CMOS-TTL-CMOS-Interface für U_{CC} = 5 V mit Ziehwiderstand

In der Vergangenheit wurden bipolare Logikschaltungen mit hohen Pegeln und somit hoher Versorgungsspannung (Ucc = 12 bis 30 V) eingesetzt. Diese Schaltungsreihe wird als "langsame störsichere Logik" oder als "High Level Logic" (LSL bzw. HLL) bezeichnet [6.5]. Diese störsicheren, aber relativ langsamen Schaltungen lassen sich einfach an CMOS-Schaltungen anpassen.

Für den Übergang von LSL bzw. HLL auf CMOS ist bei höherer Versorgungsspannung nur ein Spannungsteiler mit Tiefpaßverhalten über den Kondensator C erforderlich (Bild 6.4). Dioden am Eingang der CMOS-Schaltung oder eine Z-Diode zur Begrenzung des

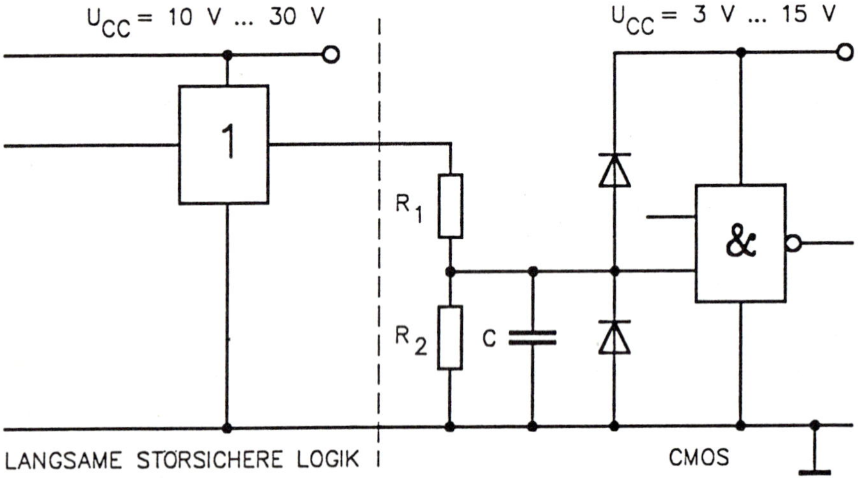

Bild 6.4. Übergang von LSL auf CMOS oder TTL mit Spannungsteiler

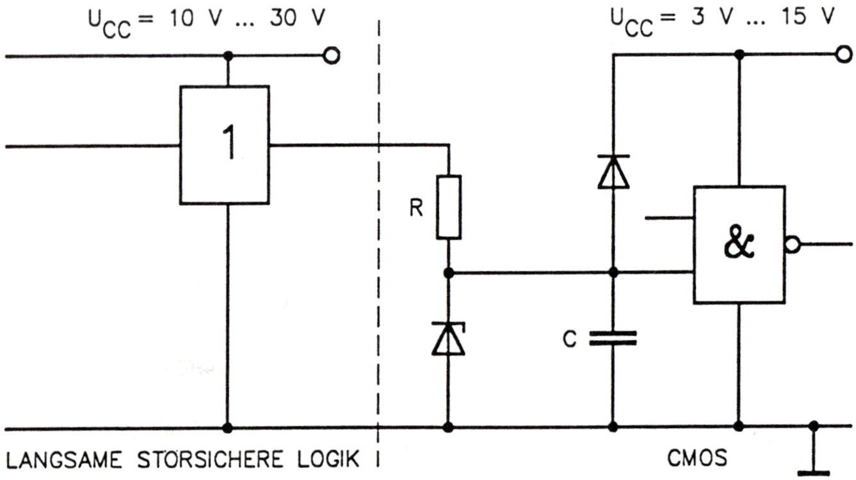

Bild 6.5. Übergang von LSL auf CMOS oder TTL mit Z-Diode

H-Pegels, wie Bild 6.5 zeigt, sorgen für einen sicheren Schutz der Eingangsschaltung [6.6]. Der Übergang von TTL und CMOS auf LSL (HLL) kann mit einem Transistor-inverter (NPN-Transistor oder N-Kanal-MOSFET mit Widerstandslast) realisiert werden (Bild 6.6).

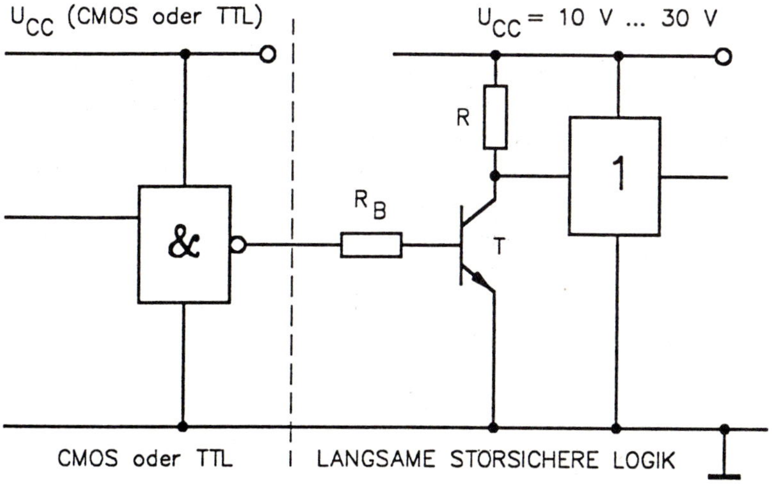

Bild 6.6. Übergang von CMOS oder TTL auf LSL mit einem Transistorinverter

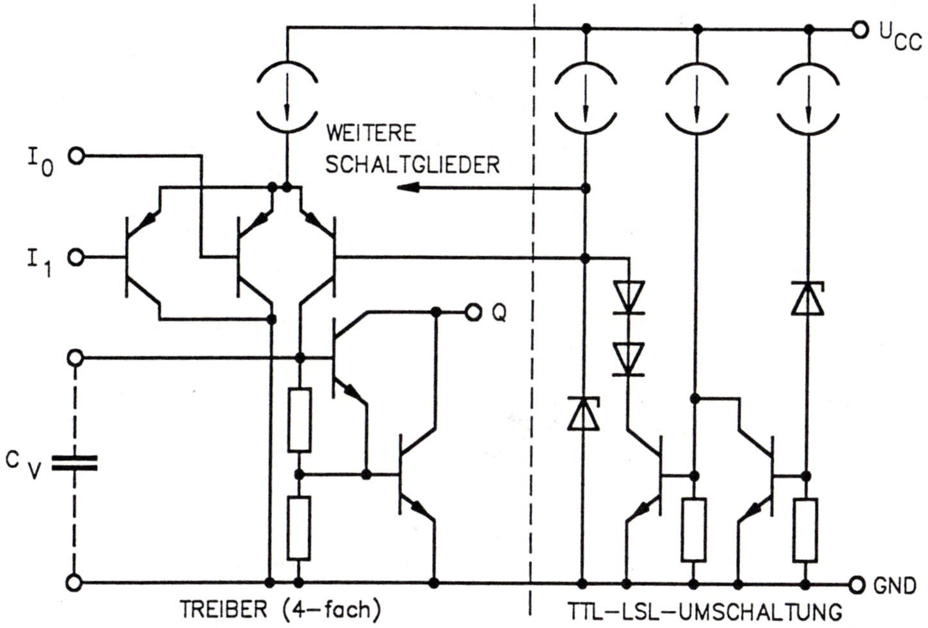

Bild 6.7. Pegelanpassung mit dem Interface-Baustein FZH 211/215

Für diesen Zweck ist auch eine universelle integrierte Schaltung mit automatischer Schwellwerteinstellung für TTL, CMOS und LSL verfügbar (FZH 211/215). Die Schaltung führt für die Eingänge I_0 und I_1 eine NAND-Verknüpfung aus (Bild 6.7). Über einen Verzögerungskondensator C_V kann ein Tiefpaßverhalten erzeugt werden. Durch den Ausgang mit offenem Kollektor lassen sich Logikfamilien mit positiver Versorgungsspannung anschließen.

In den Bereichen der schnellen Datenverarbeitung und in der digitalen Übertragungstechnik werden häufig ECL-Schaltkreise verwendet. Diese Schaltungen werden häufig mit einer Versorgungsspanung von U_{EE} = - 4,5 bis -5,2 V und GND = U_{CC} = 0 V betrieben. Für den Übergang auf TTL- oder CMOS-Schaltungen sind Interface-Schaltungen erforderlich. Eine Spannungsverschiebung über vorgespannte Spannungsteiler oder Transistorinverter ist nicht sinnvoll. Die Parallelkapazitäten zu den Spannungsteilerwiderständen würden die Schaltgeschwindigkeit negativ beeinflussen. Aus diesem Grunde wurden ECL-Schaltungen in Komparatortechnik entwickelt [6.7]. Die Bausteine 10124 und 10125 sind zur Anpassung von TTL an ECL und von ECL an TTL gedacht (Bild 6.8).

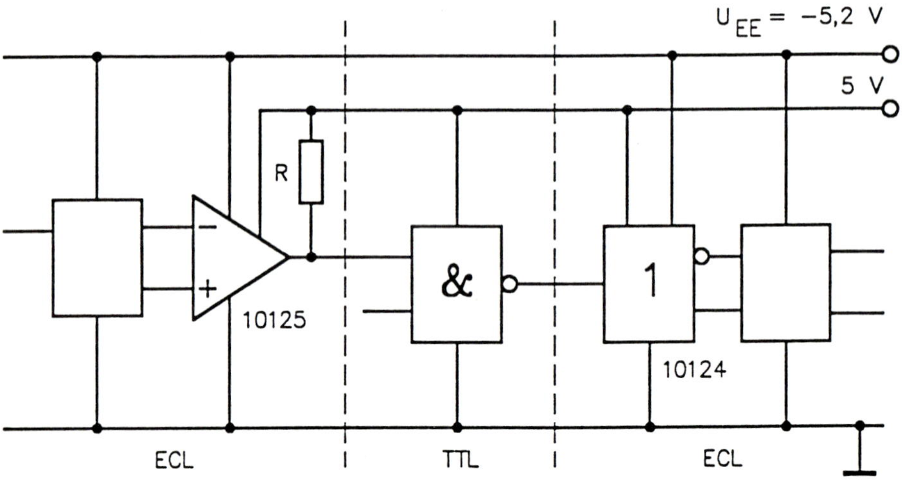

Bild 6.8. CMOS/TTL-ECL-CMOS/TTL-Interface mit den Bausteinen 10124 und 10125

Logikschaltungen werden häufig bei gemischten Systemen (analog und digital) von Operationsverstärkerausgängen gesteuert. Durch die unterschiedlichen Versorgungsspannungen (U_{BP} = 3 V bis 18 V und U_{BN} = - 18 V bis 0 V) muß der Übergang über einen Strombegrenzungswiderstand R_S und Schutzdioden D_1 und D_2 erfolgen (Bild 6.9). Dadurch wird die Gattereingangsspannung auf U_{CC} + U_{FD2} und auf - U_{FD1} begrenzt. Die Größe von R_S ist abhängig von den Eingangsströmen des Gatters für LOW und HIGH. Da bei TTL der Strom - I_{IL} >> I_{IH} ist, gilt

$$R_S \le \frac{U_{ON} + U_{FD1}}{I_{ILMAX}} \quad (6.1)$$

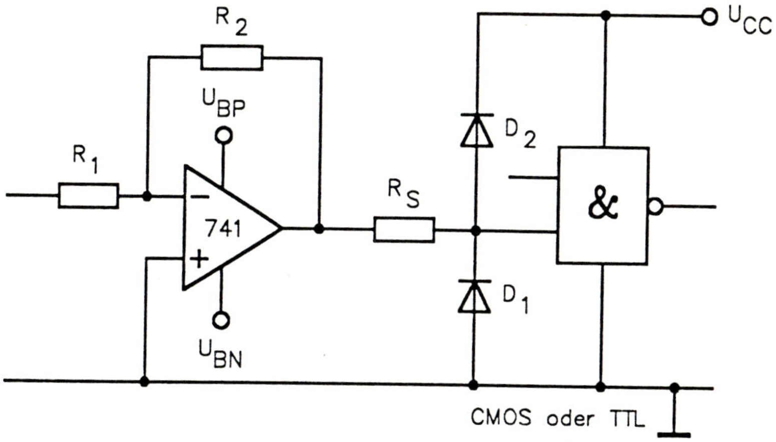

Bild 6.9. Ankopplung einer Logikschaltung an einen Operationsverstärker bei unterschiedlichen Versorgungsspannungen

Der Wert von U_{FD1} ist in (6.1) nur zu berücksichtigen, wenn die negative Ausgangsspannung des Operationsverstärkers U_{ON} kleiner ist als U_{FD1}.

Bei CMOS-Schaltungen sind hochohmige Widerstandswerte für R_S zulässig. Unter Berücksichtigung der Eingangskapazität des Gatters und der Kapazität der Dioden sollte der Widerstand $R_S \leq 10\ k\Omega$ gewählt werden.

Werden der Operationsverstärker und die Logikschaltungen aus einer Versorgungsspannung gespeist, so kann auf die äußeren Schutzdioden verzichtet werden (Bild 6.10). Die Widerstände R_C und R_G legen das Ruhepotential der Ausgangsspannung U_O fest.

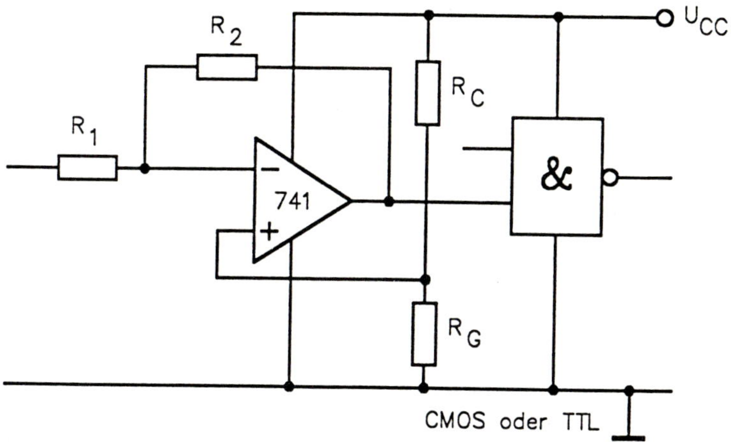

Bild 6.10. Ankopplung einer Logikschaltung an einen Operationsverstärker bei gleicher Versorgungsspannung

6.2 Leistungsstufen

Bei den Leistungsstufen unterscheidet man Systeme mit und ohne Potentialtrennung. Bei netzgeführten Wechsel- und Drehstromsystemen und bei Hochspannungsschaltungen sind Interface-Schaltungen mit Potentialtrennung aus Gründen der elektrischen Sicherheit und zum Schutz der logischen Schaltungen gegen hohe Störspannungen erforderlich.

Leistungsstufen mit kleinen Versorgungs-(gleich)-spannungen weisen häufig keine Potentialtrennung auf. Diese Leistungsstufen sind als Eintakt- oder Gegentaktschalter ausgeführt. Häufig werden Eintaktschalter zum Schalten induktiver Lasten zur Ansteuerung von Relais, Magnetventilen und Stellmotoren verwendet (Bild 6.11). Das Schaltverhalten läßt sich durch einen Ziehwiderstand R_P verbessern. Die im Abschnitt 3.4.3 gezeigten Berechnungsmethoden werden für diese Schaltungen angewendet.

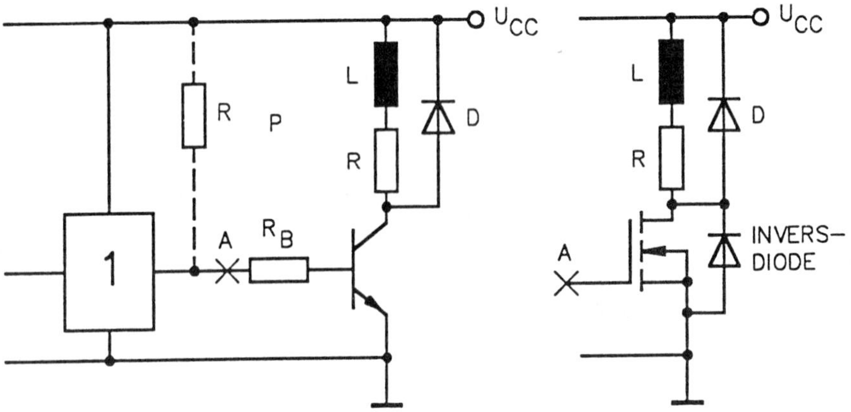

Bild 6.11. Induktive Leistungsschalter mit externen Transistoren (bipolar und MOS)

Die beim Abschalten von induktiven Lasten induzierte Spannung muß durch Schutzschaltungen vermindert werden. Bei Logikschaltungen mit offenem Kollektor und hohem Stromvermögen läßt sich die Induktivität direkt in den Ausgang legen (Bild 6.12).

Bei ohmschen Lasten werden diese Schaltungen auch angewendet. Die Freilaufdiode ist einzusetzen, weil sog. "ohmsche" Lasten häufig einen nicht zu vernachlässigenden induktiven Anteil aufweisen.
Typische ohmsche Lasten sind Leistungs-(Heiz)-Widerstände und Lampen. Zum Treiben von Leuchtdioden ("LED"), Segmentanzeigen und Optokopplern werden ebenfalls Eintaktschalter verwendet (Bild 6.13 bis 6.15).

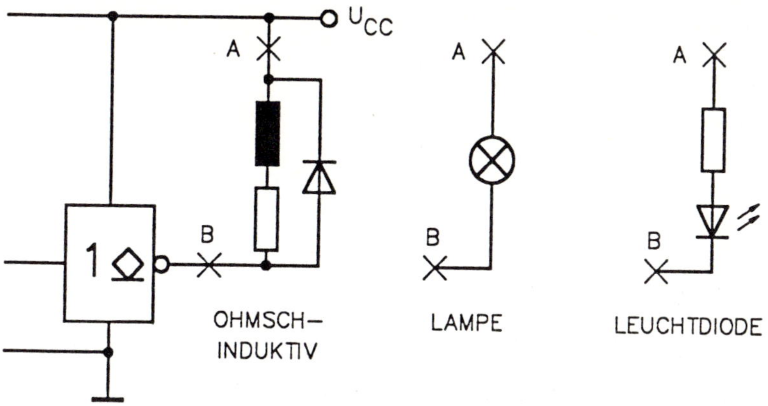

Bild 6.12. Lastbeispiele für Schaltungen mit offenem Kollektor oder offenem Drain

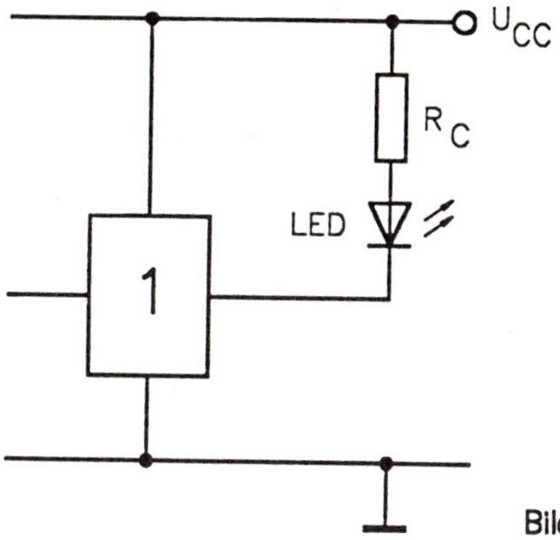

Bild 6.13. Leuchtdiodentreiber

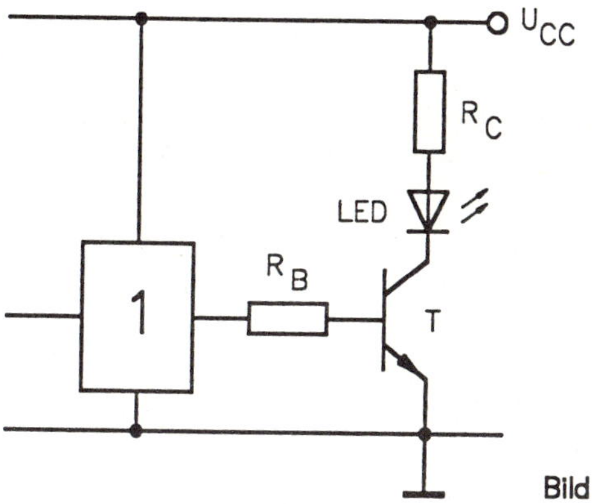

Bild 6.14. Leuchtdiodentreiber mit Transistorinverter

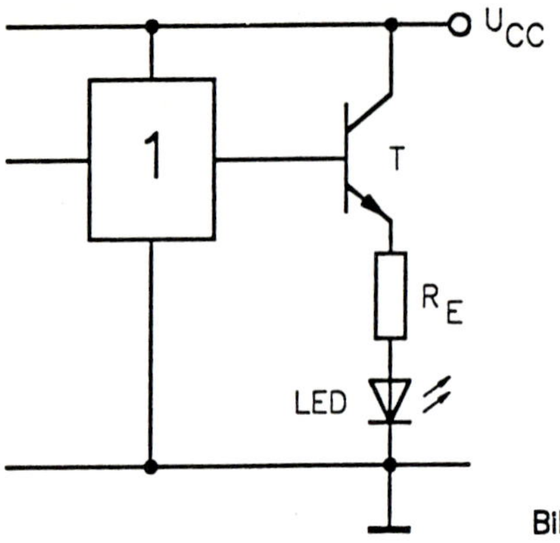

Bild 6.15. Leuchtdiodentreiber mit Emitterfolger

Bei der Schaltung (Bild 6.14) fließt der Strom I_{FLED} für die Leuchtdiode LED durch einen externen Lasttransistor in Emitterschaltung. Für den Basiswiderstand gilt

$$R_B = \frac{B_N \cdot (U_{CC} - U_{QL} - U_{BE})}{m \cdot I_{FLED}} \qquad (6.2)$$

mit dem Übersteuerungsfaktor m.
Für den Strombegrenzungswiderstand R_C in den Bildern 6.13 und 6.14 gilt

$$R_C = \frac{U_{CC} - U_{FLED} - U_{CEX}}{I_{FLED}} \qquad (6.3)$$

mit den Leuchtdiodenwerten in Flußrichtung $U_{FLED} \approx 1{,}6$ V bis 2,2 V und $I_{FLED} \approx 1$ mA bis 40 mA. Für das Schaltbild 6.13 muß U_{CEX} durch U_{QL} ersetzt werden.
Bei den LED-Segmentanzeigen gibt es zwei Arten, die anodenseitig und die katodenseitig verbundenen Segmente ("common anode" und "common cathode").
Die Ansteuerschaltungen der Bilder 6.13 und 6.14 eignen sich somit für anodenseitig verbundene Segmente, die an der Versorgungsspannung U_{CC} liegen.
Katodenseitig verbundene Segmente müssen aus einer Emitterfolgerschaltung (Bild 6.15) getrieben werden. Für den Strombegrenzungswiderstand R_E gilt

$$R_E = \frac{U_{QH} - U_{BE} - U_{FLED}}{I_{FLED}}. \qquad (6.4)$$

Die Bipolartransistoren können auch durch N-Kanal-MOSFETs ersetzt werden. Dadurch ergeben sich andere Widerstandswerte für R_C und R_E. Bei der Schaltung (Bild 6.13) entfällt für den MOS-Treibertransistor der Widerstand R_B.
Zur Ansteuerung von Siebensegmentanzeigen gibt es spezielle Treiberschaltungen in den TTL- und CMOS-Familien, die teilweise schon Vorwiderstände oder interne Stromquellen enthalten.

Bei Verwendung von Bipolartransistoren greift man häufig bei hohen Strömen auf sog. "Darlington-Transistoren" zurück, eine Kombination von zwei oder mehreren Transistoren, bei denen sich die Einzelstromverstärkungen näherungsweise multiplizieren (Bild 6.16).

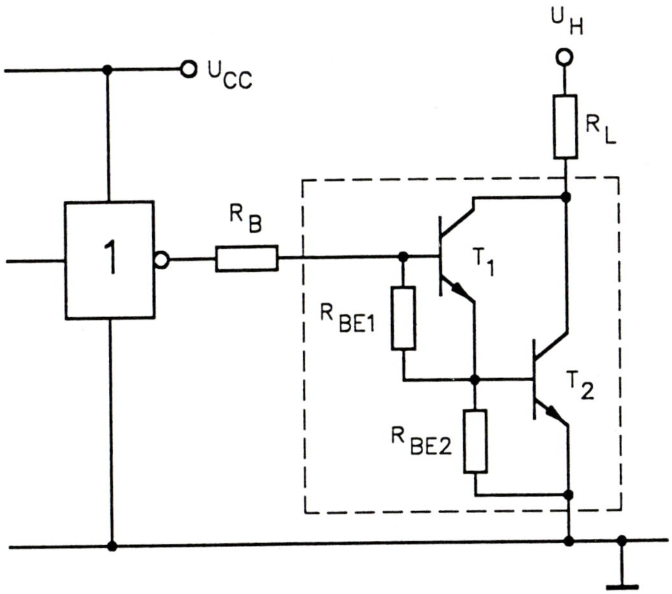

Bild 6.16. Leistungsschalter mit Darlington-Transistor

Durch Einfügen eines Gegenkopplungswiderstandes R_G bei der Emitter- bzw. Sourceschaltung, der zwischen Emitter bzw. Source und Masse (GND) liegt, stellt sich ein Konstantstrom

$$I = \frac{U_R - U_{BE}}{R_G} \qquad (6.5)$$

bzw.

$$I = \frac{U_R - U_{GS}}{R_G} \qquad (6.6)$$

bei einer Konstantspannung U_R an der Basis bzw. am Gate für den H-Pegel U_{QH} ein (Bild 6.17).

Als Eintaktschalter lösen MOS-Transistoren die jetzt noch vorherrschenden Bipolartransistoren mehr und mehr ab. Der große Vorteil der MOS-Transistoren liegt in der einfachen hochohmigen Ansteuerung, dem niedrigen EIN-Widerstand R_{DSON} und im Durchbruchsverhalten. Der sog. "zweite" (thermische) Durchbruch bei Bipolartransistoren begrenzt die Anwendungsmöglichkeiten.
Der Nachteil der Leistungs-MOSFETs ("PowerMOS") liegt in der großen Eingangskapazität, die durch den Integrationsprozeß gegeben ist. PowerMOS-Transistoren bestehen aus vielen tausend auf einem Siliziumkristall parallelgeschalteten Einzeltransistoren. Die Eingangskapazität jedes Einzeltransistors addieren sich und führen zu Eingangskapazitäten im Nanofarad-Bereich. Zum schnellen Schalten muß die treibende Gegentakt-Logikschal-

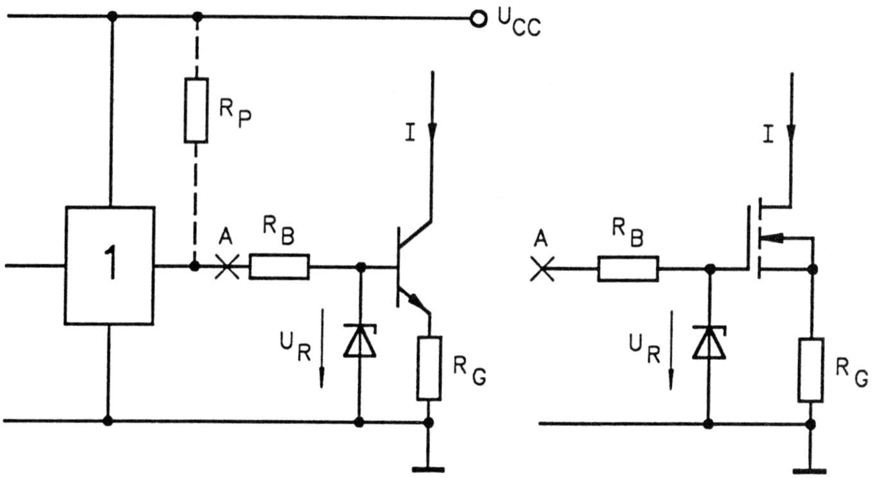

Bild 6.17. Konstantstromausgänge mit Bipolar- und MOS-Transistoren

tung sehr niedrige EIN-Widerstände für L-und H-Pegel aufweisen, um die Eingangskapazität schnell zu entladen. Für diesen Zweck werden spezielle MOS-Treiberschaltungen angeboten. Durch fortschreitende Integrationsmethoden ist es möglich, logische Schaltungen, Schutz- und Begrenzerschaltungen und den Leistungsschalter auf einem Kristall zu integrieren.

Zur Ansteuerung von Leistungshalbleitern wie Thyristoren eignen sich Logikschaltungen, wenn die Steuerleistung entsprechend niedrig ist. Speziell für diesen Anwendungsfall werden Thyristoren mit kleinen Steuerströmen (z.B. ≤ 10 mA) geliefert. Das Bild 6.18 zeigt die Ansteuerung mit einem CMOS-Gatter und über einen Schutzwiderstand R_G.

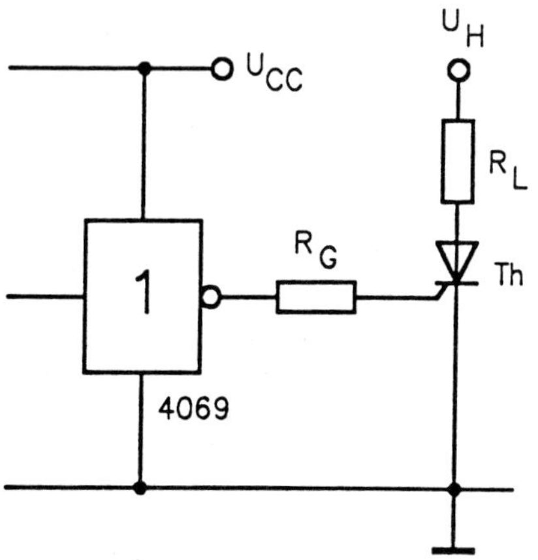

Bild 6.18. Thyristoransteuerung ohne Potentialtrennung

Leistungsschalter wie Thyristoren und Triacs schalten häufig hohe Spannungen, die zwischen 100 V und 2000 V liegen. Aus Sicherheitsgründen werden diese Schaltungen potentialgetrennt ausgeführt. Bei einer Gleichspannungskopplung der beiden Kreise bieten sich zur Trennung besonders Optokoppler an. Eine einfache Schaltung zeigt Bild 6.19.

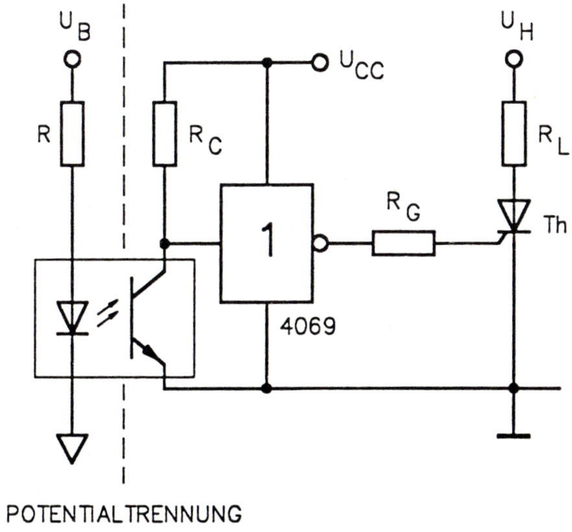

Bild 6.19. Thyristoransteuerung mit Potentialtrennung durch einen Optokoppler

Zum Schalten von Wechselspannungen werden Triac-Schaltungen so erweitert, daß ein Schaltvorgang im Nulldurchgang der Wechselspannung erfolgt (Bezeichnung: "elektronisches Lastrelais").
Dadurch ist der Schaltvorgang mit einer niedrigen Verlustleistung und geringer Störstrahlung verbunden. Das "phasenangeschnittene" Schalten sorgt für Oberwellen, die bei elektronischen und nachrichtentechnischen Schaltungen zu starken Störungen führen.

6.3 Busschaltungen und Leitungstreiber

In digitalen Systemen unterscheidet man drei Bereiche der Signalausbreitung: mikroskopisch, makroskopisch und teleskopisch.
Im mikroskopischen Bereich sind die Signalwege in integrierten Schaltungen und in Dünnschichtschaltungen nur einige µm bis mm lang. Ausgehend von der Signalgeschwindigkeit im Festkörper

$$v = \frac{1}{\sqrt{\mu_0 \cdot \mu_r \cdot \varepsilon_0 \cdot \varepsilon_r}} \qquad (6.7a)$$

$$= \frac{c_0}{\sqrt{\mu_r \cdot \varepsilon_r}} \qquad (6.7b)$$

ergibt sich eine Signalgeschwindigkeit, die kleiner ist als die Lichtgeschwindigkeit. Mit der Vakuum-Lichtgeschwindigkeit $C_0 = 2{,}99792 \cdot 10^8 \text{ m} \cdot \text{s}^{-1}$ und den magnetischen und elektrischen Feldkonstanten μ_0 und ε_0 sinkt die Signalgeschwindigkeit durch die Permeabilitätszahl ($\mu_r \geq 1$) und die Dielektrizitätszahl ($\varepsilon_r \geq 1$) des Materials ab.
Ausgehend von den Substratmaterialien mit $\mu_r = 1$ und $\varepsilon_r \approx 2$ bis 9 kann die Signalgeschwindigkeit auf ein Drittel der Lichtgeschwindigkeit absinken.
Die makroskopische Betrachtung der Leiterplatte mit Wegen S zwischen einigen mm bis über 100 mm und mit vergleichbaren Dielektrizitätszahlen führt zu ähnlichen Signalgeschwindigkeiten auf Verbindungsbahnen.
Die Signallaufzeit $T = S \cdot v^{-1}$ kann daher auf Leiterplatten ca. um den Faktor 10^4 größer sein als bei integrierten Schaltungen.
Bei noch größeren Entfernungen müssen die Störungen und Signalverfälschungen durch Reflexionserscheinungen berücksichtigt werden. Lange Verbindungswege für Signale, die als "Leitungen" bezeichnet werden, müssen mit ihrem kapazitiven und induktiven Verhalten berücksichtigt werden. Das Leitungsverhalten ist zu vernachlässigen, wenn die Signallaufzeit viel kleiner ist als die Anstiegs- und Abfallzeit der betrachteten Impulse, die auf einer Leitung transportiert werden sollen.
Bei "langen" Leitungen werden Impulse am Leitungsende reflektiert, in Richtung des Leitungsanfangs zurückgeschickt, wieder reflektiert und mit einer gewissen Dämpfung zum Leitungsende zurück transportiert. Diese Vielfachreflexion mit Überlagerung neuer Impulse führt zu einer starken Verfälschung der Impulsform. Die Methode des Wellenwiderstandsabschlusses ist anzustreben, läßt sich aber in vielen Fällen nicht realisieren, weil die Ausgangs- und Eingangswiderstände nichtlinear sind, also von der Höhe der Pegel abhängen. Mit Hilfe eines grafischen Verfahrens ("Bergeron-Schema", siehe [6.8]) läßt sich das nichtlineare Verhalten berechnen.
Das Bild 6.20 zeigt einen typischen Schaltungsaufbau mit zwei Gattern und der Leitung.

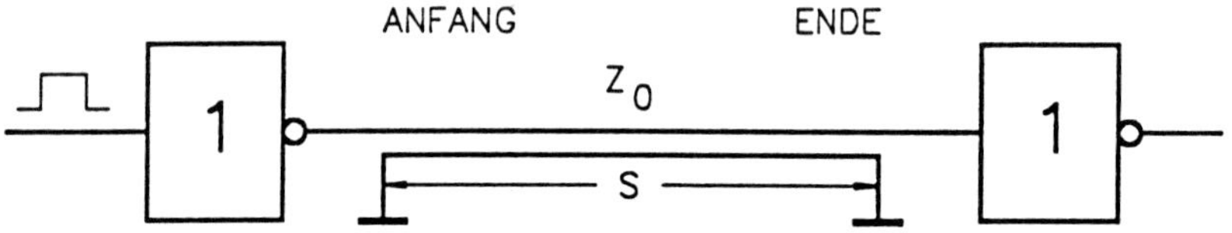

Bild 6.20. Gatter mit Leitungsverbindung

Im Bild 6.21 sind die Impulsverläufe für ein Rechtecksignal am Ausgang $U_A(t)$ und am Eingang $U_E(t)$ einer TTL-Standard-Logikschaltung gezeigt. Als Leitung wurde ein Koaxialkabel mit einem Wellenwiderstand $Z_0 = 50\ \Omega$ verwendet (Länge S = 10 bis 50 m).
Die Signalverfälschung ist minimal, wenn man eingangs- und ausgangsseitig das Kabel mit dem Wellenwiderstand abschließt. Dies führt zu einer Spannungsteilung, so daß z.B. der erlaubte H-Pegelbereich am Eingang des Gatters (= Kabelausgang) nicht mehr erreicht wird. Spezielle Leitungstreiber mit erhöhten Pegeln und einer zweiten Versorgungsspannung $U_H > U_{CC}$ könnten das Problem lösen, sind aber nicht sehr verbreitet.

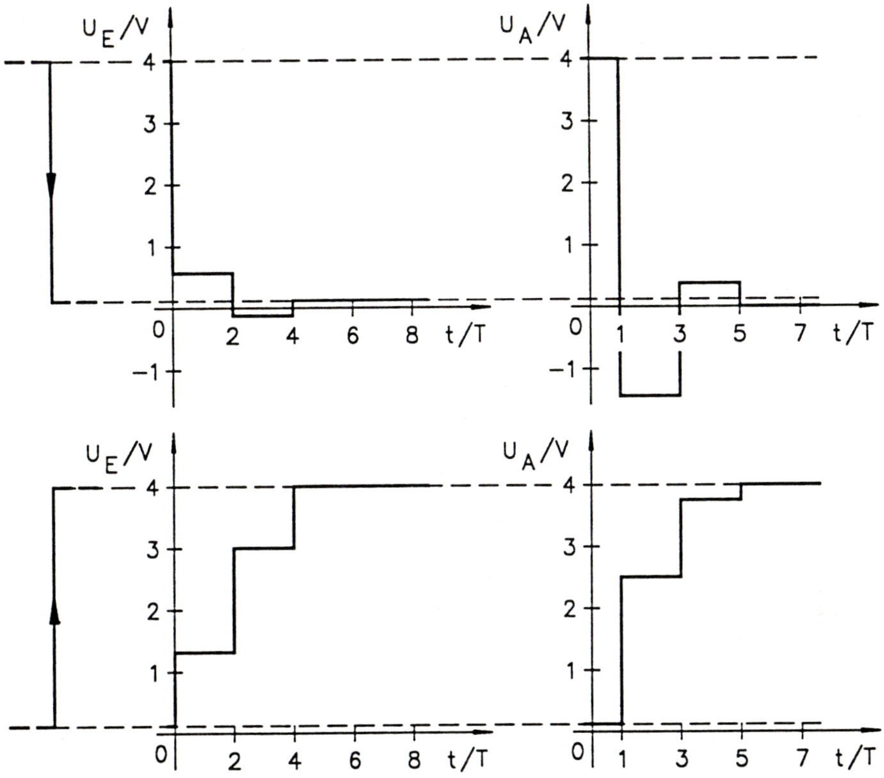

Bild 6.21. Impulsverläufe bei TTL-Standard-Gattern mit Koaxialleitungsverbindung

Üblicherweise arbeitet man mit Wellenwiderstandsabschluß am Ende der Leitung ($R_A = Z_O$). Bei niederohmigen Treibern (ohne externen Widerstand R_E) wird der Pegelbereich nicht verfälscht. Reflexionen treten nicht auf. Nachteilig ist aber der große Leistungsverbrauch von ca. 0,15 W bis ca. 0,5 W im Widerstand (bei Koaxialleitungen und U_{CC} = 5 V). Die Situation wird günstiger, wenn man Koaxialkabel mit höherem Z_O, verdrillte Leitungen ("Twisted Pair") oder Flachbandleitungen verwendet. Der Wellenwiderstand liegt höher, bei Koaxialleitungen zwischen 75 Ω und 96 Ω und für verdrillte Leitungen und Flachkabel zwischen 100 Ω und 140 Ω.
Die Verfälschung des Signals ist abhängig von der Größe des Reflexionsfaktors

$$\rho = \frac{R_E - Z_O}{R_E + Z_O}. \qquad (6.8)$$

Bei einer Fehlanpassung von 20 % zeigt sich nur eine sehr geringe Signalverfälschung, die durch das Schwellverhalten des Einganges wieder aufgehoben wird. Für eine noch bessere Signalrekonstruktion sind Bausteine mit Schmitt-Triggereingängen geeignet (siehe Abschnitt 5.22). Bei dieser Fehlanpassung kann R_E auf $1{,}5 \cdot Z_O$ angehoben werden.

Eine bessere Leistungsverteilung ergibt sich mit dem Spannungsteiler-Leitungsabschluß ("Split termination"). Das Bild 6.22 zeigt zwei in Reihe geschaltete Widerstände zwischen der Versorgungsspannung und der Masse. Durch den kleinen Wechselstrom-innenwiderstand der Versorgung liegen die beiden Widerstände für die Impedanzbetrachtung parallel.

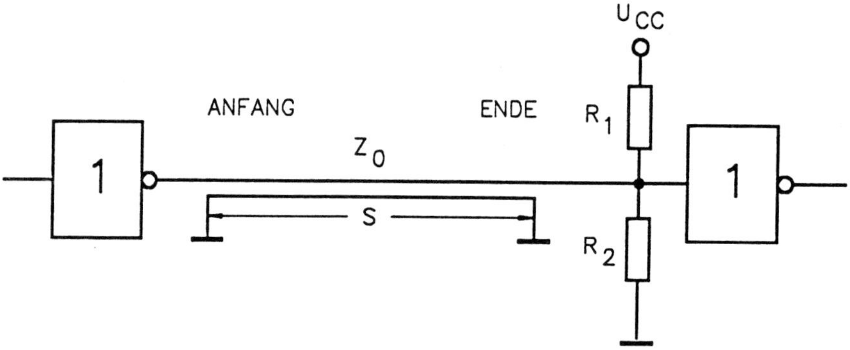

Bild 6.22. Spannungsteiler-Abschluß einer Leitung

Unter Berücksichtigung einer erlaubten Fehlanpassung folgt mit (6.8)

$$R_E = \frac{R_1 \cdot R_2}{R_1 + R_2} \qquad (6.9a)$$

und

$$= \frac{1 + \rho}{1 - \rho} \cdot Z_0 . \qquad (6.9b)$$

Der Spannungsteiler soll so dimensioniert werden, daß sich am Eingang ein H-Pegel einstellt, wenn kein Treiber am Leitungseingang vorhanden ist. Dies ist die normale TTL-Bedingung, offene Eingänge geben H-Pegel vor. Es gilt

$$U_{IHMIN} \le \frac{R_2}{R_1 + R_2} \cdot U_{CCMIN} \qquad (6.10)$$

Daraus ergeben sich die Werte

$$R_1 \le \frac{U_{CCMIN}}{U_{IHMIN}} \cdot \frac{1 + \rho}{1 - \rho} \cdot Z_0 \qquad (6.11)$$

und

$$R_2 \ge \frac{U_{CCMIN}}{U_{CCMIN} - U_{IHMIN}} \cdot \frac{1 + \rho}{1 - \rho} \cdot Z_0 . \qquad (6.12)$$

Der Spannungsteiler-Leitungsabschluß wird bei Bussystemen standardmäßig angewendet. Bei CMOS-Schaltungen mit begrenztem Treiber-Ausgangsstrom wird häufig eine kapazitive Kopplung gewählt, die zu einer niedrigen Gleich-Verlustleistung führt. Das Bild 6.23 zeigt verschiedene Widerstandskombinationen für TTL- und CMOS-Busabschlüsse bei U_{CC} = 5 V.

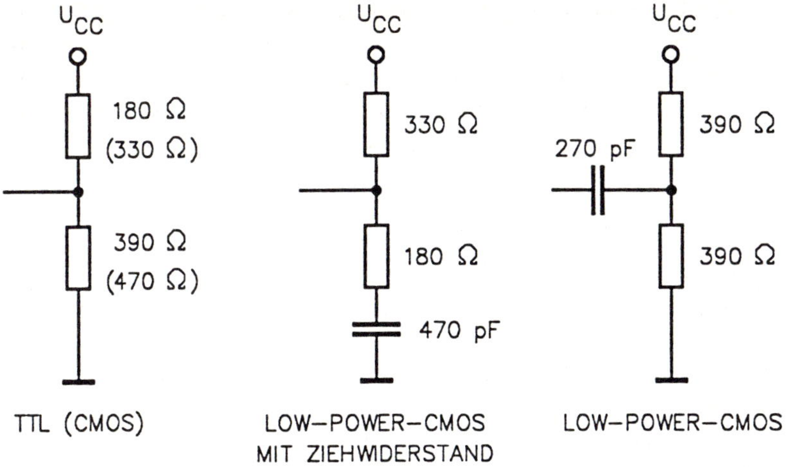

Bild 6.23. Spannungsteiler-Abschlüsse für TTL- und CMOS-Schaltungen

Systeme mit unsymmetrischer Masse- oder Erdführung zwischen einem Sender und einem Empfänger neigen zur Störspannungseinkopplung durch auftretende Gleichtaktspannungen zwischen den Massepunkten. Diese Einkopplung läßt sich vermeiden, wenn man mit symmetrischen Übertragungssystemen arbeitet (Bild 6.24).

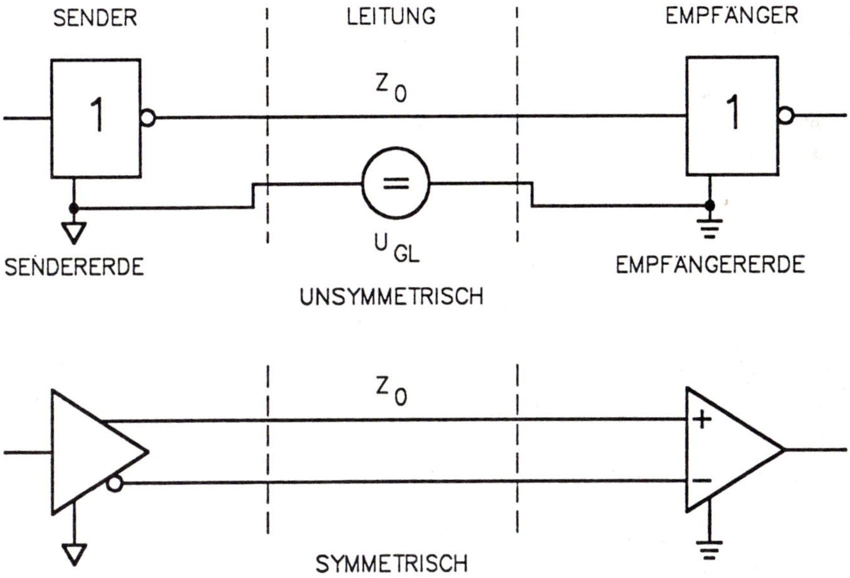

Bild 6.24. Unsymmetrische und symmetrische Datenübertragung

Die Daten werden über zwei Datenleitungen (Hin- und Rückleitung) geführt, ohne daß die Masse als Datenleitung arbeitet. Die Gleichtaktspannungen kompensieren sich, da sie in beiden Datenleitungen auftreten. Diese Methode wird auch als "differentielle" Datenübertragung bezeichnet. Sinnvollerweise werden die beiden Datenleitungen verdrillt. Die Einkopplung elektromagnetischer Störungen wird dadurch auf ein Mindestmaß reduziert.

Das Bild 6.25 zeigt die Bausteine 26 LS 31 und 26 LS 32, die Daten mit TTL-Pegeln auf differentielle Pegel umsetzen und anschließend wieder für TTL-Pegel sorgen. Die differentielle Schnittstelle ist genormt und heißt RS 422. Der Ausgang des 26 LS 31 liefert einen differentiellen Maximalpegel von ca. 4 V. Die Empfängerschaltung weist eine Eingangsempfindlichkeit von 0,2 V auf [6.9].
Bei RS 422-Schnittstellen sind Datenübertragungswege bis 1200 m bei 100 kBaud oder von 5 m bei 20 MBaud erlaubt.
Bei TTL-Schaltungen dürfen die Datenübertragungswege bei 20 MBaud die Länge von 300 mm nicht überschreiten.

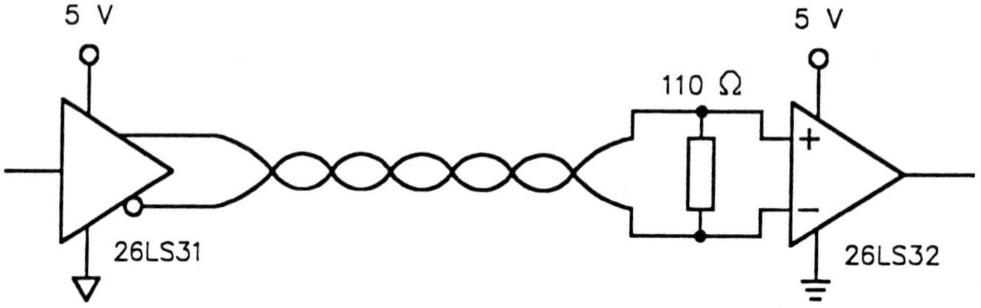

Bild 6.25. Symmetrische Datenübertragung über eine verdrillte Zweidrahtleitung

6.4 Optokoppler

Optokoppler bestehen aus einem oder mehreren optischen Sendern und Empfängern. Durch das optische Koppelprinzip ist eine elektrische Potentialtrennung vorhanden.
Als optischer Sender werden Leuchtdioden eingesetzt. Das Material bestimmt durch den direkten Bandübergang bei III/V-Verbindungen die Wellenlänge des emittierten Lichtes.
Schnelle Optokoppler arbeiten im roten und im nahen infraroten Bereich. Drei Materialien sind gebräuchlich:
GaAsP mit λ = 660 nm, GaAlAs mit λ = 875 nm und GaAs mit λ = 930 nm.

Als Fotoempfänger werden üblicherweise Fotodioden und Fototransistoren verwendet. Für spezielle Anwendungen sind auch fotoempfindliche Thyristoren, Triacs und neuerdings Feldeffekttransistoren zum Schalten von Leistungskreisen gebräuchlich [6.10]. Mit Fotofeldeffekttransistoren lassen sich auch Meßstellenumschalter bauen, weil nur der Wider-

stand R_{DSON} im EIN-Zustand auftritt. Eine Sättigungs- oder Restspannung wie beim Bipolartransistor tritt nicht auf.
Für digitale Anwendungen sind sechs unterschiedliche Optokopplerschaltungen von großem Interesse. Das Bild 6.26 zeigt die vier Grundschaltungsprinzipien (ohne integrierte Schaltungen).

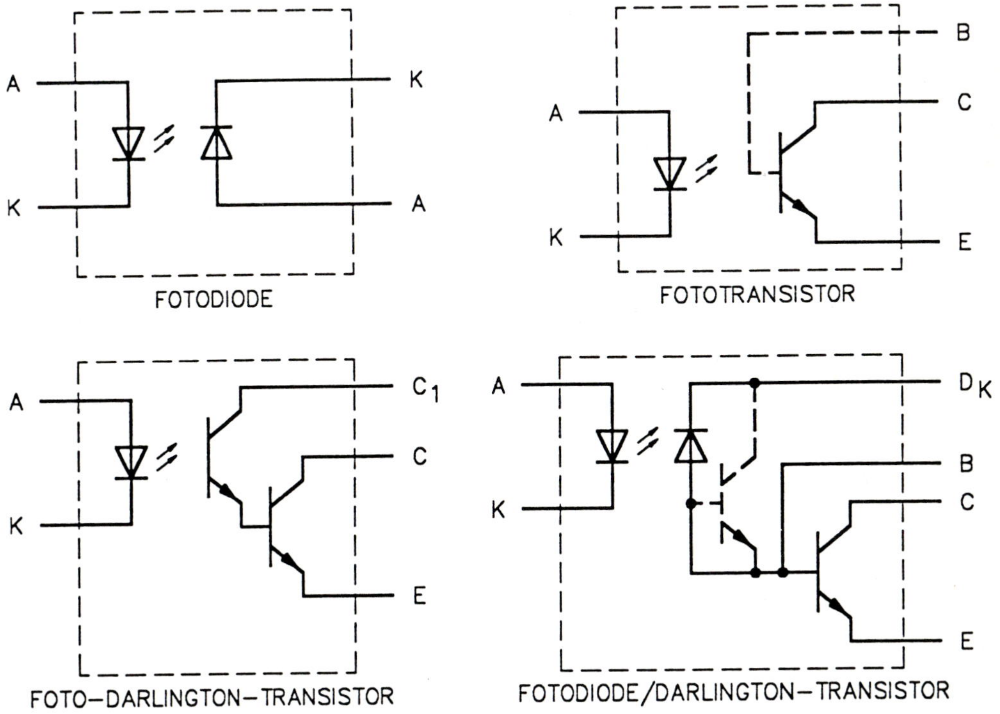

Bild 6.26. Grundprinzipien von Optokopplerschaltungen

Zur direkten Anpassung an logische Schaltungen sind zwei Prinzipien mit Eintaktausgang und mit Gegentaktausgang üblich.

Bei der einfachsten Schaltung findet die Kopplung über eine Leuchtdiode und eine Fotodiode statt. Wegen des sehr geringen Fotostromes durch die Fotodiode wurde diese Schaltung selten realisiert. Fotoempfindliche Silizium-Einzeltransistoren oder Darlingtonkombinationen werden im allgemeinen verwendet. Durch die große fotoempfindliche Basisfläche stellt sich durch Lichteintritt ein großer Fotostrom I_P durch Ladungsträgergeneration ein. Mit Berücksichtigung des Dunkel-(Rest)-Stromes I_{CBO} ergibt sich ein Kollektorstrom

$$I_C = (B_N + 1) \cdot (I_P + I_{CBO}). \qquad (6.13)$$

Bei modernen Optokopplern läßt sich I_{CBO} bei niedrigen und mittleren Temperaturen ($\leq 75\ ^0C$) vernachlässigen.

Die große fotoempfindliche Basisfläche sorgt für eine hohe Basis-Kollektor-Kapazität C_{CB}, die, durch den Miller-Effekt um den Faktor ($B_N + 1$) verstärkt, zu sehr großen Schaltzeiten führt (Bild 6.27). Aus diesem Grunde lassen sich die genannten Prinzipien nur in der langsamen Datentechnik einsetzen. Die großen Basisflächen und hohe Stromverstärkungen bewirken ein großes Stromübertragungsverhältnis CTR (= "Current Transfer Ratio") zwischen dem Eingangsstrom $I_{IN} = I_{LED}$ und dem Ausgangsstrom $I_{OUT} = I_C$.

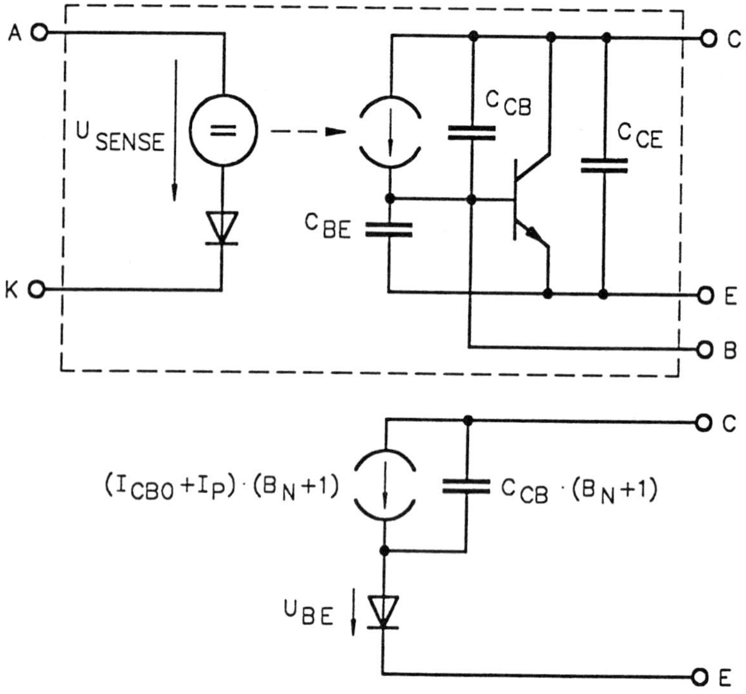

Bild 6.27. Ersatzschaltbild eines Optokopplers

Es gilt

$$CTR = \frac{I_{OUT}}{I_{IN}} . \qquad (6.14)$$

Die Tabelle 6.2. zeigt die Kenngrößen der vier Grundprinzipien.

Für schnelle Anwendungen werden eine Fotodiode und ein normaler Schalttransistor zur Verstärkung des Fotostromes verwendet (6 N 135 und 136, [6.11 und 6.12]). Der Basisanschluß wird herausgeführt. Durch einen Basisableitwiderstand R_{BE} gegen den

Emitter können Basisladungen schneller abgeleitet werden. Die Schaltzeiten lassen sich dadurch verkürzen (beim CNY 17 sinkt die Abfallzeit T_F von 9 µs ohne R_{BE} auf 2 µs mit R_{BE} = 100 kΩ). Der Basisanschluß kann auch zur Arbeitspunkteinstellung benutzt werden [6.13].

Wird der Schalttransistor durch einen Darlingtontransistor ersetzt, so steigt der CTR-Wert.

Tabelle 6.2. Vergleich optischer Empfänger (Grundprinzipien)

Optischer Empfänger	Standardtype	CTR in %	T_R/ns, T_F/ns
Fotodiode	---	0,1	100
Fototransistor	CNY 17-4	320	9000
Foto-Darlington-transistor	4 N 33	> 500	40000
Fotodiode/Darlington-transistor	6 N 135/136	20	200

Die Flußspannungen der LEDs sind von dem III/V-Material abhängig und liegen zwischen 1,5 V und 2,2 V. Die Sperrspannungen der Transistoren liegen typisch zwischen 15 V und 50 V. Die Isolationsspannung liegt zwischen 500 V bei Metallgehäusen und 15000 V bei speziellen Plastikgehäusen.

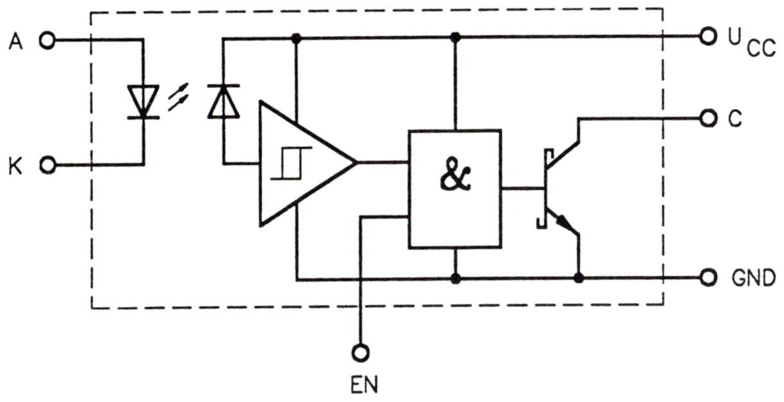

Bild 6.28. Optokoppler mit Logikinterface (offener Kollektorausgang)

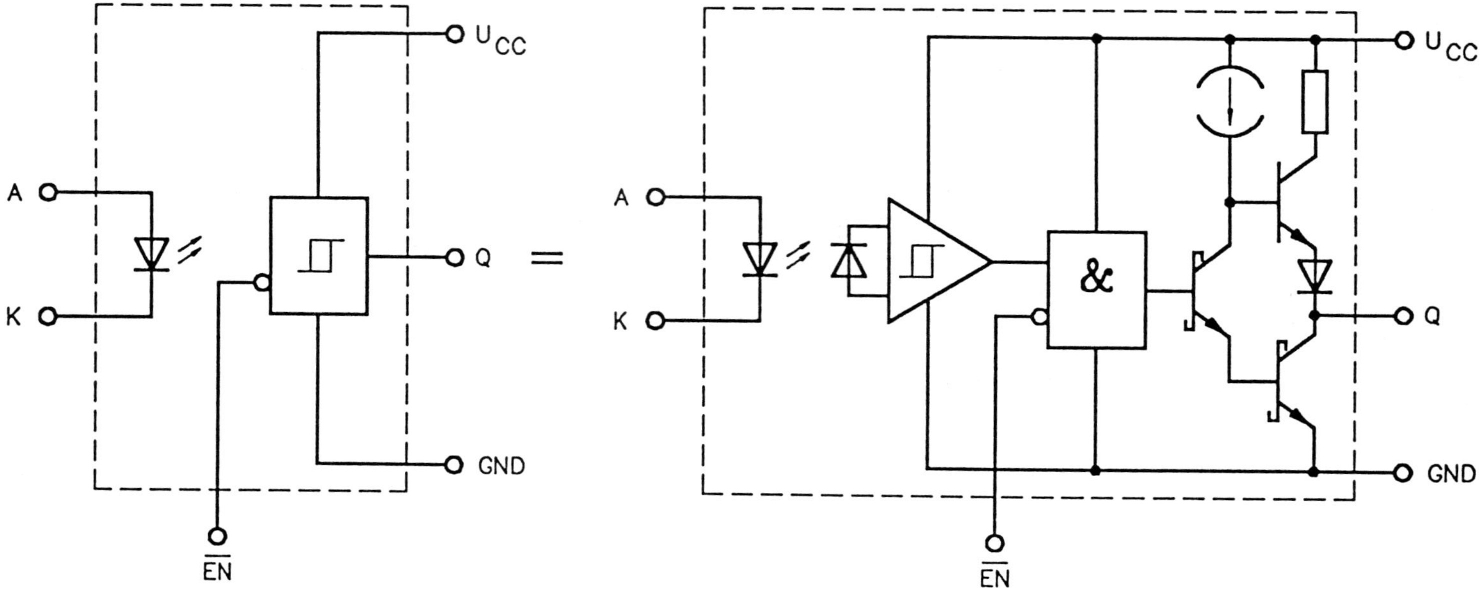

Bild 6.29. Optokoppler mit Logikinterface (TTL-Ausgang)

Im Abschnitt 8.2 sind die SPICE-Modelldaten eines CNY 17-Optokopplers zu finden. Die Bezeichnungen der Bauelemente in der SPICE-Schaltung und in dem Ersatzschaltbild des Optokopplers sind gleich (Bild 6.27).

Das Stromübertragungsverhältnis CTR ist direkt proportional zur Stromverstärkung B_N der Transistoren. Aus diesem Grunde schwanken die Werte sehr stark. Die Hersteller teilen daher die Optokopler in CTR-Klassen ein.

Der CTR-Wert sinkt im Laufe der Betriebsdauer durch Alterungserscheinungen bei den LEDs. Diese Degradation durch sinkende optische Ausgangsleistung ist bei der Schaltungsentwicklung zu berücksichtigen.

Zur direkten Anpassung an logische Schaltungen sind zwei Prinzipien üblich, die sich hauptsächlich in der Ausgangsschaltung unterscheiden:

1.) Ausgang mit offenem Kollektor zur einfachen Anpassung an Logikschaltungen und Leistungsschalter (Bild 6.28) und
2.) Gegentakt-Totem pole-Ausgang für TTL- und CMOS-Schaltungen mit U_{CC} = 5 V (Bild 6.29).

Optokoppler mit offenem Kollektor im Ausgang werden für universelle Logikanwendungen geliefert (Type 6 N 137). Übertragungsraten von 5 MBaud sind möglich. Über einen Freigabeeingang ("Enable", EN) läßt sich der Ausgangstransistor sperren.
Optokoppler mit Gegentaktausgang als TTL-Totem pole-Schaltung und 5 V-Versorgungsspannung weisen eine Logikschaltung mit Schmitt-Triggerverhalten und Freigabe über $\overline{EN}$ auf. Bei $\overline{EN}$ = HIGH geht der Ausgang Q in den hochohmigen Zustand Z ("TRI STATE").
Der typische Optokoppler ist der HCPL-2400 der Firma Hewlett Packard [6.11] mit maximal 40 MBaud Übertragungsrate.

Die Leuchtdiode des Optokopplers wird, wie die Bilder 6.13 bis 6.15 zeigen, an einen Ausgang einer treibenden Logikschaltung angeschlossen.

7 Analog/Digital- und Digital/Analog-Umsetzer

Physikalische Größen ändern sich im makroskopischen Bereich immer stetig. Für die elektrische Erfassung und Verarbeitung müssen diese Größen gewandelt werden. Der zur Wandlung einer physikalischen Größe in eine elektrische Größe benötigte Sensor liefert im allgemeinen ein analoges Ausgangssignal. Die analogen Signale werden mit Meßsystemen erfaßt, aufbereitet, gespeichert, verarbeitet und verteilt (übertragen).
Wenn hohe Genauigkeit, große Geschwindigkeit und ein gutes Preis/Leistungsverhältnis gewünscht sind, lassen sich diese Aufgaben nur mit digitalen Schaltungen lösen.
In komplexen Prozeßabläufen und Systemen müssen die digitalen Signale wieder in analoge umgesetzt werden (z.B. in der Meß-, Steuerungs- und Regelungstechnik).
Analoge Signale werden deshalb einem Analog/Digital-Umsetzer (ADU) und digitale Signale einem Digital/Analog-Umsetzer (DAU) zugeführt ("Signalumsetzer").

7.1 Grundlagen der Umsetzung

Das Bild 7.1 zeigt für die drei Bereiche Meßtechnik (Signalerfassung), Steuerungstechnik und (Prozeß)- Regelungstechnik Systeme mit digitaler Verarbeitung. Zur Messung von zeit- und wertkontinuierlichen (= analogen) Signalen muß sichergestellt werden, daß das Abtasttheorem eingehalten wird. Tiefpaßfilter begrenzen den Frequenzbereich des Eingangssignales. In der Meßtechnik kann häufig auf diese Filter verzichtet werden, weil die maximale Signalfrequenz sehr viel niedriger ist als die Abtastfrequenz ($f_G \ll f_A$). Für die Nachrichtentechnik sind in den Bereichen der digitalen Signalverarbeitung, Übertragungstechnik und Videotechnik Bandbegrenzungsfilter wegen des hohen Oberwellenanteils in den Signalen unerläßlich.
Bei vielen Umsetzern muß das Eingangssignal für die Dauer der Umsetzung konstant anliegen. Mit Hilfe von Abtast/Halte-Schaltungen ("Sample & Hold", "S & H", "Track & Hold") wird das Eingangssignal abgetastet und ausgelöst über einen Halte-Steuereingang analog zwischengespeichert.
Durch periodische Haltesteuerimpulse wird das Eingangssignal zu bestimmten Zeiten abgetastet, es ist somit zeitdiskret, aber immer noch wertkontinuierlich. Der Analog/Digital-Umsetzer vergleicht die Eingangsspannung mit seiner Referenzspannung. Im ADU

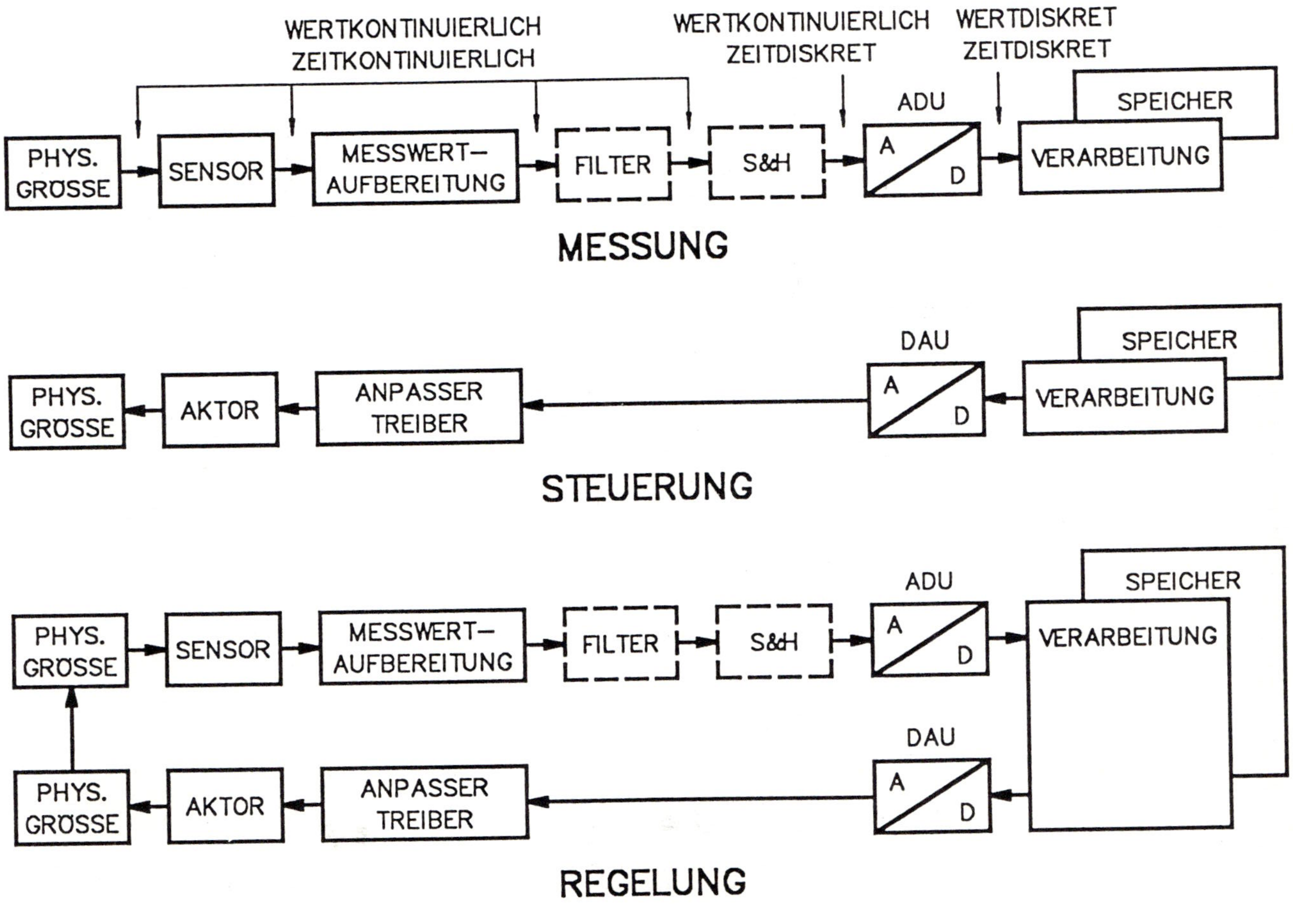

Bild 7.1. Digitale Verarbeitungssysteme zur Meßwerterfassung, Steuerung und Regelung

ist die Referenzspannung U_R in Q kleinste Teilreferenzspannungen

$$U_{RQ} = U_R / Q$$

("Quanten") aufgeteilt, die mit der unbekannten Eingangsspannung verglichen werden. Die Anzahl von Quanten, die aufsummiert die unbekannte Eingangsspannung ergeben, wird als Zahlenwert ausgegeben. Das Quantenmaß ist direkt der niederwertigsten Stelle des Binärkodes (= 1 LSB, "Least Significant Bit") zugeordnet. Daraus folgt für eine Darstellung mit N Bit

$$Q \leq 2^N.$$

Der ADU berechnet somit eine Binärzahl, die den Quotienten aus der Eingangsspannung und der Teilreferenzspannung darstellt. Durch die endliche Teilreferenzspannung ergeben sich Fehler, da im allgemeinen ein Rest auftritt. Je feiner das Quantenmaß gewählt wird, um so geringer ist der Fehler. Viele Quantisierungsstufen führen somit zu hohen Auflösungen.
Die Auflösung (= Anzahl der Bits N) und die maximale Umsetzgeschwindigkeit charakterisieren die Güte eines A/D-Umsetzers.

Die zeit- und wertdiskreten Ausgangssignale (= Daten) des ADUs werden digital verarbeitet und gespeichert. Sollen Signale wieder ausgegeben werden (beispielsweise zur Steuerung oder Regelung von Prozessen oder bei der digitalen Sprach- und Bildverarbeitung), so sind Digital/Analog-Umsetzer erforderlich. Zur Rekonstruktion des Ausgangssignales werden Tiefpaßfilter verwendet, die zeitkontinuierliche Signale erzeugen. In der Steuerungs- und Regelungstechnik liegt die Abtastfrequenz weit höher als die höchste Signalfrequenz, man kann in diesen Fällen auf Rekonstruktionsfilter verzichten.

Durch die Abtastung der Signale stellt sich eine Modulation ein. Der Einfluß der Abtastung und das damit verbundene "Abtasttheorem" sollen im folgenden kurz, soweit es für schaltungstechnische Belange interessant ist, erklärt werden. In [7.1 bis 7.3] wird das Abtasttheorem ausführlich besprochen.
Zur Digitalisierung einer analogen Größe werden zu äquidistanten Zeitpunkten Amplitudenproben der analogen Größe entnommen. Der Zeitabstand muß so gewählt werden, daß durch die Quantisierung kein Informationsverlust auftritt (Bild 7.2).

Nach Shannon läßt sich ein Signal $S(t)$ eindeutig rekonstruieren, wenn bei einem durch die Maximalfrequenz f_G begrenztem System Amplitudenwerte $S(\nu \cdot T_A)$ für die diskreten Zeitpunkte $\nu \cdot T_A > \nu / 2 \cdot f_G$ bekannt sind. Daraus folgt folgender Zusammenhang für die Abtastfrequenz $f_A = 1/T_A$ und für die Maximalfrequenz

$$f_A > 2 \cdot f_G. \qquad (7.1)$$

Durch die impulsartige Abtastung mit einem Signal $S_I(t)$ aus periodischen Dirac-Impulsen ergibt sich (Bild 7.3):

$$S_A(t) = \sum_{\nu=-\infty}^{+\infty} S(\nu \cdot T_A). \qquad (7.2)$$

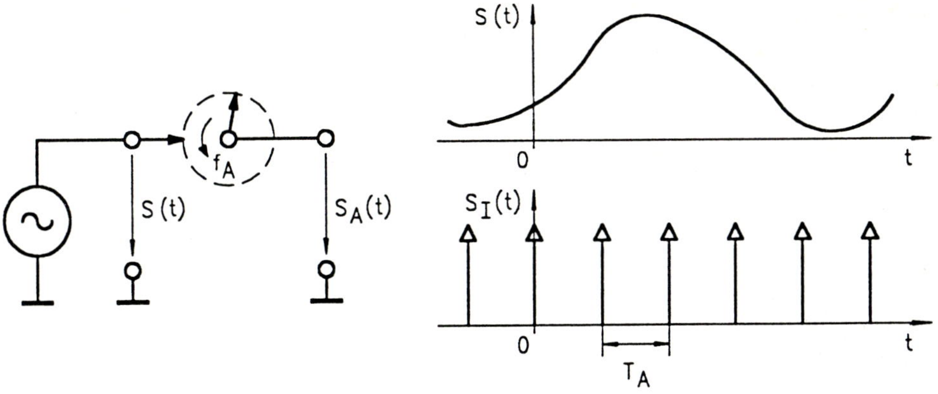

Bild 7.2. Abtastung einer Signalfolge

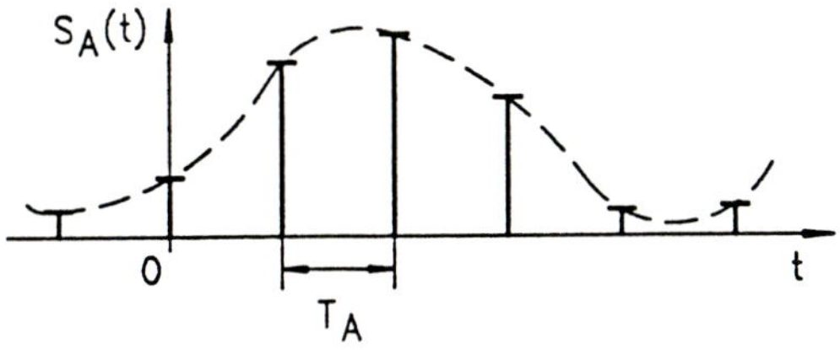

Bild 7.3. Folge periodischer Abtastwerte

Über die Fouriertransformation läßt sich der Zusammenhang zwischen S (t) und S_A (t) herstellen (vergl. mit Abschnitt 2.2). Es gilt mit si (x) = sin (x)/x:

$$S(t) = \sum_{\nu=-\infty}^{+\infty} S(\nu \cdot T_A) \cdot \mathrm{si}\left(\pi \cdot \frac{t - \nu \cdot T_A}{T_A}\right) \qquad (7.3)$$

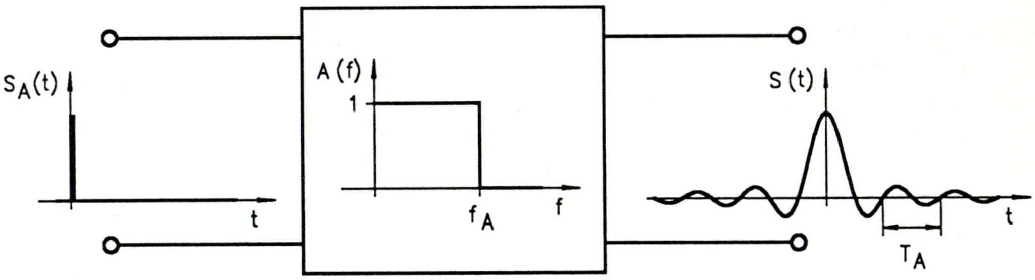

Bild 7.4. Idealer Tiefpaß und Impulsantwort

Führt man das Signal $S_A(t)$ auf einen idealen Tiefpaß, der bei seiner Grenzfrequenz einen unendlich steilen Übergang vom Durchlaßverhalten zum Sperrverhalten zeigt, so ergibt sich durch jeden Impuls von $S_A(t)$ ausgelöst eine Signalantwort $S(t)$ mit si(x)-Verlauf (Bild 7.4). Durch die Folge von Impulsen werden diese Signalantworten aufsummiert. Bei der Grenzfrequenz dieses "Rekonstruktionstiefpasses"

$$f_R = \frac{f_A}{2} = \frac{1}{2 \cdot T_A} \qquad (7.4)$$

ergibt sich der in Bild 7.5 gezeigte theoretische Verlauf von $S(t)$ nach Gleichung (7.3).

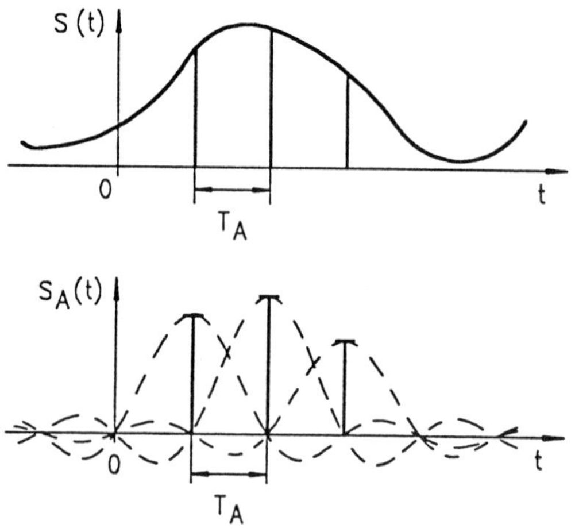

Bild 7.5. Rekonstruktion einer Signalfolge aus periodischen Abtastwerten

Die spektrale Darstellung eines abgetasteten Signales mit den um $n \cdot f_A$ verschobenen Spektren zeigt das Bild 7.6. Anschaulich ist ersichtlich, daß bei einer Verletzung des Abtasttheorems die benachbarten Spektren ineinanderrutschen und zu nicht reversiblen Signalverfälschungen führen. Diese Verfälschung wird als "Abtastfehler" oder "Aliasing"-Effekt bezeichnet.
Weisen die Abtastimpulse endliche Breiten T_B auf, so müssen die Spektren mit einer Gewichtsfunktion

$$G(f) = si(\omega \cdot T_B / 2) \qquad (7.5)$$

multipliziert werden. Die Nullstelle liegt bei f_A. Das Bild 7.7 zeigt schematisch die auftretenden Amplitudenverfälschungen des Spektrums.

Bei dem Abtasttheorem ist der untere Grenzwert durch $f_A = 2 \cdot f_G$ gegeben. Dieser Wert ist in der Praxis nicht zu erreichen. Signalverfälschungen lassen sich nur dann vermeiden, wenn die Abtastfrequenz viel größer ist als die Grenzfrequenz des Signales.

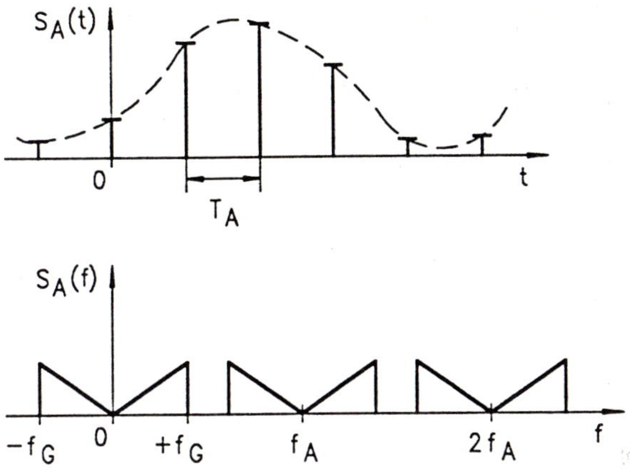

Bild 7.6. Spektrum einer Folge periodischer Abtastwerte

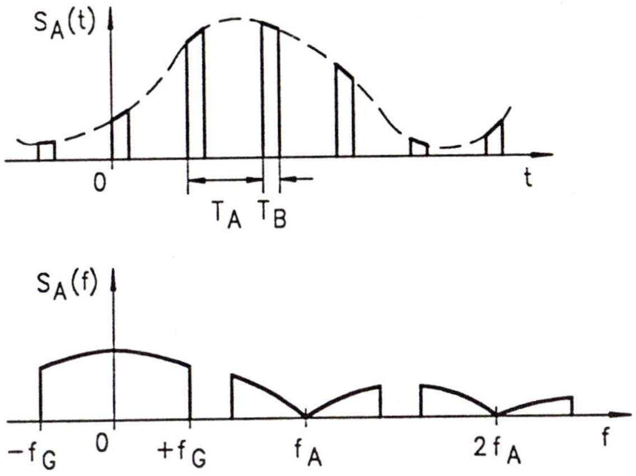

Bild 7.7. Amplitudenverfälschung des Spektrums durch eine si-Gewichtsfunktion

7.2 Kenngrößen von Signalumsetzern

Für die Auswahl verschiedener Schaltungsprinzipien von Signalumsetzern (ADU bzw. DAU) werden Kenngrößen zur Gütebestimmung angegeben. Diese Kenngrößen beziehen sich nicht nur auf die Angabe einer bestimmten Auflösung oder auf die maximale Umsetzzeit, sondern die Hersteller von Umsetzern geben auch Werte bzw. Funktionen für die Quantisierungsfehler, Linearität, differentielle Linearität, Monotonie, Meßbereichsfehler und Offsetfehler an.

Kenngrößenbeschreibung:

Auflösung ("Resolution"): Bei einem DAU ist die Auflösung die kleinste reproduzierbare Ausgangsspannungsänderung, bei einem ADU beschreibt sie die Änderung der Eingangsspannung, die zu einem Wechsel im niederwertigsten Bit (1 LSB) des Ausgangskodes führt. Die Auflösung wird als Stellenzahl (= Anzahl der Bits N) oder in Prozent des Aussteuerbereiches angegeben. Ein 12-Bit-Umsetzer kann somit einen aus 2^{12} = 4096 Werten auflösen. Dies entspricht 0,0245 % des Aussteuerbereiches. Bei einem Aussteuerbereich (= Ausgangsspannungsbereich eines DAU bzw. Eingangsspannungsbereich eines ADU) von 10 V liegt die Auflösung bei 2,45 mV. Die Auflösung muß aber nicht der Genauigkeit entsprechen!

Quantisierungsfehler ("Quantization Error"): Der Quantisierungsfehler ist ein systembedingter Fehler, der durch eine treppenförmige Umsetzerfunktion zwischen dem analogen und dem digitalen Signal entsteht. Durch die Quantisierung kann sich kein linearer Zusammenhang einstellen (Bild 7.8). Bildet man die Differenz eines linearen Funktionswertes mit der zugehörigen Treppenspannung, so ergibt sich eine Sägezahnspannung mit Amplituden von ± Q / 2. Die sägezahnförmige Funktion gibt die Abweichung eines analogen Wertes von der Mitte des Quantisierungsschrittes Q an.

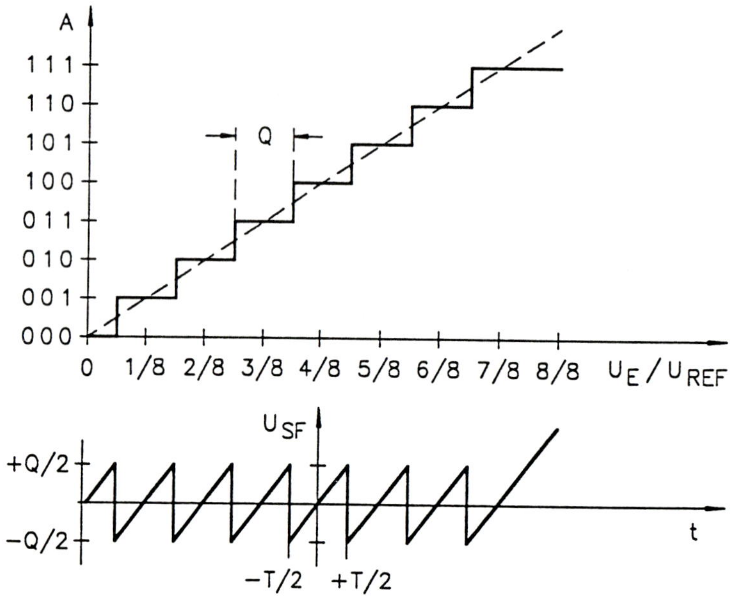

Bild 7.8. Ideale 3-Bit-Quantisierung

Durch auftretende Linearitätsfehler kann der minimale systembedingte Quantisierungsfehler von Q / 2 (= 1 / 2 LSB) vergrößert werden.

Eine Periode (zwischen $-T/2 < t < +T/2$) der sägezahnförmigen Fehlerfunktion läßt sich durch

$$U_{SF}(t) = \frac{U_{RQ}}{T} \cdot t \qquad (7.6)$$

beschreiben. Daraus errechnet sich für $U_{SF}(t)$ der Effektivwert (mit der Gleichung (2.3)

$$U_{SFRMS} = \frac{U_{RQ}}{\sqrt{12}}. \qquad (7.7)$$

Quantisierungsrauschen ("Quantization Noise"), Signal-Rausch-Abstand ("Signal-to-noise Ratio", SNR): Die durch die Quantisierung entstandene sägezahnförmige Fehlerspannung wird als Quantisierungsrauschen bezeichnet. Ausgehend von einer sinusförmigen Maximal-Aussteuerung des Signalumsetzers läßt sich mit dem Effektivwert der Sinusspannung

$$U_{SINRMS} = \frac{2 \quad \cdot U_{RQ}}{2 \cdot \sqrt{2}} \qquad (7.8)$$

ein "Signal-Rausch-Abstand" angeben, der proportional mit der Auflösung steigt:

$$SNR = \frac{U_{SFRMS}}{U_{SINRMS}}, \qquad (7.9)$$

$$SNR = 6{,}02 \cdot N + 1{,}76 \text{ dB} \qquad (7.10)$$

Ein 8 Bit-Umsetzer weist somit einen theoretischen Signal-Rausch-Abstand von 49,9 dB auf.
Messungen zeigen, daß reale Signal-Rausch-Abstände teilweise deutlich kleiner sind. Aus gemessenen SNR-Werten (SNR_{MESS}) läßt sich die effektive Auflösung bestimmen

$$N_{EFF} = \frac{SNR_{MESS} - 1{,}76 \text{ dB}}{6{,}02}. \qquad (7.11)$$

Zeigt ein 8 Bit-Umsetzer einen gemessenen Signal-Rausch-Abstand von z.B. 43,9 dB, so ergibt sich eine effektive Auflösung von 7 Bit.

Linearitätsfehler ("Nonlinearity"): Der Linearitätsfehler gibt die maximale Abweichung von der realen zur idealen Übertragungsfunktion an. Die Hersteller verwenden unterschiedliche Definitionen für den Linearitätsfehler [7.4]. Es werden die maximalen Abweichungen von der realen zur idealen Übertragungsfunktion angegeben, wenn die Anfangs- und Endpunkte der beiden Funktionen übereinstimmen. Für diese "End point"-Methode müssen etwaige Verstärkungs- und Offsetfehler kompensiert werden.

Differentieller Linearitätsfehler ("Differential nonlinearity", DNL): Der differentielle Linearitätsfehler gibt Abweichungen der realen zur idealen Quantisierungsbreite an. Das Bild 7.9 zeigt differentielle Linearitätsfehler bei einem 3 Bit-ADU. Ausgehend von einer Quantisierungsbreite von Q = 1 LSB wird DNL bestimmt. Geben die Hersteller Werte für DNL = ± 1/2 LSB an, so sind Quanten von Q = 1/2 LSB bis 1 1/2 LSB zulässig. Ist DNL gleich oder negativer als - 1 LSB, so fehlt ein Kodewort. Für DNL ≥ 1 LSB kann ein Kodewort fehlen.

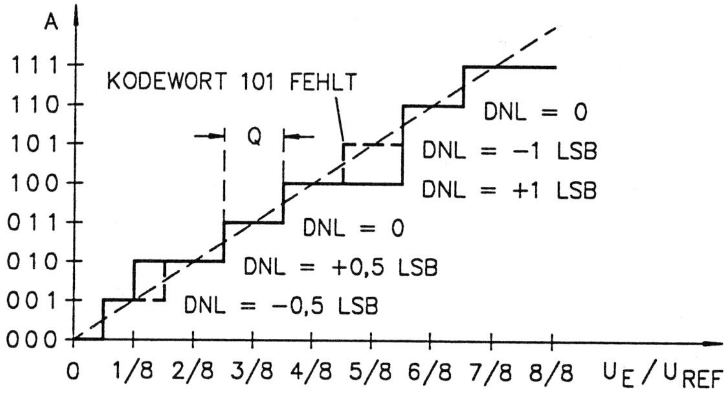

Bild 7.9. Differentieller Linearitätsfehler bei einem ADU

Die Hersteller geben die differentielle Nichtlinearität häufig prozentual von der Maximalaussteuerung an.

Monotonie ("Monotonicity"): Die Übertragungskennlinien dürfen keine Wendepunkte aufweisen, d. h. der Gradient einer ansteigenden Kurve ist immer positiv oder null. Digital/Analog-Umsetzer mit nicht monotonem Verhalten (Bild 7.10) können in Regelungssystemen und bei schwellwertgesteuerten Systemen zu großen Fehlern führen.

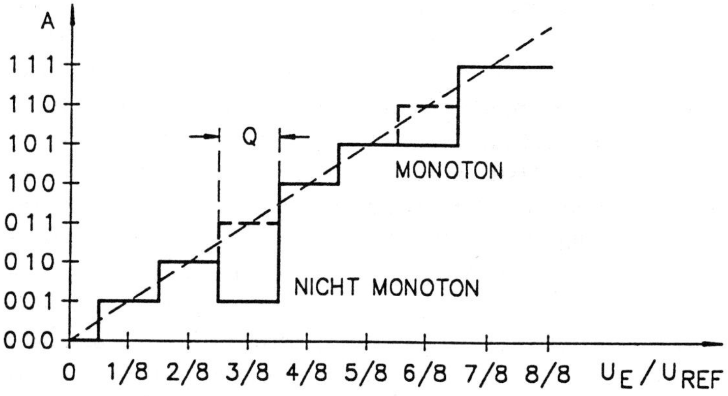

Bild 7.10. DAU mit nicht monotonem Verhalten

Meßbereichs- und Offsetfehler ("Full scale error", "Gain error", "Offset error"): Signalumsetzer benötigen auf der analogen Seite Verstärker oder Komparatoren. Diese Bausteine zeigen Verstärkungsfehler und/oder Offsetfehler. Durch Abgleichmaßnahmen lassen sich aussteuerungsabhängige Fehler kompensieren. Spannungsabhängige Nichtlinearitäten bei integrierten Umsetzern bedingt durch die Aussteuerung sind schwer beherrschbar. Fehler können sich auch durch thermische Effekte einstellen (Widerstände und Verstärker zeigen Temperaturabhängigkeiten). Durch spezielle Schaltungstechniken lassen sich die Effekte minimieren.

Umsetzzeit ("Conversion time"): Das Umsetzerprinzip (parallel oder seriell) und die verwendeten Bauelemente wie Zähl- und Steuerschaltungen, Stromschalter, Komparatoren, Operationsverstärker, RC-Zeitkonstanten und Integratorschaltungen mit Stromquellen und Kondensatoren bestimmen die Umsetzzeit durch auftretende Schalt-, Verzögerungs- und Einschwingzeiten. Die Umsetzzeit setzt sich aus zwei Anteilen zusammen:

- der Meßzeit zur Quantisierung und
- der Einstellzeit zur Steuerung einer Umsetzsequenz.

Bei taktgesteuerten Umsetzern kann durch Änderung der Taktfrequenz die Umsetzzeit beeinflußt werden. Bei seriellen Umsetzverfahren kann die Umsetzzeit von der Aussteuerung abhängen. Zur Vermeidung von Fehlinterpretationen sollte man Verfahren mit konstanter Umsetzzeit benutzen.

Kodierung ("Codes"): Für die Eingangskodes bei D/A-Umsetzern und die Ausgangskodes bei A/D-Umsetzern sind folgende Arten gebräuchlich:
Binärkode, komplementärer Binärkode, binärer Dezimalkode ("BCD"), Offset-Binärkode, Zweier-Komplementkode und Graykode.
Der Binärkode wird am häufigsten verwendet. Der Umsetzer zeigt einen binärkodierten Zusammenhang zwischen der Aussteuerspannung und der Teilreferenzspannung (Quant) U_{RQ}. Der Nullpunkt wird durch N-stellig durch "0" bzw. LOW dargestellt. Bei maximaler Aussteuerung führen alle N Stellen "1" bzw. HIGH.
Beim komplementären Binärkode werden alle N Stellen invertiert.
Beim BCD-Kode werden Dezimalzahlen stellenweise binär kodiert. Für die Darstellung einer Dezimalstelle (= "Digit") sind vier Leitungen erforderlich. Zur Darstellung mehrerer Dezimalstellen benötigt man durch die Redundanz des Kodes mehr Leitungen als bei einer Binärkodierung. Der Vorteil der BCD-Kodierung besteht in der einfachen Zifferndekodierung.
Der Offset-Binärkode wird bei bipolaren Umsetzern verwendet. Die negativste Spannung wird N-stellig durch "0" bzw. LOW repräsentiert. Die positivste Spannung wird N-stellig durch "1" bzw. HIGH dargestellt.
Für eine Zweier-Komplementdarstellung werden der Nullpunkt und positive Spannungen binärkodiert. Negative Spannungen werden als Komplement dargestellt. Diese Darstellung ist sinnvoll, wenn man Signalumsetzer mit Rechenschaltungen verbindet.
In der Meßtechnik und bei schnellsten Umsetzern arbeitet man mit einschrittigen Kodes, d.h. bei einer Änderung der Eingangsspannung um ein LSB (= Quant) kann sich nur

ein Bit ändern. Durch einschrittige Kodierung ist ein extremer Wechsel aller Variablen bzw. Pegel ("Bit-Wechsel") nicht möglich.
Bei einer Binärkodierung bewirken Bit-Wechsel vieler Stellen (z.B. beim MSB-Wert von 0111 auf 1000) große Strom- und Spannungsänderungen.

7.3 Schaltungen zur analogen Signalaufbereitung und -verarbeitung

Das Bild 7.11 zeigt die wichtigsten Komponenten zur analogen Signalaufbereitung und -verteilung: eingangsseitige Verstärker zur Pegelanpassung und Impedanzwandlung, Tiefpaßfilter zur Bandbegrenzung, Analog-Multiplexer zur mehrkanaligen Signalaufnahme, Abtast/Halte-Schaltungen zur analogen Zwischenspeicherung des Eingangssignales während der Umsetzphase, ausgangsseitige Rekonstruktionsfilter und Ausgangsverstärker.

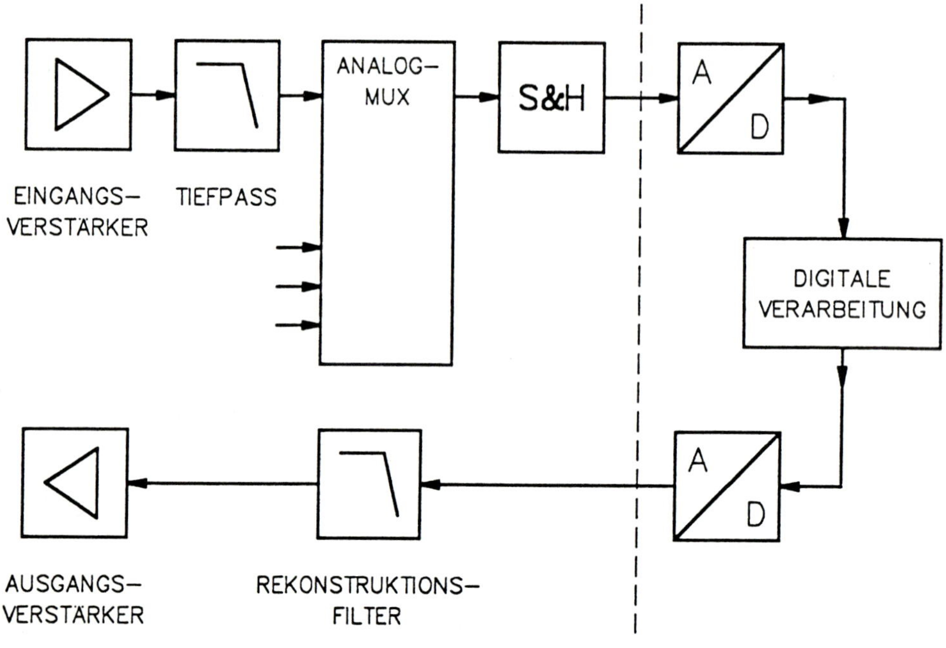

Bild 7.11. Komponenten zur analogen Signalaufbereitung und -verteilung

Verstärker zur Pegelanpassung und Impedanzwandlung: Analog/Digital-Umsetzer weisen Eingangsspannungsbereiche mit Maximalspannungen (= Vollausschlag, "Full Scale", "FS") zwischen 0,1 V und 10 V auf. Zur Anpassung an unterschiedlichste Eingangssignale (von einigen µV bei Sensoren bis einigen kV in der Meßtechnik) werden Anpaßverstärker benötigt. Der Eingangswiderstand des Anpaßverstärkers muß zur Vermeidung von Meßfehlern bei hochohmigen Eingangsquellen sehr groß sein. Die Frequenzbandbreite richtet sich nach der Umsetzgeschwindigkeit. Als Anpaßverstärker werden Operationsverstärker mit hohem Eingangswiderstand und sehr guten Stabilitätsdaten (z.B. driftarme Operationsverstärker in nichtinvertierender Schaltung, Differenzverstärker (Subtrahierer) oder Instrumentationsverstärker) verwendet.

Tiefpaßfilter zur Bandbegrenzung: Tiefpaßfilter werden im allgemeinen als aktive RC-Filter mit Operationsverstärkern aufgebaut [7.5]. Die Ordnung des Filters bestimmt die Steilheit des Überganges zwischen Durchlaß- und Sperrbereich. Zur Vermeidung von Fehlern sollten Bandbegrenzungstiefpässe keine Welligkeiten (= frequenzabhängiges Übertragungsverhalten) im Durchlaßbereich zeigen. Filter mit gutem Impulsübertragungsverhalten dürfen keine Phasenverzerrungen aufweisen. Daher sollten diese Filter einen linearen Phasengang (die Phasenverschiebung steigt linear mit der Frequenz) haben. Besonders geeignet sind Tiefpaßfilter mit Gauß- oder Besselcharakteristik [7.6].

Analog-Multiplexer zur mehrkanaligen Signalaufnahme: Abtast/Halte-Schaltungen:
Zur sequentiellen Messung vieler Signalquellen wird ein Umschalter für analoge Signale benötigt. Als Umschalter werden Transmission Gates (vergl. mit Abschnitt 3.6.4) verwendet. Jeder Eingang des Analogmultiplexers ist mit einem Eingang eines Transmission Gates verbunden. Die Ausgänge aller Transmission Gates sind verbunden und bilden den Ausgang des Analogmultiplexers. Über eine Dekoderschaltung wird ein bestimmtes Transmission Gate angesteuert und durchgeschaltet (Bild 7.12). Die Anordnung des Analogmultiplexers ist abhängig von dem Eingangsspannungsbereich und dem Frequenzbereich.

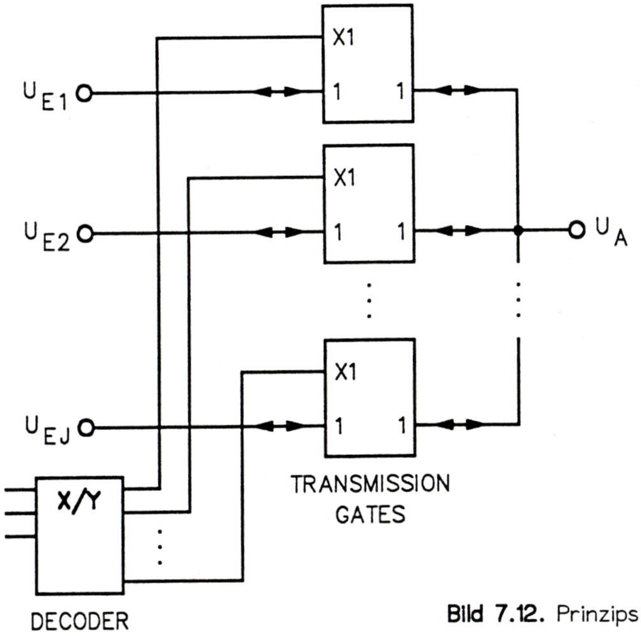

Bild 7.12. Prinzipschaltung eines Analogmultiplexers

Bei gleichartigen Signalquellen sollte man den Analogmultiplexer vor den Anpaßverstärker schalten.

Abtast/Halte-Schaltungen: Die Abtast/Halte-Schaltung ist ein Analogspeicher mit hoher Präzision und Stabilität. Während einer sehr kurzen Abtastphase wird das analoge Eingangssignal aufgenommen. Der letzte Wert der Abtastphase wird in der Haltephase in einem Kondensator als konstante Spannung gespeichert (Bild 7.13). Eingangs- und Ausgangsverstärker sorgen für eine Entkopplung des Haltekondensators.

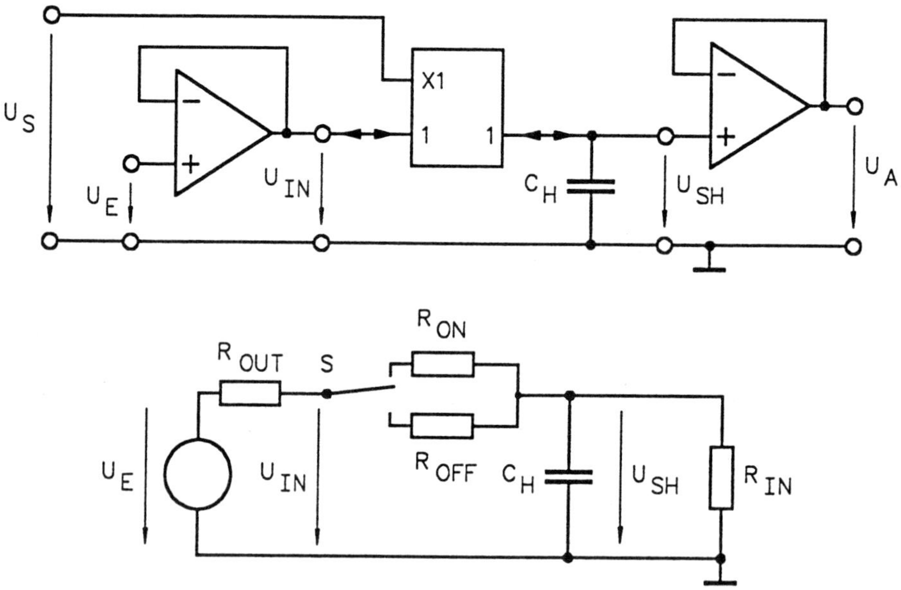

Bild 7.13. Prinzipschaltung einer Abtast/Halte-Schaltung

Diese Schaltung hat zwei Hauptaufgaben:

1.) Sie soll bei Analog/Digital-Umsetzern mit langer Umsetzdauer für diese Zeit konstante Eingangssignale liefern.

2.) Der Zeitpunkt zur Signalspeicherung wird durch die H/L-Flanke des Steuersignales $\overline{S}/H$ exakt festgelegt. Durch Wahl eines schnellen Schalters erfolgt die Speicherung nach einer kurzen konstanten Verzögerungszeit (Bild 7.14).

Viele Analog/Digital-Umsetzer zeigen Schwankungen beim Beginn der Umsetzzeit. Dies wird als "Jitter" oder "Aperturunsicherheit" ("Aperture uncertainty") Tu bezeichnet. Bei Eingangsspannungen mit hoher Amplitudenänderung (z.B. bei einem Sinussignal im Nulldurchgang) kann ein Jitter im Bereich von Pikosekunden bis Nanosekunden hohe Aperturfehler (größer als 1 LSB) bewirken. Die Hersteller geben daher Aperturfehler ΔU für Abtast/Halte-Schaltungen und für Analog/Digital-Umsetzer an.

Aus dem maximalen Anstieg einer sinusförmigen Eingangsspannung

$$U(t) = U_0 \cdot \sin(2 \cdot \pi \cdot f \cdot t)$$

wird durch Differentiation und durch Tangentenbildung von $\Delta U / T_U$ die maximale Signalfrequenz f_{MAX} bestimmt. Es gilt

$$f_{MAX} = \frac{\Delta U}{2 \cdot \pi \cdot U_0 \cdot T_U} . \qquad (7.12)$$

Läßt man einen Fehler ΔU von einem 1/2 LSB zu, so entspricht beim bipolaren Betrieb der Aussteuerbereich $2 \cdot U_0$. Daraus folgt

$$\Delta U = \frac{2 \cdot U_0}{2^{N+1}} . \qquad (7.13)$$

Durch die Ladung und Entladung des Haltekondensators stellen sich niedrigere Flankensteilheiten ("Slew Rate") des Signals ein (Bild 7.14). Im Abtastbetrieb ist die Zeitkonstante

$$\tau_A = (R_{OUT} + R_{ON}) \cdot C_H \qquad (7.14)$$

durch den Ausgangswiderstand des Eingangsverstärkers zur Impedanzwandlung und der EIN- Widerstand des Schalters wirksam.

Während des Haltebetriebes wird der Speicherkondensator C_H durch den hohen Innenwiderstand R_{IN} des Ausgangsverstärkers mit der Zeitkonstanten

$$\tau_H = R_{IN} \cdot C_H \qquad (7.15)$$

entladen. Dies führt zu einer Entladedachschrägen ("Droop rate") = $\Delta U / \Delta t$.

Mit den Gleichungen (2.26) bis (2.30) folgt mit der Spannung am Haltekondensator U_C die Droop rate

$$\frac{\Delta U}{\Delta t} \approx \frac{U_C}{\tau_H} . \qquad (7.16)$$

Durch das exponentielle Ladeverhalten läßt sich die Ladezeit des Kondensators mit der Gleichung (2.40) berechnen. Ausgehend von der abzutastenden Eingangsspannung U_{IN} ergibt sich für die Abtastzeit T_{ABT} eine endliche Ladespannung. Es gilt

$$\begin{aligned} U(t = \infty) - U(T_{ABT}) &= U_{IN} - U(T_{ABT}), \\ &= \Delta U_{ABT} \end{aligned}$$

und

$$T_{ABT} = \tau_A \cdot \ln\left(\frac{U_{IN}}{\Delta U_{ABT}}\right). \qquad (7.17)$$

Bei der Kapazität des Speicherkondensators C_H muß ein Kompromiß gefunden werden, C_H soll einerseits eine kleine Kapazität aufweisen, damit τ_A klein ist und anderseits soll τ_H groß sein für eine langsame Entladung in der Haltephase.

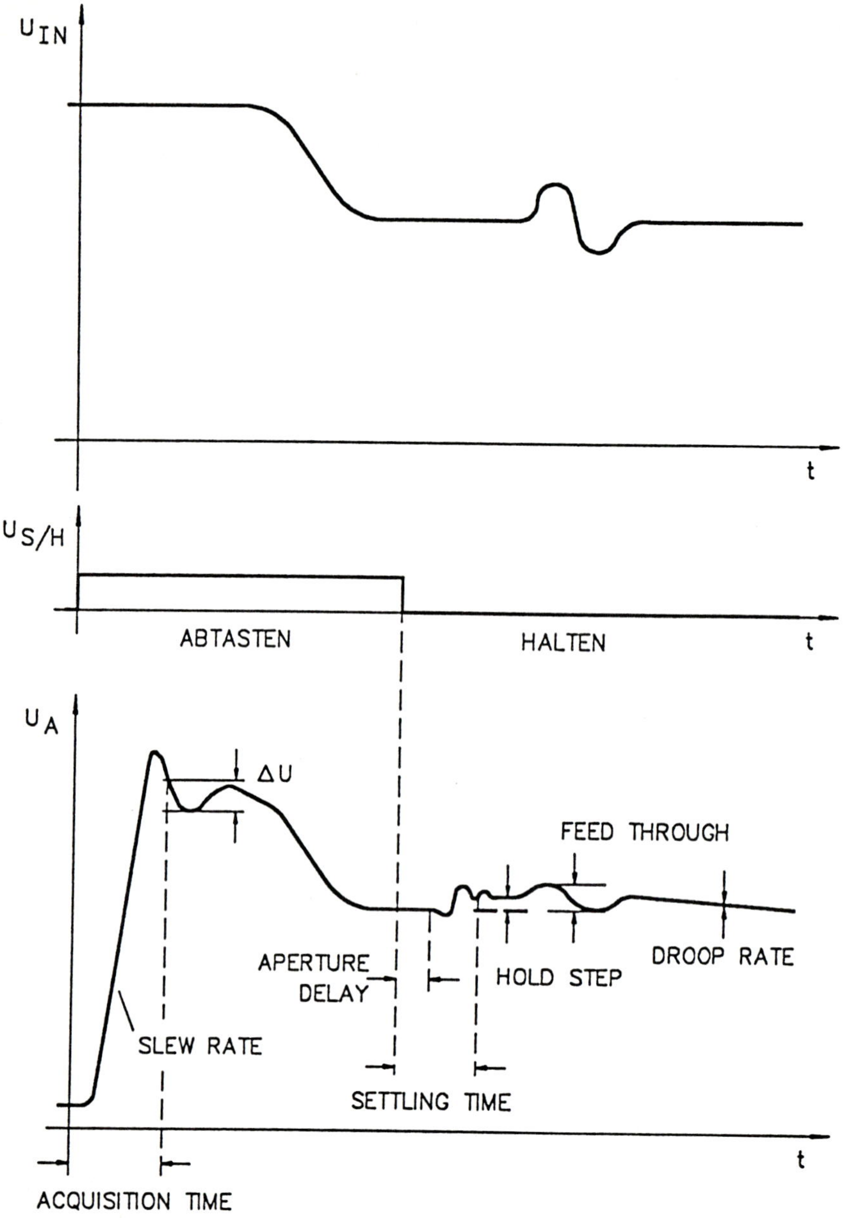

Bild 7.14. Definition der Kennwerte bei Abtast/Halte-Signalen

Parasitäre Induktivitäten und das Einschwingverhalten der gegengekoppelten Operationsverstärker sorgen für ein Überschwingen zum Beginn der Haltephase. Nach einer Ablauf der Einschwingzeit ("Transient settling time") steht die Haltespannung zur Verfügung. Bedingt durch die integrierte Schaltungstechnik zeigen sich Fehler durch Übersprechen von Signalen ("Feedthrough voltage").

Die Bilder 7.15 bis 7.17 zeigen die drei typischen Grundschaltungen für Abtast/Halte-Schaltungen.
Das Bild 7.15 zeigt eine Schaltung mit offener Schleife, die beiden Verstärker arbeiten nur als Impedanzwandler. Offsetfehler der Operationsverstärker und Nichtlinearitäten im Schalter wirken sich hier voll aus. Der Vorteil liegt in der hohen Geschwindigkeit der Schaltung (hohe Flankensteilheit und niedrige Einschwingzeit).

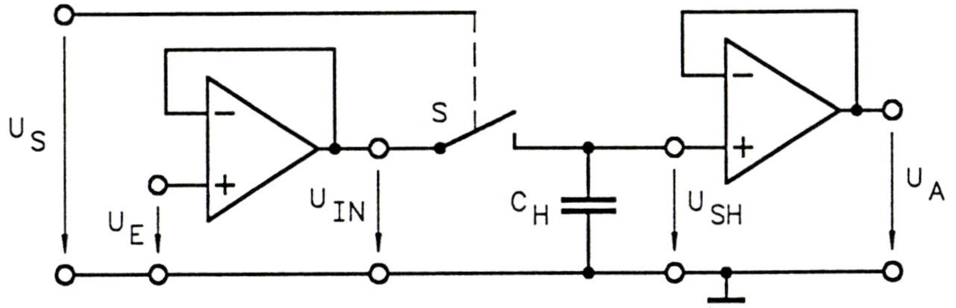

Bild 7.15. Abtast/Halte-Schaltung mit Impedanzwandlern

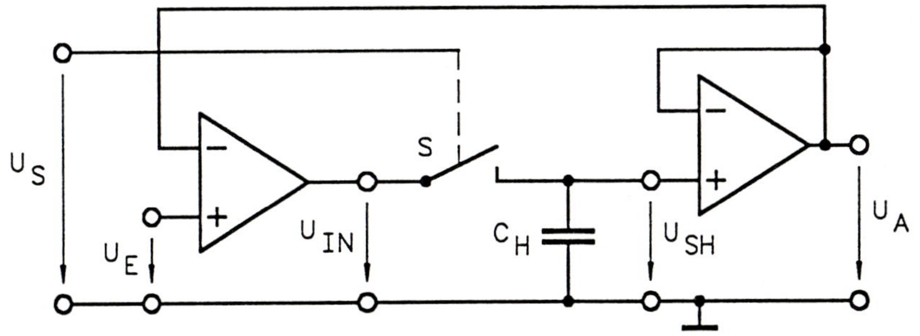

Bild 7.16. Abtast/Halte-Schaltung mit massebezogenem Kondensator und geschlossener Schleife

Schaltungen mit geschlossener Schleife (Bild 7.16 und 7.17) regeln Offsetfehler und Schalternichtlinearitäten aus, weil der Eingangsverstärker im Abtastbetrieb die Eingangs- und Ausgangsspannung vergleicht. Durch die Regelung verschlechtert sich das dynamische Verhalten, so daß diese Abtast/Halte-Schaltungen nur für die Speicherung niederfrequenter Signale geeignet sind. Bei starken Signaländerungen am Eingang stellen sich hohe Differenzspannungen am Eingangsverstärker im Haltebetrieb ein. Dies führt zu Übersteuerungen und zu Verzerrungen beim Überhang von der Halte- zur Abtastphase.
Bei der Schaltung mit Ausgangsimpedanzwandler (Bild 7.16) werden hohe Anforderungen an den Schalter gestellt. Der endliche Sperrwiderstand ROFF führt zu einem Übersprechen der Eingangsspannung in der Haltephase.

Bei der Integratorschaltung (Bild 7.17) wird der Kondensator über einen Eingangsverstärker mit Stromausgang geladen. Der Schalter wird als Stromschalter ausgeführt. Vorteile sind das schnelle Schalten, der niedrige konstante Spannungsabfall am Schalter und der daraus resultierende sehr hohe Sperrwiderstand R_{OFF}.
Für die in den Bildern 7.15 und 7.16 gezeigten Abtast/Halte-Schaltungen werden Spannungsschalter benötigt. Üblicherweise werden Feldeffekttransistoren (mit Sperrschicht oder MOSFETs) verwendet. Diese Transistoren zeigen kleine EIN-Widerstände R_{ON} und keine Restspannung.

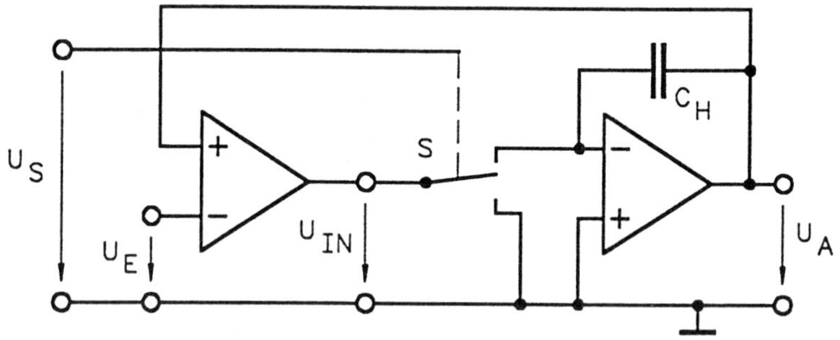

Bild 7.17. Abtast/Halte-Schaltung mit Integrator

In der CMOS-Technik sind die Schalter als Transmission Gates ausgeführt. Bei Sperrschichtfeldeffekttransistoren (JFET) muß wegen des selbstleitenden Verhaltens eine Vorspannung angelegt werden. Der PN-Übergang im Gate/Kanalbereich des JFETs sollte wegen kleiner Stromdichten nicht in Durchlaßrichtung betrieben werden. Eine externe Schutzdiode kann dies verhindern (Bild 7.18). Durch die hohen Gate/Kanalkapazitäten tritt ein Übersprechen der Gatesteuerspannung zum Speicherkondensator auf.
Bei schnellen Abtast/Halte-Schaltungen werden Schottky-Diodenbrücken als Schalter eingesetzt. Bei der in Bild 7.19 gezeigten Schaltung sperren die Dioden D_5 und D_6 bei einer positiven Steuerspannung $U_{S/H}$. Dadurch können die Konstantströme $I_1 = I_2$ durch die vier Dioden der Brückenschaltung D_1 bis D_4 fließen. Bei gleichartigen Dioden mit gleicher Durchlaßkennlinie fallen an den Dioden gleiche Flußspannungen ab. Als Folge ergibt sich $U_{SON} = 0$ V, der Schalter ist im EIN-Zustand. Bei unterschiedlichen Diodenflußspannungen ergibt sich ein Spannungsoffset um U_{SON}.
Durch das extrem schnelle Schaltverhalten von Schottky-Dioden sind Schaltzeiten < 1 ns realisierbar.

Rekonstruktionsfilter: Liefert der Digital/Analog-Umsetzer nur kurze Ausgangsimpulse, so ist ein Rekonstruktionsfilter unerläßlich. Es gelten die Kriterien des Bandbegrenzungstiefpasses. Bei breiten Impulsen (Impulsbreite = Periodendauer) verschleift das Filter nur die Kantenübergänge. In der Steuerungs- und Regelungstechnik zeigen Stellglieder am Ausgang häufig ein Tiefpaßverhalten. In diesen Fällen verzichtet man auf Rekonstruktionsfilter.

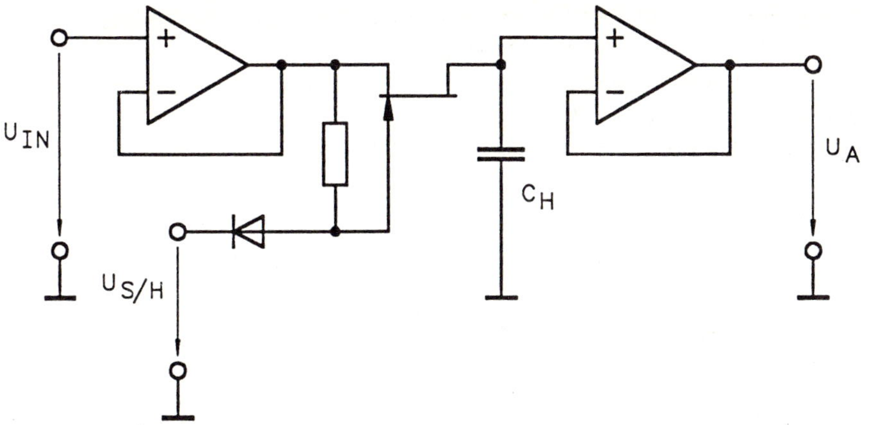

Bild 7.18. Abtast/Halte-Schaltung mit Sperrschicht-FET

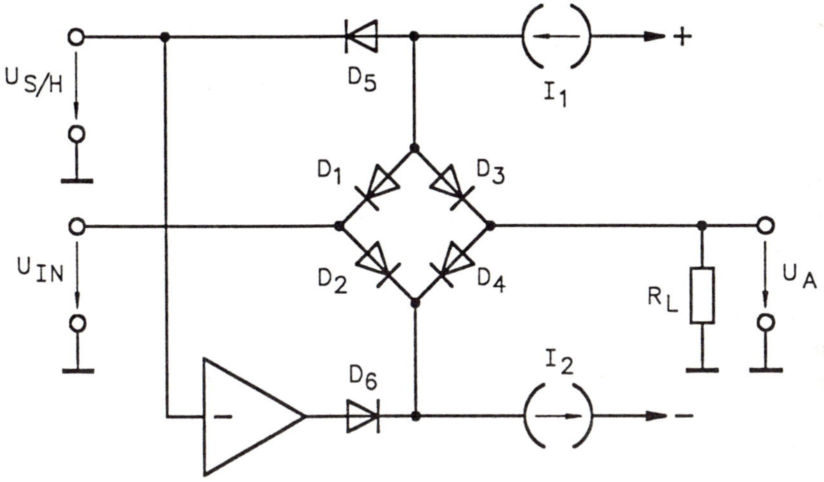

Bild 7.19. Diodenbrücke zum schnellen Schalten

Ausgangsverstärker: Die Ausgangsverstärker sorgen für eine Lastanpassung. Sie stellen Ströme und Spannungen mit entsprechenden Innenwiderständen zur Verfügung.

7.4 Verfahren und Schaltungen der D/A-Umsetzung

Digital/Analog-Umsetzer liefern in Abhängigkeit eines digitalen Eingangssignales (Datenwort) am Ausgang ein analoges Signal. Bei einer dualen Kodierung ist das analoge Ausgangssignal das Produkt aus der kleinsten Teilreferenz (Quant für 1 LSB) und

der eingegebenen Dualzahl. DAUs mit externer Referenzspannung werden daher auch "multiplizierende Digital/Analog-Umsetzer" genannt.
Aus der Referenzspannung wird die Teilreferenzspannung in einer analogen Bewertungsschaltung abgeleitet. Ein Dekoder steuert durch die anliegenden Eingangsdaten die Bewertungsschaltung und liefert eine Spannung oder einen Strom an den Ausgang (Bild 7.20).

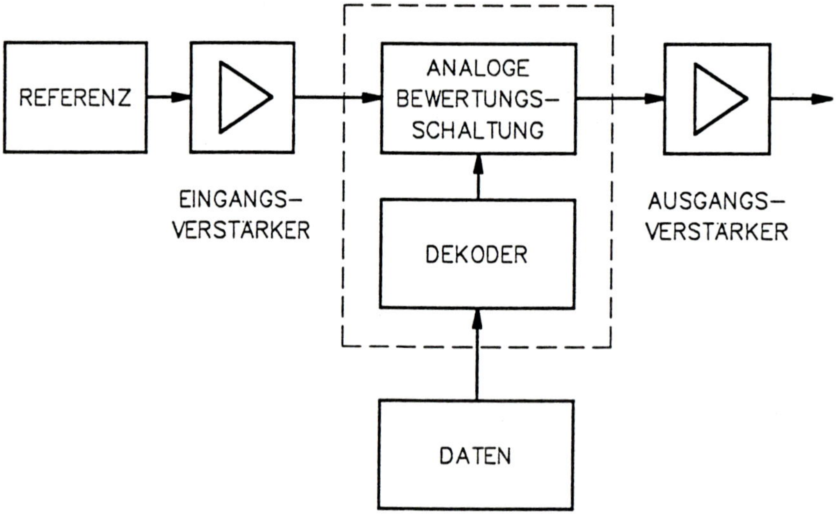

Bild 7.20. Prinzipieller Aufbau eines Digital/Analog-Umsetzers

Für die D/A-Umsetzung sind drei Verfahren gebräuchlich: zwei parallele Verfahren mit gleichen Widerständen (oder Stromquellen) und mit (dual) gewichteten Widerständen (oder Stromquellen) und ein serielles Verfahren mit Kondensatoren (in Schalter/ Kondensatortechnik oder mit RC-Gliedern), die für bestimmte Intervalle geladen oder entladen werden.

Die Auswahl eines Verfahrens ist abhängig von der Auflösung, der Geschwindigkeit, der Schaltungsintegration und den auftretenden Fehlern einzelner Kenngrößen.
Eine wichtige Kenngröße, die nur bei DAUs auftritt, ist der Signaleinbruch am Ausgang ("Glitch"), der beim Datenwechsel am Eingang auftritt. Hohe Glitchwerte treten bei gewichteten Widerständen oder Stromquellen auf. Die Fläche (= Integral) der Glitchspannung und der Glitchzeit wird als "Glitchenergie" bezeichnet (Angabe in der Einheit pV·s) und ist ein wesentliches Maß für die Güte eines DAU.

7.4.1 D/A-Umsetzer mit gleichen Widerständen oder Stromquellen

Bei diesem Verfahren werden Teilreferenzmaße (Quanten) in Form einer Spannung oder eines Stromes erzeugt. Spannungsquanten lassen sich sehr einfach durch einen

Spannungsteiler erzeugen Die Eingänge eines Analogmultiplexers werden an die einzelnen Knotenpunkte des Spannungsteilers gelegt. Über den 1-aus-n-Dekoder des Multiplexers wird eine Spannung dem Ausgang zugeführt (Bild 7.21). Für einen N-Bit DAU werden $n = 2^N$ gleiche Widerstände R und Schalter benötigt. Der ausgangsseitige Lastwiderstand muß sehr hochohmig sein, weil sonst das Spannungsteilerverhältnis durch die Widerstände R und die EIN-Widerstände R_{ON} der Schalter verfälscht wird. Normalerweise wird ein Impedanzwandler zwischen den DAU und die Last geschaltet.

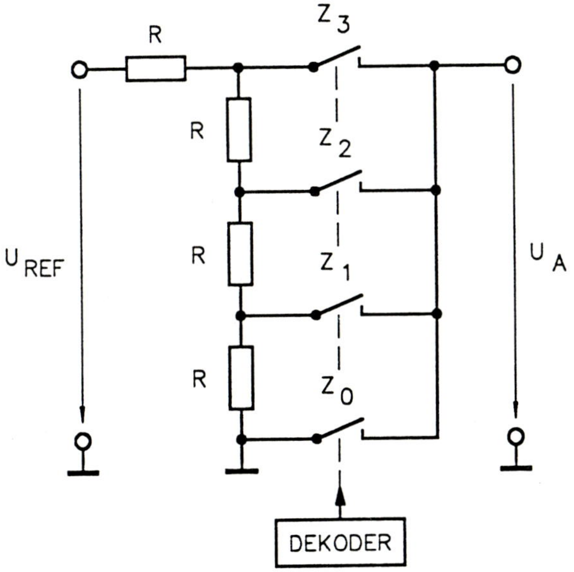

Bild 7.21. DAU nach dem Parallelverfahren mit Widerständen

Bei integrierten Schaltungen ergeben sich sehr große Schwierigkeiten, wenn man gleichgroße Widerstände herstellen möchte. Gleiche Widerstände mit einer relativen Abweichung von 0,5 % lassen sich teilweise nur durch aufwendige Abgleichmethoden (z.B. durch Lasertrimmen) herstellen.

Diesen Nachteil kann man umgehen, wenn man geschaltete Stromquellen verwendet, die über einen Dekoder gesteuert einen entsprechenden Teilstrom an den drainseitigen Summationspunkt liefern (Bild 7.22). Die Schaltung wird relativ einfach, wenn man integrierte N-Kanal-MOSFETs verwendet.

Durch den Integrationsprozeß weisen die Transistoren sehr ähnliche Kennlinienverläufe auf. Bei einer bestimmten Gate-Sourcespannung $U_{GS} = U_{DD}$ leitet ein selbstsperrender N-Kanal-MOSFET und führt im Sättigungsbereich den Drainstrom I_{DSAT}. Bei $U_{GS} = U_{SS} = 0$ V sperrt der Transistor und liefert somit keinen Teilstrom zum Summationspunkt. An dem externen Lastwiderstand R_L fällt eine Spannung

$$U = R_L \cdot \sum I_{DSAT} \qquad (7.18)$$

ab.

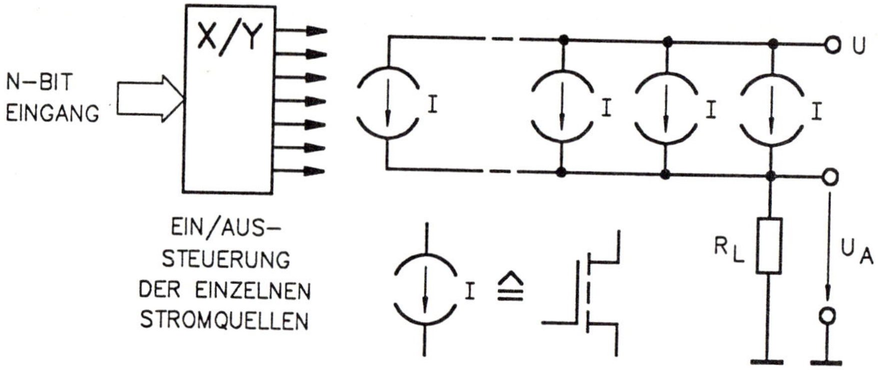

Bild 7.22. DAU nach dem Parallelverfahren mit gleichen Stromquellen

Diese Verfahren mit großer Anzahl von Bauelementen zeigen sehr geringe differentielle Nichtlinearitäten, monotone Verläufe und niedrige Glitchenergien.

7.4.2 D/A-Umsetzer mit gewichteten Widerständen oder Stromquellen

Die Grundschaltung für dual-gewichtete Widerstände zeigt Bild 7.23. Der Widerstand R gehört zu der höchsten Stellenwertigkeit Z_{N-1} (= MSB) des N-Bit breiten Datenwortes. Bei Z_J = "1" = HIGH legt der Umschalter den Widerstand an die Referenzspannung U_{REF}, bei Z_J = "0" = LOW liegt der Widerstand an Masse. Durch die verschiedenen Spannungsteilungen können bei diesem 3-Bit-DAU alle Spannungen zwischen U_A = 0 V und $7/8 \cdot U_{REF}$ mit einer LSB-Teilreferenzspannung von $1/8 \cdot U_{REF}$ erzeugt werden.

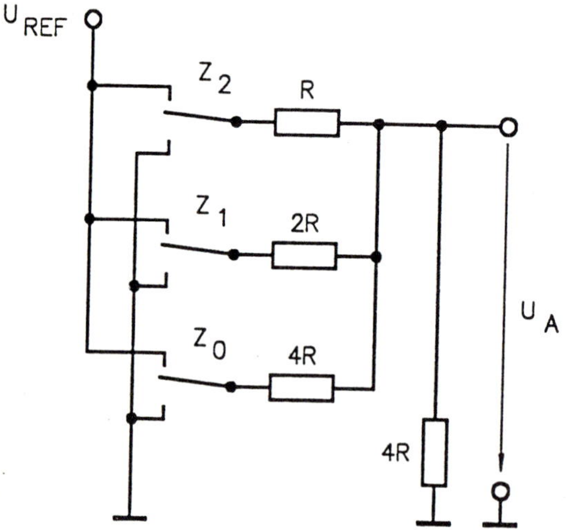

Bild 7.23. DAU mit dual-gewichteten Widerständen

Bei einem N-Bit-DAU liegen die Widerstandswerte zwischen R und $2^{N-1} \cdot R$. Ein externer Lastwiderstand (parallel zu $4 \cdot R$ im Bild 7.23) verfälscht das Spannungsteilerverhältnis. Ein Impedanzwandler muß zur Entkopplung verwendet werden.

Der hohe Aufwand durch Umschalter, Impedanzwandler und dual-gewichtete Widerstände, die sich in integrierten Schaltungen schwer herstellen lassen, verhindern den Einsatz dieser Schaltung.

Schaltungen mit dual-gewichteten Widerständen als Gegenkopplungsbeschaltung von Operationsverstärkern (Bild 7.24) werden ebenfalls nur selten verwendet. Durch den Widerstand R fließt bei geschlossenem Schalter Z_{N-1} (MSB) der Teilstrom $I_{N-1} = U_{REF} / R$, weil die Differenzspannung zwischen den beiden Eingängen des Operationsverstärkers im µV-Bereich liegt ("virtueller Massepunkt").

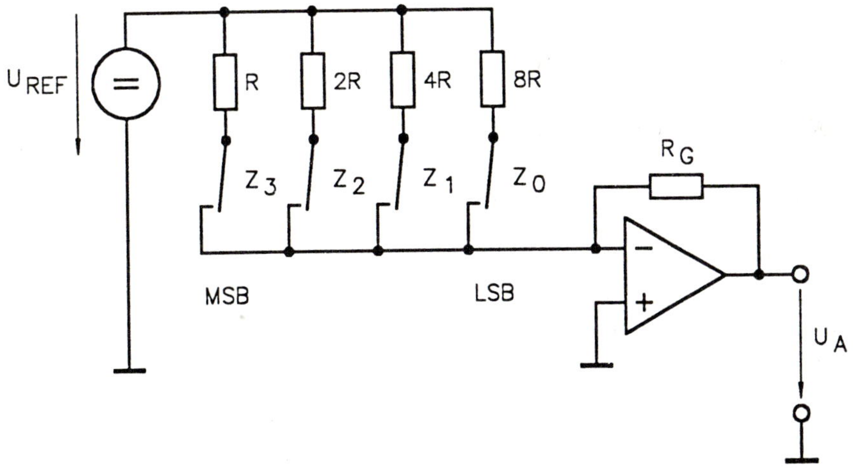

Bild 7.24. DAU mit dual-gewichteten Widerständen und Operationsverstärker

Durch die gewichteten Widerstände treten in Abhängigkeit der einzelnen Schalterstellungen (Z_{N-1} bis Z_0) Ströme auf, die am invertierten Eingang summiert werden und durch den Gegenkopplungswiderstand R_G zum Ausgang fließen.
Ausgehend von einer Wertigkeit

$$W = \underset{(\text{ MSB })}{Z_{N-1} \cdot 2^{N-1}} + Z_{N-2} \cdot 2^{N-2} + \ldots + Z_1 \cdot 2^1 + \underset{(\text{ LSB })}{Z_0 \cdot 2^0} \qquad (7.19)$$

ergibt sich für diese Schaltung folgende Ausgangsspannung

$$U_A = - \frac{W}{2^{N-1}} \cdot U_{REF}. \qquad (7.20)$$

Digital/Analog-Umsetzer mit dual-gewichteten Strömen lassen sich , wie die Bilder 7.25 und 7.26 zeigen, in Stromspiegeltechnik mit Bipolartransistoren realisieren. Die Basen der Stromspiegeltransistoren sind alle miteinander verbunden. Durch die duale Wichtung der Emitterwiderstände stellen sich konstante Ströme ein.

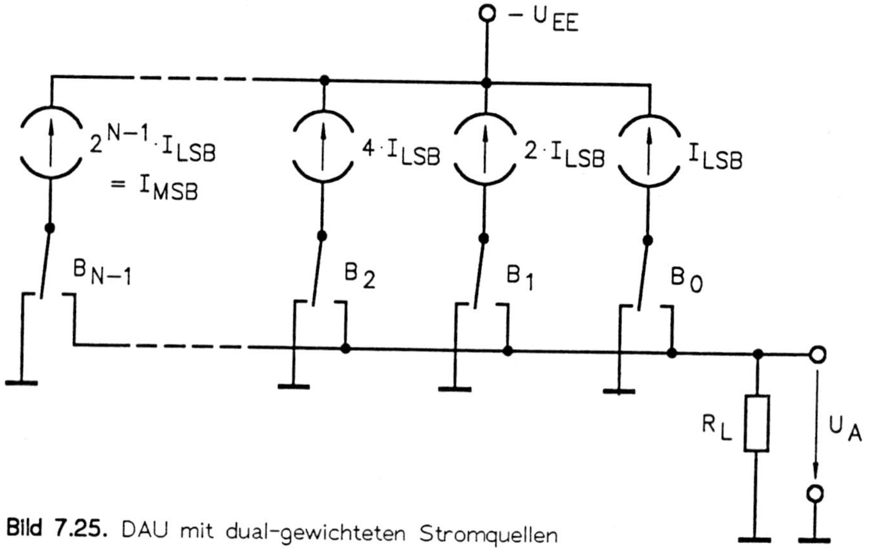

Bild 7.25. DAU mit dual-gewichteten Stromquellen

Es gilt z. B. für das LSB

$$I_{LSB} = \frac{U_{REF} - U_{BE}}{2^{N-1} \cdot R} \qquad (7.21)$$

und für das MSB

$$I_{MSB} = \frac{U_{REF} - U_{BE}}{R} \qquad (7.22)$$

für große Stromverstärkungsfaktoren B_N ($I_C \approx I_E$).
Als Stromschalter werden zwei emittergekoppelte Transistoren verwendet. Am externen Lastwiderstand R_L fällt die Spannung

$$U_A = - W \cdot I_{LSB} \qquad (7.23)$$

ab.

Wegen großer Herstellungsschwierigkeiten der dual-gewichteten Widerstände wird ein anderes Prinzip der Wichtung verwendet. Ausgehend von Leiterwiderständen der Größe R und 2·R (= R + R) werden kettenartige Spannungsteiler gebildet. Die Grundschaltung in Verbindung mit einem Operationsverstärker zeigt Bild 7.27. Jedem Bit sind ein Umschalter und zwei Widerstände zugeordnet. Die Umschalter schalten immer nur

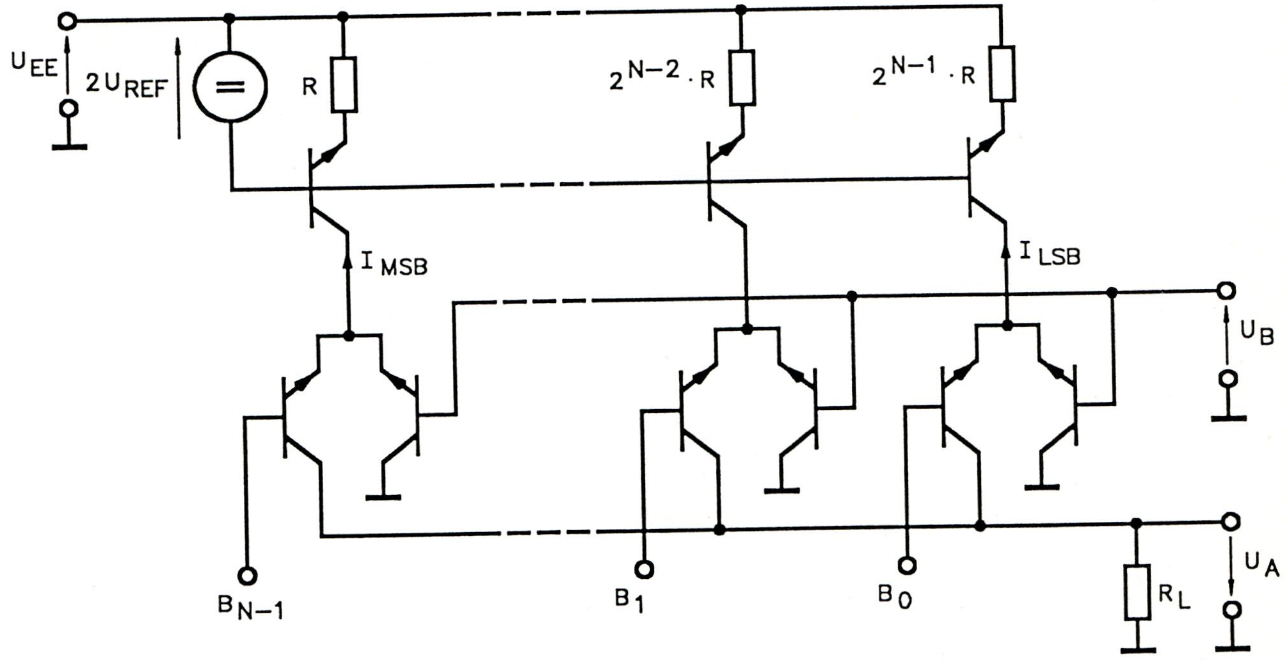

Bild 7.26. DAU mit dual-gewichteten Stromquellen in Bipolartransistortechnik

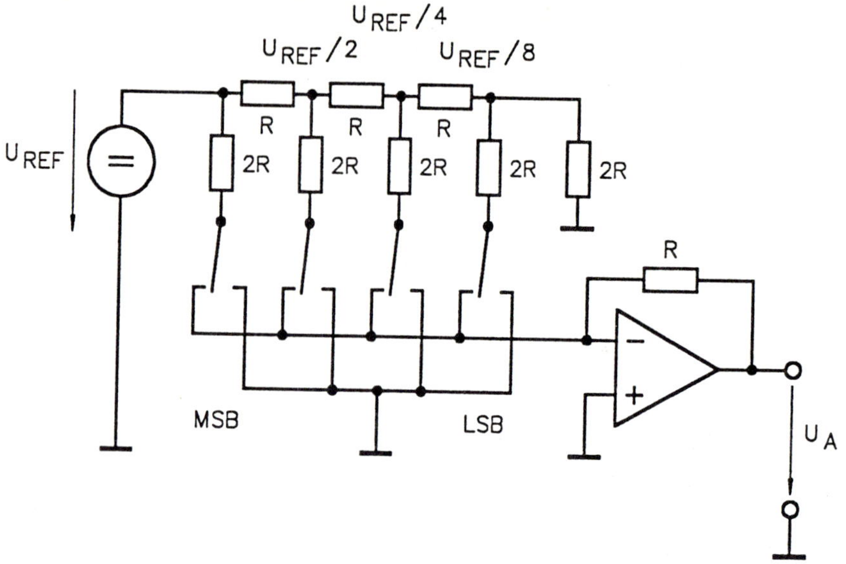

Bild 7.27. R / 2 · R-Kettenleiterschaltung mit Operationsverstärker

zwischen der Masse und der virtuellen Masse. Für die Impedanzbetrachtung liegen somit der Widerstand 2 · R beim LSB-Schalter und der daneben liegende Widerstand 2 · R, der fest gegen Masse geschaltet ist, parallel. Mit dem horizontal angeordnetem Widerstand R tritt eine Spannungsteilung mit dem Faktor 1 / 2 auf (2 · R ‖ 2 · R = R !). Betrachtet man den Spannungsknoten $U_{REF} / 2^{N-2}$, so haben alle zum Kettenende angeordneten Widerstände die Gesamtimpedanz 2 · R. Diese Betrachtung gilt für jeden Knoten. Daraus ergeben sich folgende Vorteile:

Die Belastung der Referenzspannungsquelle ist immer gleich, Quellinnenwiderstände können nicht zu Fehlern führen. Die Widerstände 2 · R werden durch Reihenschaltung von zwei Widerständen der Größe R realisiert. Dies vereinfacht die Herstellung von Widerständen mit hoher Relativgenauigkeit.

Das R / 2 · R-Kettenleiterverfahren läßt sich derart abwandeln, daß sie dual-gewichtete Widerstände wie z.B. in Bild 7.26 gezeigt, ersetzen. Eine prinzipielle Lösung zeigt das Bild 7.28.

7.4.3 D/A-Umsetzer mit Ladungssteuerung (Zählverfahren)

Es handelt sich hier um ein serielles Verfahren mit geschalteten Kondensatoren (Bild 7.29). Zwei Kondensatoren $C_1 = C_2 = C$ werden zyklisch geladen oder entladen.

Zu Beginn einer Umsetzphase sind beide Kondensatoren entladen. Im ersten Schritt der Digital/Analog-Umsetzung wird das LSB in zwei Taktzuständen verarbeitet. Im Taktzustand T_0 befindet sich der Schalter S_0 in Stellung 1, wenn das LSB = "1" ist (der

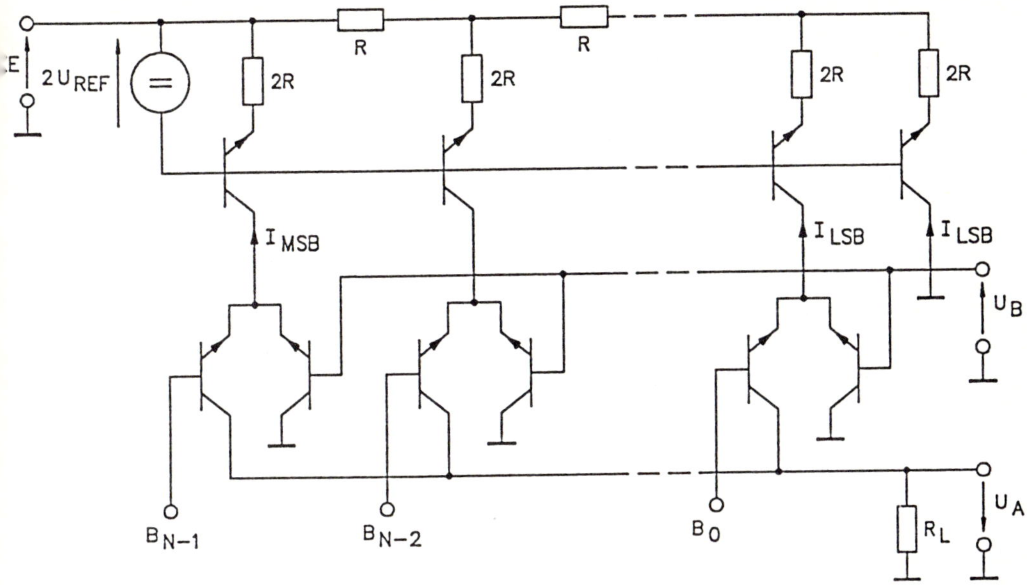

Bild 7.28. R / 2 · R-Kettenleiterschaltung mit Bipolartransistoren

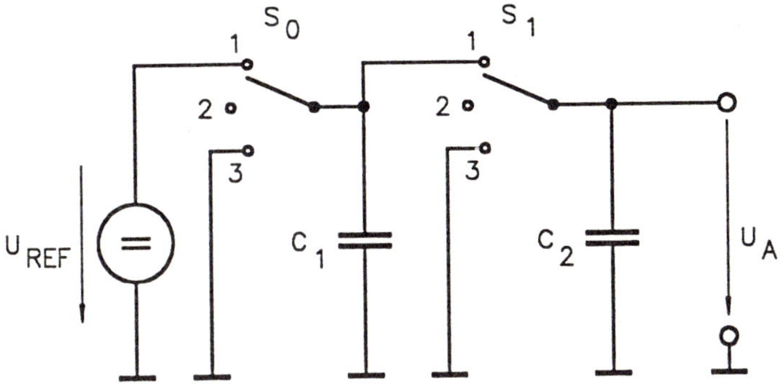

Bild 7.29. Schalter-Kondensator-DAU mit Ladungssteuerung

Kondensator wird auf U_{REF} aufgeladen) oder in Stellung 3, wenn das LSB = "0" ist. Der Schalter S_1 befindet sich in Stellung 2 und sperrt.
Im Taktzustand T_1 sperrt der Schalter S_0 (Stellung 2) und der Schalter S_1 steht in Stellung 1. Dadurch teilt sich die Ladung, die Spannung an C_1 sinkt auf die Hälfte. Bei der nächsten Taktphase wird im Taktzustand T_0 der Schalter S_0 in Stellung 1 oder 3 geschaltet. Dies führt im Taktzustand T_1 zu einem Ladungsausgleich zwischen C_1 und C_2. Durch die gesteuerten Ladungsumverteilungen stellen sich am Kondensator Spannungen

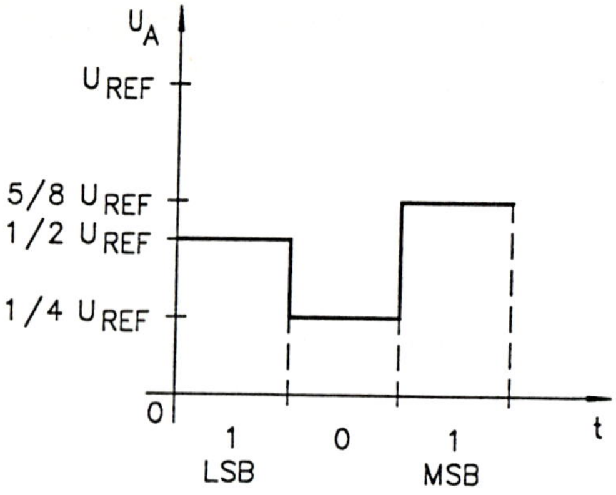

Bild 7.30. Spannungsverlauf bei einer 3-Bit-Umsetzung

$U_A = U_{C2} = Q_{C2} / C_2$ ein. Das Bild 7.30 zeigt die Spannungen U_A am Kondensator C_2 für das serielle Bitwort 101.

Vor einer Umsetzung werden die Kondensatoren über die Schalter S_0 und S_1 (in Stellung 3) entladen ("Reset").

Bei einem anderen seriellen Verfahren werden Rechteckimpulse unterschiedlicher Länge $W \cdot T_D$ bei fester Periodendauer T auf den Eingang eines RC-Tiefpasses geschaltet. Über eine Kodierschaltung werden innerhalb einer Periode der Länge $T = 2^N \cdot T_D$ für die Umsetzung der Zahl W insgesamt W Einzelimpulse der Länge T_D auf "1" = U_{REF} gesetzt. Für die Erzeugung der Einzelimpulse wird die Eingangsspannung in Abhängigkeit von W zwischen Masse und der Referenzspannung U_{REF} umgeschaltet.

Das Bild 7.31 zeigt ein Ersatzschaltbild der Schaltung.

Die Zeitkonstante der RC-Schaltung $\tau = R \cdot C$ ist viel größer als die Periodendauer T.

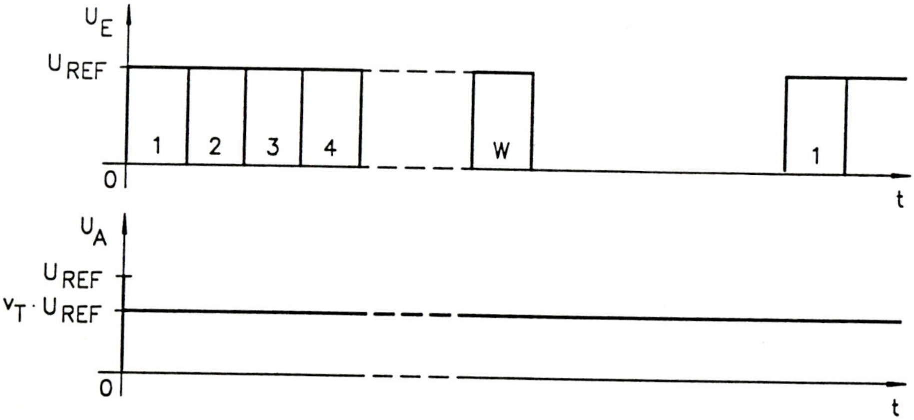

Bild 7.31. Pulsbreiten-DAU, Signale und Grundschaltung

Durch das integrierende Verhalten der RC-Schaltung ist die Ausgangsspannung proportional zum Tastgrad $v_T = W \cdot T_D / T$:

$$U_A = v_T \cdot U_{REF}. \qquad (7.24a)$$

$$= \frac{W}{2^N} \cdot U_{REF} \qquad (7.24b)$$

Digital/Analog-Umsetzer werden heute in drei Technologien hergestellt. Die ersten DAUs wurden in Bipolartechnik realisiert. Dieser für Analogschaltungen klassische Prozeß ermöglicht es, stabile Verstärker und Spannungsreferenzen mit niedrigsten Rauschwerten, kleinen Temperaturdriften und hohen Spannungspegeln herzustellen. Bipolarschaltungen arbeiten fast immer mit Stromschaltern, haben hohe Verlustleistungen und benötigen große Kristallflächen.

Die CMOS-Technik zeigt diese Nachteile nicht. Die Güte der Analogkomponenten ist bei CMOS-Schaltungen heute noch schlechter als bei Bipolarschaltungen. Dies zeigt sich besonders beim Rauschen, bei Verstärker-Offsetwerten und beim Temperaturdriftverhalten.

Durch Kombination beider Technologien lassen sich in der BICMOS-Schaltungstechnik diese Nachteile vermeiden.

Für besonders hochwertige Schaltungen wird die Hybridtechnologie verwendet. Hier werden auf einem keramischen Träger verschiedene integrierte Teilschaltungen unterschiedlicher Technologie aufgebracht. Die hohe Güte der Teilschaltungen wird nicht durch benachbarte Schaltungsteile beeinträchtigt.

7.5 Verfahren und Schaltungen der A/D-Umsetzung

Analog/Digital-Umsetzer lassen sich in vier Verfahren einteilen: Parallelumsetzung, Kaskaden-ADU, Serienumsetzung und Rampenverfahren (Zählverfahren).

7.5.1 Parallelumsetzer

Der Parallelumsetzer ("Flash converter") ist der schnellste ADU. Es werden durch Spannungsteilung $2^N - 1$ Teilreferenzspannungen erzeugt, die jeweils an einen Eingang eines Komparators gelegt werden. Der andere Eingang der Komparatoren wird gemeinsam an die unbekannte Eingangsspannung U_E gelegt. Für die Quantengröße gilt

$$U_{RQ} = U_{LSB} = \frac{U_{REF}}{2^N - 1}. \qquad (7.25)$$

Das Bild 7.32 zeigt das Prinzip eines 3-Bit-Parallel-ADU.

Auffangregister übernehmen taktgesteuert (z.B. durch die positive Taktflanke ausgelöst) die Daten der Komparatorausgänge. Liegt U_E beispielsweise zwischen $5/2 \cdot U_{REF}$ und

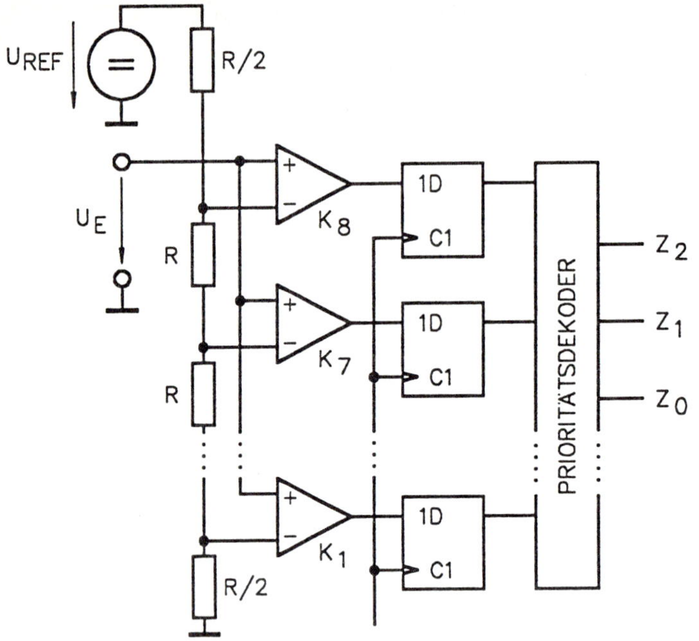

Bild 7.32. Prinzipschaltung eines 3 Bit-Parallel-ADUs

7/2 UREF, so zeigen die Ausgänge K1 bis K3 einen H-Pegel (K4 bis K7 liegen auf LOW). Die Ausgänge zeigen einen "Thermometerkode". Eine 7-zu-3-Prioritätsdekoderschaltung setzt den Thermometerkode in den Dualkode um [7.5]. Bei sehr schnellen Schaltungen werden auch einschrittige Ausgangskodierungen (Gray-Kode) verwendet.

Diese Schaltung ist extrem schnell (in Silizium-Bipolartechnik sind Abtastfrequenzen bis 500 MHz möglich, bei GaAs auch bis in den GHz-Bereich). CMOS-Umsetzer haben maximale Abtastfrequenzen von ca. 50 MHz.
Die Genauigkeit der Widerstände begrenzt die Auflösung des Umsetzers. Zur Zeit sind 8-Bit-Umsetzer der Standard. Die Herstellung von 10 Bit-Umsetzern bereitet große technologische Schwierigkeiten. Einige Hersteller führen weitere Anschlußpunkte des Spannungsteilers nach außen. Diese Knotenpunkte liegen z.B. bei 1/4 UREF, 1/2 UREF und bei 3/4 UREF.

Durch Anlegen von externen Spannungen kann der Fehler für die zugehörigen Teilreferenzspannungen eliminiert werden. Legt man diese Punkte über Kondensatoren an Masse, so lassen sich Störungen im Widerstandsleiter verringern.
Der Flächenbedarf dieser Schaltungen ist sehr groß, weil 2^N-1 Komparatoren integriert werden müssen. In Bipolartechnik besteht ein Komparator aus 15 bis 40 Transistoren.

Bei CMOS-Schaltungen werden geschaltete Komparatoren verwendet. Der Komparator besteht aus drei Schaltern (Transmission-Gates), einem Kondensator und einem Inverter (Bild 7.33).
In der Phase Φ wird das Transmission-Gate TG_1 geschlossen, die Referenzspannung U_{REF} liegt an der einen Seite des Kondensators an. Die andere Seite des Kondensators liegt auf auf $U_{IN} = U_Q = U_S$, weil TG_2 geschlossen ist (Bild 7.34).
In der Phase $\overline{\Phi}$ wird die Eingangsspannung U_E über TG_3 an den Kondensator gelegt. Die beiden anderen Schalter TG_1 und TG_2 sperren jetzt.
Es folgt für

$$U_E - U_{REF} = \Delta U_{IN} > 0 \text{ V},$$

$$U_{IN} = U_S + \Delta U_{IN} \qquad (7.26)$$

die Ausgangsspannung

$$U_{QL} = 0 \text{ V}$$

und für

$$U_E - U_{REF} = \Delta U_{IN} < 0 \text{ V},$$

$$U_{IN} = U_S - \Delta U_{IN} \qquad (7.27)$$

die Ausgangsspannung

$$U_{QH} = U_{CC}.$$

Diese Komparatorschaltung hat zwei Vorteile: sie benötigt weniger Fläche als eine Bipolarschaltung und der den Widerstandsleiter belastende Komparatoreingangsstrom tritt nur beim Umschalten auf. Durch die hohen Eingangsströme bei Bipolarkomparatoren ($I_{IN} \approx 0{,}2$ bis 1 µA) müssen die Widerstandsleiter sehr niederohmig ausgeführt werden.
Durch die Auffangregister kann auf eine analoge Abtast/Halte-Schaltung verzichtet werden.

7.5.2 Kaskaden-A/D-Umsetzer

Zur Vermeidung der großen Anzahl von Widerständen und Komparatoren werden Umsetzer halbparallel ("Semi flash converter") aufgebaut. Bei diesem Kaskadenverfahren unterscheidet man zwischen einer Grob- und Feinquantisierung (Bild 7.35).
Ein Parallel-ADU (ADU_1) wird zur Grobquantisierung für N / 2-Bits verwendet. In einem zweiten Schritt werden die N / 2- Bits an einen DAU gelegt. Die Ausgangsspannung des DAU U_{DAU} wird von der Eingangsspannung der Gesamtschaltung U_E subtrahiert. Diese Differenz $U_E - U_{DAU}$ wird einem zweiten ADU (ADU_2) mit einer Auflösung von N / 2-Bit zugeführt. Am Ausgang können die Daten des feinquantisierten ADU_2 abgenommen werden. Ein Auffangregister stellt die N-Bit-Daten zeitsynchron zur Verfügung. Während der Umsetzzeit darf sich die Eingangspannung nicht ändern. Eine Abtast/ Halte-Schaltung ist vorzusehen.
Der Vorteil dieser Schaltung liegt im Aufwand. Es werden nur $2 \cdot (2^{N/2} - 1)$ Komparatoren, ein Subtrahierer und ein N / 2 -Bit-DAU benötigt.

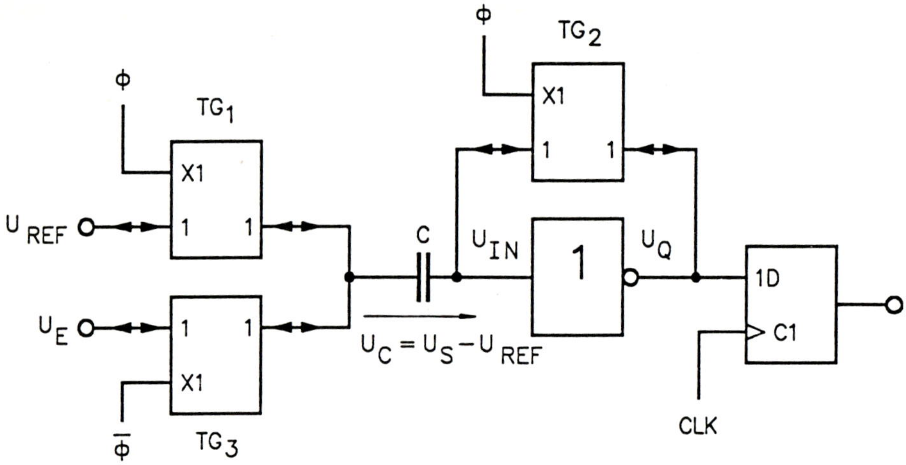

Bild 7.33. Geschalteter MOS-Komparator

Als Nachteile sind die höhere Umsetzzeit und das Auftreten von Linearitätsfehlern (z.B. nicht montones Verhalten, "missing codes") zu nennen. Zur Überwindung dieser Nachteile kann eine digitale Fehlerkorrektur mit Erhöhung der Wortbreite von ADU2 eingeführt werden. Während der Umsetzzeit des ADU2 kann ADU1 die nächste Grobquantisierung ausführen. Dieses "Pipelining" sorgt für eine Beschleunigung der Umsetzung.

Das Kaskadenverfahren ist von der Definition her ein serielles Verfahren, wird aber nicht zu dieser Klasse gezählt, weil nur maximal zwei Schritte ausgeführt werden. Bei echten seriellen Verfahren liegt die Gesamtumsetzzeit T_{ADU} zwischen

$$N \cdot T_Q \text{ und } 2^N \cdot T_Q$$

mit der Umsetzzeit für ein Bit T_Q.

7.5.3 Serielle A/D-Umsetzer

Der klassische serielle ADU arbeitet nach dem Wägeverfahren mit sukzessiver Approximation. Die Schaltung (Bild 7.36) besteht aus einer Abtast/Halte-Schaltung, einem Komparator, einem Digital/Analog-Umsetzer und einem speziellen Register zur sukzessiven Approximation ("SAR").

Bei diesem ADU wird die Eingangsspannung U_E mit der Ausgangsspannung des internen DAU U_{DAU} (W) über einen Komparator K verglichen. Zum Beginn einer Umsetzung wird die Zahl W auf Null gesetzt und das höchstwertigste Bit (MSB) auf "1" gesetzt.

Ist U_{DAU} (W) › U_E, so bleibt das MSB bei "1" (Komparatorausgang D = "0"), andernfalls (D = "1") wird es gelöscht, d.h. MSB = "0". Dieser "Wägevorgang" wird anschließend für alle niederwertigeren Bits ausgeführt. Nach Festlegung des LSB ist der Umsetzvorgang abgeschlossen. Im Register steht dualkodiert die Zahl

$$W = (Z_{N-1}, Z_{N-2}, \ldots, Z_1, Z_0),$$
$$= (\text{MSB}, \text{MSB-1}, \ldots, \text{LSB+1}, \text{LSB}).$$

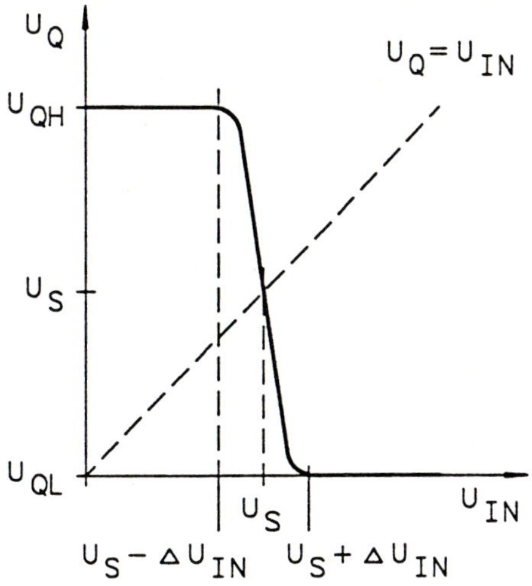

Bild 7.34. Übertragungskennlinie eines geschalteten MOS-Komparators

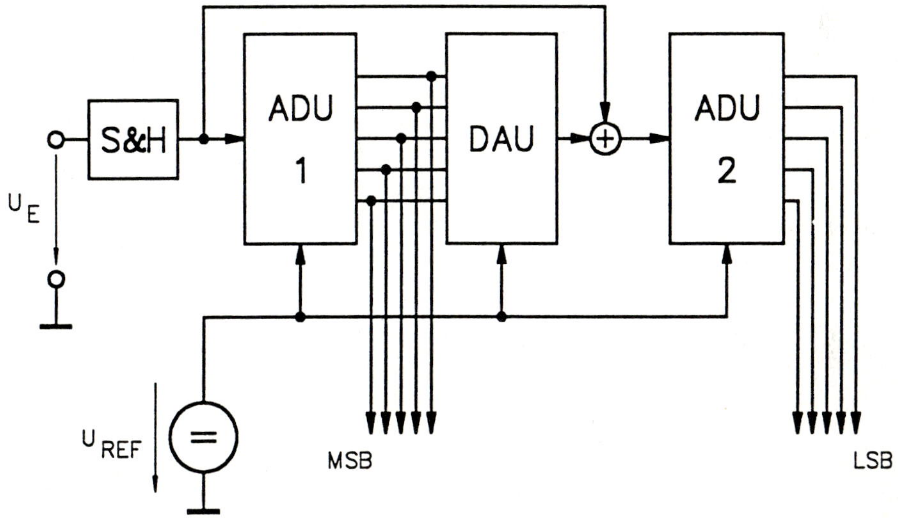

Bild 7.35. Grundschaltung des Kaskaden-ADUs

Das Bild 7.37 zeigt das Flußdiagramm für einen 3-Bit-ADU mit sukzessiver Approximation.

Den zeitlichen Verlauf der Umsetzung für einen 8-Bit-ADU bei konstanter Eingangsspannung U_E zeigt das Bild 7.38.

Ein Vorteil dieses Verfahrens liegt im geringen Schaltungsaufwand. Führt man den Wägevorgang in einem vorhandenen Mikroprozessor aus, vereinfacht sich die Umsetzerschaltung noch weiter.

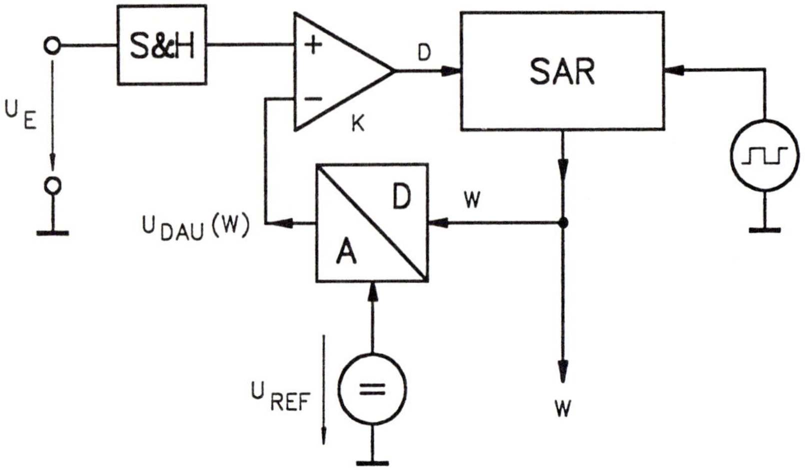

Bild 7.36. Analog/Digital-Umsetzer mit sukzessiver Approximation

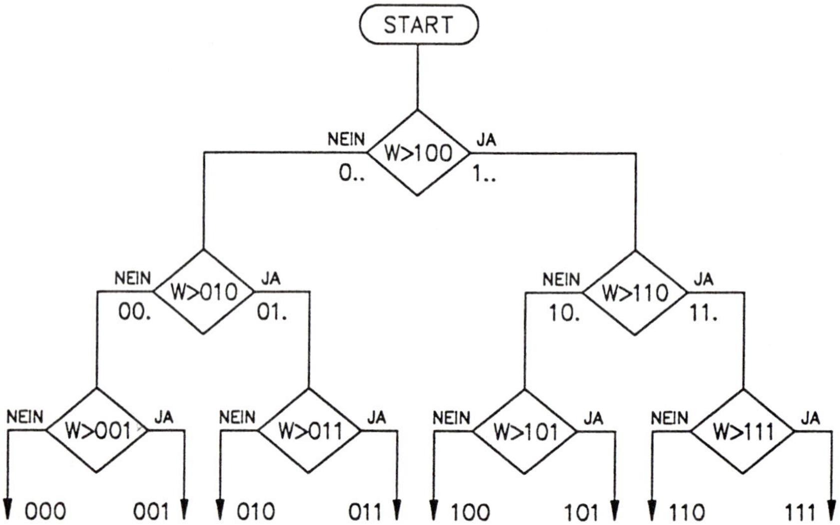

Bild 7.37. Flußdiagramm für einen 3 Bit-ADU mit sukzessiver Approximation

Die Umsetzzeit liegt bei N Taktperioden. In jeder Taktperiode wird ein Bit bestimmt. Umsetzer mit Auflösungen bis 15 Bit sind verfügbar.

Tauscht man das sukzessive Approximationsregister gegen einen Vorwärts/Rückwärts-Zähler aus, so inkrementiert oder dekrementiert der Zähler gesteuert durch den Komparatorausgang D (Bild 7.39). Durch die geschlossene Schleife folgt die Ausgangs-

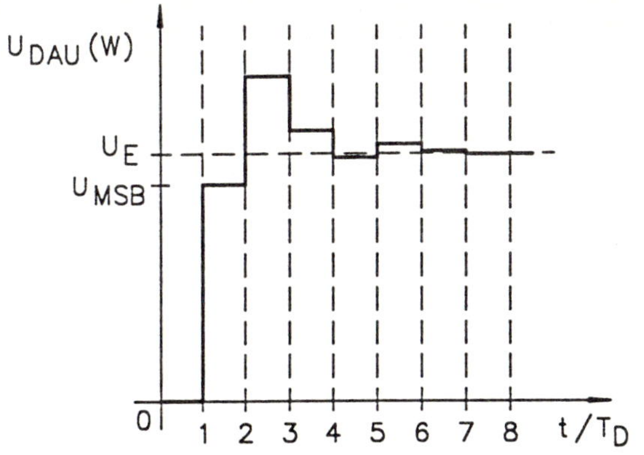

Bild 7.38. Zeitlicher Verlauf der Umsetzung bei der sukzessiven Approximation

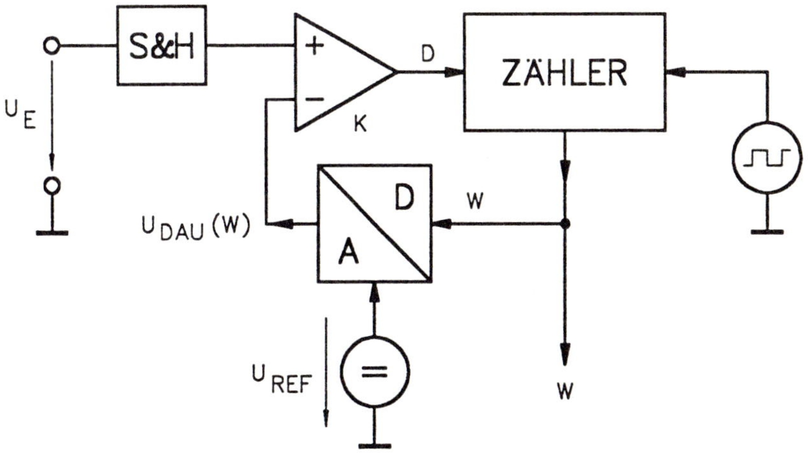

Bild 7.39. ADU nach dem Zählverfahren ("Tracking ADC")

spannung des DAU der Eingangsspannung U_E ("Tracking ADC"). Der Ausgang des Zählers führt das Datenwort.
Der Umsetzer ist extrem langsam, die Umsetzzeit ist nicht konstant und von der Höhe der Eingangsspannung abhängig. Dieses Verfahren läßt sich vorteilhaft bei digitalen Reglern einsetzen.
Dieser ADU arbeitet nach dem Zählverfahren. Durch den Zähler werden Rampen mit treppenförmiger Feinstruktur durchlaufen.

7.5.4 A/D-Umsetzer mit Rampenverfahren

Werden die Rampen analog durch Integratoren erzeugt, so spricht man von "Rampenverfahren". Das einfachste Rampenverfahren mit einer Rampe ("Single slope") vergleicht die Eingangsspannung mit einer sägezahnförmigen Rampenspannung $U_R(t)$. Es werden Impulse von einem Quarzgenerator geliefert und über ein Zähltor geleitet, das vom Zeitpunkt der Rampenspannung U_R = 0 V bis zum Erreichen einer unbekannten Eingangsspannung geöffnet ist. Die Anzahl der gezählten Impulse ist proportional der Eingangsspannung. Der Rampengenerator muß eine hohe Linearität und Langzeitstabilität aufweisen. Der Aufwand für eine analoge Integratorschaltung mit stabiler Referenzspannung zur Rampenerzeugung ist sehr hoch, diese Schaltung wird daher heute nicht mehr genutzt.

Eine andere Situation stellt sich ein, wenn man eine zweite Integrationsphase für die Eingangsspannung einführt. Dadurch kompensieren sich Langzeitstabilitätseinflüsse. Der Integrator muß nur noch in der Umsetzzeit stabil sein.
Bei dieser Doppelrampenschaltung ("Dual slope-ADC") wird die Eingangsspannung für eine feste Zeit T_1 integriert (Bild 7.40) . In der Zeit T_1 treten N_1 Impulse mit einer Taktperiodendauer T auf .

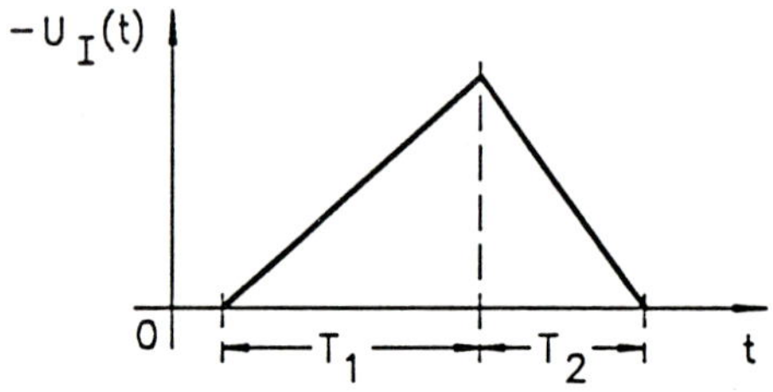

Bild 7.40. Integrationsphasen bei einem Doppelrampen-ADU

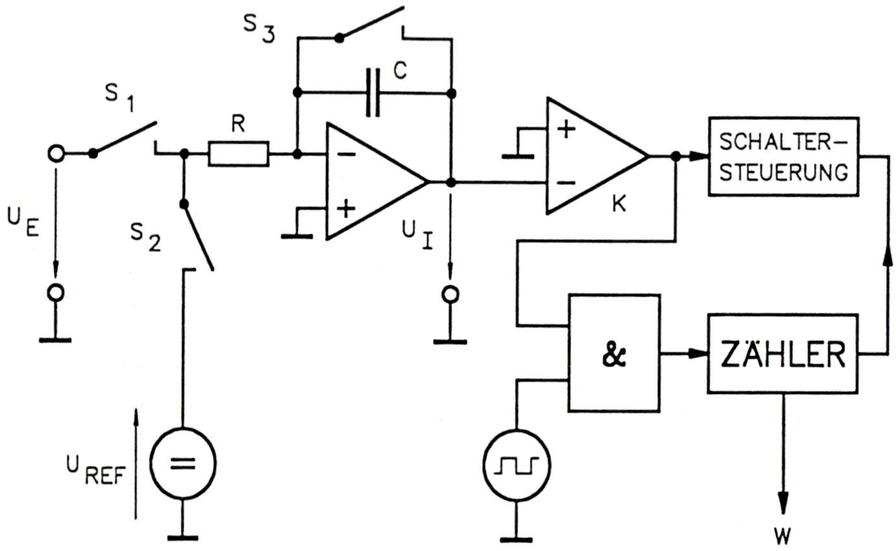

Bild 7.41. Grundschaltung eines Doppelrampen-ADUs

Anschließend wird dem Integrator anstelle der Eingangsspannung eine negative Referenzspannung zugeführt. Dadurch sinkt die Ausgangsspannung U_I des Integrators nach einer bestimmten Zeit T_2 auf 0 V, über ein Zähltor werden für diese Zeit $N_2 = T_2 / T$ Impulse gezählt. Die Schaltung zeigt Bild 7.41.
Zu Beginn der Meßphase wird der Schalter S_3 geöffnet und der Schalter S_1 geschlossen. Am Ausgang des Integrators stellt sich die Spannung

$$U_I(T_1) = -\frac{1}{R \cdot C} \int_0^{T_1} U_E(t)\, dt \qquad (7.28)$$

ein.
Bildet man den Mittelwert $\overline{U}_E$ von $U_E(T_1)$, so folgt

$$U_I(T_1) = -\frac{\overline{U}_E \cdot T_1}{R \cdot C} \qquad (7.29)$$

und für die Integration der Referenzspannung $-U_{REF}$ (S_1, S_3 geöffnet und S_2 geschlossen)

$$U_I(T_2) = -\frac{1}{R \cdot C} \int_0^{T_2} (-U_{REF})\, dt \qquad (7.30)$$

$$= \frac{U_{REF} \cdot T_2}{R \cdot C} . \qquad (7.31)$$

Mit $U_I(T_1) + U_I(T_2) = 0$ V folgt

$$\overline{U}_E = \frac{U_{REF} \cdot T_2}{T_1} , \qquad (7.32a)$$

$$= \frac{U_{REF} \cdot N_2}{N_1} . \qquad (7.32b)$$

Dieses Ergebnis zeigt, daß die Eigenschaften des Integrators wie die Zeitkonstante $R \cdot C$ und die Langzeitstabilität des Impulsgenerators nicht mit eingehen. Ein Offsetfehler des Integrators sorgt für Verfälschungen bei der Umsetzung. Diese lassen sich durch eine zusätzliche Phase für den Nullabgleich vermeiden ("Quad slope-ADC"). Die Offsetspannungen werden integriert. Die in dieser Integrationsphase gemessenen Impulse werden zur Kalibration gespeichert und von den Impulsen der Umsetzphase subtrahiert.

Legt man die feste Zeit T_1 so, daß sie einem Vielfachen der Periodendauer T_S eines periodischen Störsignales entspricht, so läßt sich die Störfrequenz stark unterdrücken. Ausgehend von sinusförmigen oder rechteckförmigen Störsignalen U_{ES} (z.B. Netzbrummen) läßt sich ein Mittelwert von

$$\overline{U}_E^{*} = \overline{U}_E + U_{ES} \cdot \sin(\omega_S \cdot t) \qquad (7.33)$$

durch Integration (Gleichung (2.2)) bilden.

Ausgehend von der Fehlerdefinition

$$F = \frac{\overline{U}_E^* - \overline{U}_E}{\overline{U}_E}$$

ergibt sich ein maximaler Fehler mit $\omega_S = 2 \cdot \pi / T_S$

$$F_{MAX} = \left| \frac{U_{ES}}{\overline{U}_E} \cdot \frac{\sin(\pi \cdot T_1 / T_S)}{\pi \cdot T_1 / T_S} \right| . \qquad (7.34)$$

Daraus folgt das Stördämpfungsmaß

$$d = 20 \cdot \log \left| \frac{\pi \cdot T_1 / T_S}{\sin(\pi \cdot T_1 / T_S)} \right| . \qquad (7.35)$$

Zur Unterdrückung von 50 Hz-Störungen muß die Integrationszeit T_1 ein ganzzahliges Vielfaches von der Störperiodendauer T_S = 20 ms sein. In der Praxis lassen sich Stördämpfungsmaße $d \approx 120$ dB erreichen.

A/D-Umsetzer nach dem Dual slope- oder Quad slope-Verfahren werden bei Digitalvoltmetern verwendet. Integrierte Umsetzer haben Auflösungen von 3 1/4 bis 4 1/2 Stellen. Diese CMOS-Bausteine (z.B. ICL 7136 / 37 und ICL / MAX 7129) müssen nur mit wenigen externen Bauelementen beschaltet werden (z.B. Eingangstiefpaß, Integrationskondensator, Abgleichteiler und Sieben-Segmentanzeige) [7.6].
Zur Erhöhung der Anzeigeauflösung können mehrere Meßwerte (z.B. 10 Werte) aufsummiert werden und durch die Anzahl der Werte geteilt werden. Durch diese Mittelwertbildung werden rechnerisch zusätzliche Stellen gewonnen.
Digitalvoltmeter mit Quad slope-Verfahren werden mit Auflösungen bis 6 1/2 Stellen hergestellt. Die Umsetzzeiten liegen im Bereich von ca. 0,3 bis 3 Sekunden.

Zur Beschleunigung der Umsetzung werden Umsetzer nach dem sog. "Triple slope"-Verfahren hergestellt. Dadurch läßt sich die Referenz-Integrationsphase T_2 verkürzen. Die Integrationszeitkonstante ist zum Beginn dieser Phase viel kürzer als bei T_1. Von einer Schwelle in der Nähe des Nulldurchganges an wird mit der ursprünglichen Integrationszeitkonstanten weiter abintegriert, um Zählfehler beim Erreichen des Nulldurchganges zu verhindern.

8 Anhang

8.1 Schaltungsberechnungen mit SPICE

SPICE ist ein universelles Simulationsprogramm zur Analyse - aber auch zur Synthese - von elektronischen Schaltungen. Dieses Programm und einige Derivate stellen heute einen internationalen Standard dar. SPICE wurde von der University of California in Berkeley entwickelt, 1972 und ab 1975 in erweiterter Form für Nutzer an Hochschulen und in der Industrie freigegeben [8.1]. Diese "Public Domain"-Versionen sorgten für eine große Verbreitung des Programms. Spezielle Fachbücher über SPICE haben dafür gesorgt, daß dieses Programm auch von vielen Studenten genutzt wird [8.2 bis 8.4].
Folgende Analysearten sind mit SPICE möglich:

nichtlineare Gleichstromanalysen,
Einschwinganalysen,
Fourieranalysen,
Wechselstrom-Kleinsignalanalysen,
Verzerrungsanalysen,
Rauschanalysen,
Temperaturanalysen und
Parametervariationen.

Folgende Schaltelemente lassen sich mit festgelegten Kennbuchstaben in SPICE nutzen:

Widerstände R,
Kapazitäten C,
Induktivitäten L,
gekoppelte Induktivitäten K,
verlustlose Leitungen T,
spannungsgesteuerte Stromquellen G,
spannungsgesteuerte Spannungsquellen E,
stromgesteuerte Stromquellen F,
stromgesteuerte Spannnungsquellen H,
unabhängige Spannungsquellen V,
unabhängige Stromquellen I,
Dioden D,
Bipolartransistoren Q,

Sperrschicht-Feldeffekttransistoren J,
MOS-Transistoren M und
Teilschaltungen ("Sub-Circuits") als Makromodelle X.

Die passiven Schaltelemente und die gesteuerten Quellen können linear oder nichtlinear sein. Das nichtlineare Verhalten wird durch ein Polynom angegeben.
Die Quellen können Gleichquellen (DC) oder Wechselstromquellen (AC) sein oder durch Kennwörter zeitabhängig programmiert werden:
Pulsquelle PULSE,
Sinusquelle (gedämpfte Schwingung) SIN,
Exponentialquelle EXP,
Polygonquelle (aus linearen Teilstücken) PWL und
frequenzmodulierte Sinusquelle.

Bei den Halbleitern sind P- und N-leitende Elemente zugelassen.
Das Arbeiten mit Teilschaltungen ist sinnvoll, wenn die Teilschaltung häufig benutzt wird.

Jedes Schaltelement einer Schaltung wird bei SPICE in der Eingabedatei durch den Kennbuchstaben und eine weitere Bezeichnung benannt, gefolgt von den Nummern der Knotenpunkte in der Schaltung, mit denen es verbunden ist. Es folgt der Wert des Schaltelementes und eventuelle Nebenbedingungen.

Bei Halbleitern folgt den Knotenbezeichnungen ein frei wählbarer Modellname, der in einer .MODEL-Anweisung wieder auftritt, in der das Halbleiterbauelement genauer spezifiziert wird.
Dem Modellnamen folgen Kennbuchstaben, die folgende Bauelemente charakterisieren:

D	Dioden,
NPN	NPN-Transistoren,
PNP	PNP-Transistoren,
NJF	N-Kanal-Sperrschicht-Feldeffekttransistoren,
PJF	P-Kanal-Sperrschicht-Feldeffekttransistoren,
NMOS	N-Kanal-MOS-Feldeffekttransistoren,
PMOS	P-Kanal-MOS-Feldeffekttransistoren.

Der Vorteil der .MODEL-Anweisung liegt darin, daß Bauelemente eines bestimmten Typs, die mehrfach in einer Schaltung vorkommen, nur einmal spezifiziert werden müssen.

Es können beliebige lineare und nichtlineare Schaltungen mit den genannten Eigenschaften berechnet werden. Die Art der Analyse wird durch eine Steueranweisung spezifiziert.
Eine Steueranweisung beginnt wie die .MODEL-Anweisung mit einem Punkt, gefolgt von einem Kennwort. Folgende Analysearten sind möglich:

.OP	Gleichstromarbeitspunkt
.DC	Gleichstromkennlinie
.TF	Gleichstromkleinsignalparameter

.SENS	Gleichstromempfindlichkeit
.NODE(SET)	Gleichstromanfangsbedingungen
.TR(AN)	Einschwinganalyse
.IC	Anfangsbedingungen für die Einschwinganalyse
.FOUR	Fourieranalyse
.AC	Wechselstromkleinsignalanalyse
.DISTO	Kleinsignalverzerrungsanalyse
.NOISE	Kleinsignalrauschanalyse
.TEMP	Temperaturanalyse

Die Derivate von SPICE wie PSPICE von MicroSim (Thomatronik, [8.5]), ISSPICE von INTUSOFT [8.6], Analog Workbench von Valid Logic Systems und ASPICE von Ruff [8.7] lassen durch Pre- und Postprozessoren und über Monte-Carlo-Analysen schematische Eingaben zu, ermöglichen statistische Berechnungen mit Grenzwertbetrachtungen und liefern grafisch aufbereitete Dokumente.
In der Vergangenheit wurden mittlere und große Rechner für SPICE-Berechnungen verwendet. Durch den Einsatz leistungsfähiger Personal Computer mit mathematischen Koprozessoren läßt sich heute SPICE an jedem Arbeitsplatz nutzen. Die SPICE-Derivate sind auf IBM- und kompatiblen PCs und teilweise auf Apple Macintosh-Rechnern lauffähig. Das Programm ASPICE ist eine spezielle Version für ATARI ST-Rechner.

8.2 Modelldaten für SPICE

In diesem Abschnitt findet man für verschiedene Schaltungen SPICE-Programme mit Modelldaten. Mit Hilfe dieser Daten und eigener, die von speziellen Programmen geliefert werden (z.B. "Parts" bei PSPICE [8.5]), lassen sich Schaltungen berechnen.

Halbleiterhersteller und Softwarehäuser, die SPICE-Derivate herstellen, vertreiben ganze Bauelementbibliotheken.
Bei Operationsverstärkern werden von vielen Herstellern Makromodelle angeboten [8.8 und 8.9], die aus einem Modell des Verstärkers μA 741 abgeleitet worden sind [8.10 und 8.11].

Für folgende Schaltungen sind SPICE-Programme abgedruckt [8.5, 8.12 und 8.13]:

1. TTL-NAND-Gatter 7400,
2. MOS-Inverter mit 4007-Einzel-MOSFETs,
3. CMOS-Schmitt-Trigger,
4. Optokoppler CNY 17.

1. TTL-NAND-Gatter 7400:

```
* 2-INPUT TTL NAND GATE
.SUBCKT X7400 1 2 3 7 14
```

```
Q0 5 4 1 QA
Q1 5 4 2 QA
Q2 6 5 8 QB
Q3 9 6 10 QB
Q4 3 8 7 QC
D1 7 1 DS
D2 7 2 DS
D3 10 3 DS
R1 4 14 4K
R2 6 14 1.6K
R3 8 7 1K
R4 9 14 130
.MODEL QA NPN (BF=50 BR=0.02 RB=30 RC=10 IS=10F VAF=50
+ TF=0.1N TR=3N CJS=0.8P CJE=0.5P CJC=0.7P VJC=0.85 VJE=0.85)
.MODEL QB NPN (BF=50 BR=1 RB=10 RC=7 IS=10F VAF=50
+ TF=0.1N TR=3N CJS=0.8P CJE=0.5P CJC=0.7P VJC=0.85 VJE=0.85)
.MODEL QC NPN (BF=30 BR=0.2 RB=10 RC=5 IS=16F VAF=50
+ TF=0.44N TR=21N CJS=1P CJE=0.5P CJC=1P VJC=0.85 VJE=0.85)
.MODEL DS D (RS=20 IS=10F TT=0.1N CJO=0.5P)
.ENDS X7400
```

2. MOS-Inverter mit 4007-Einzel-MOSFETs:

```
* CMOS-INVERTER WITH 4007 NMOS AND PMOS TRANSISTORS
M1 3 1 2 3 MP L=5.5U W=360U
M2 2 1 0 0 MN L=5.5U W=360U
.MODEL MP PMOS LEVEL=1 VTO=-1.8 KP=12U TOX=110N LAMBDA=16.2M
+ GAMMA=0.5 RD=5M RS=5M IS=1F PB=0.65
.MODEL MN NMOS LEVEL=1 VTO=1.6 KP=12U TOX=110N LAMBDA=40M
+ GAMMA=2.1 RD=5M RS=5M IS=1F PB=0.65
.END
```

3. CMOS-Schmitt-Trigger:

```
* CMOS-SCHMITT-TRIGGER ONLY ST PART WITHOUT BUFFER CLOAD=10PF
.SUBCKT X40106 1 2 7 14
M1 3 1 7 7 MN L=5.5U W=5.5U
M2 2 1 3 7 MN L=5.5U W=14U
M3 14 2 3 7 MN L=5.5U W=16.5U
M4 14 1 4 14 MP L=5.5U W=5.5U
M5 4 1 2 14 MP L=5.5U W=14U
M6 4 2 7 14 MP L=5.5U W= 16.5U
CL 2 7 10P
.MODEL MN NMOS VTO=1 KP=25U GAMMA=0.37
```

```
.MODEL MP PMOS VTO=-1 KP=10U GAMMA=0.4
.ENDS
```

4. Optokoppler CNY 17-1:

```
* CNY 17-1 OPTOISOLATOR MODEL
* USAGE: XNAME A K C B E XCNY 17-1
*                 LED PHOTO-
*                      TRANSISTOR
.SUBCKT XCNY17-1 1 2 3 4 5
D1 1 10 DCNY17
VSENSE 10 2 DC 0.0
* FC GAIN = CTR/BETA
FC 3 4 VSENSE 1.0M
QC 3 4 5 QCNY17
CCB 3 4 8.5P
CBE 4 5 11P
CCE 3 5 6.8P
.MODEL DCNY17 D (IS=7.161E-21 RS=3.938 EG=1.43 BV=6 IBV=100U
+ CJO=40P TT=5N)
.MODEL QCNY 17 NPN (BF=550)
.ENDS CNY17-1
```

Bei allen Beispielen fehlen Angaben der Versorgungsspannungen, der Eingangsstimuli, der Analyseart und der Ausgabe.

Für das Beispiel des CMOS-Inverters sind bei der Berechnung der Schaltzeiten folgende Angaben zusätzlich in das Programm aufzunehmen:

```
VDD 3 0 DC 5VOLTS
VS 1 0 DC PULSE (0 5 1NS 1PS 1PS 20NS)
CL 2 0 30P
.TRAN 1NS 100NS
.PLOT TRAN V(2)
```

Literaturverzeichnis

1.1 Hoefer, E. E. E.; Nielinger, H.: SPICE. Berlin: Springer 1985

1.2 Pernards, P.: Digitaltechnik, 2. Aufl. Heidelberg: Hüthig 1989

1.3 Tietze, U.; Schenk, Ch.: Halbleiter-Schaltungstechnik, 9. Aufl. Berlin: Springer 1989

2.1 Hölzler, E.; Holzwarth, H.: Pulstechnik, Band 1 und 2, 2. Aufl. Berlin: Springer 1986 und 1984

2.2 Schildt, G.-H.: Grundlagen der Impulstechnik, Stuttgart: Teubner 1987

3.1 Müller, R.: Grundlagen der Halbleiter-Elektronik, Reihe Halbleiter-Elektronik, 5. Aufl. Berlin: Springer 1987

3.2 Paul, R.: Elektronische Halbleiterbauelemente, Stuttgart: Teubner 1986

3.3 Bienert, H.: Einführung in den Entwurf und die Berechnung von Kippschaltungen, 2. Aufl. Heidelberg: Hüthig 1975

3.4 Schaller, G., Nüchel, W.: Nachrichtenverarbeitung, Band 1: Digitale Schaltkreise, Stuttgart: Teubner 1981

3.5 Schildt, G.-H.: Grundlagen der Impulstechnik, Stuttgart: Teubner 1987

3.6 Tietze, U., Schenk, Ch.: Halbleiter-Schaltungstechnik, 9. Aufl. Berlin: Springer 1989

3.7 Borucki, L.: Grundlagen der Digitaltechnik, 2. Aufl. Stuttgart: Teubner 1985

3.8 Tholl, H.: Bauelemente der Halbleiterelektronik, Teil 1 und 2, Stuttgart: Teubner 1978

3.9 Uyemura, J. P.: Fundamentals of MOS Digital Integrated Circuits, Reading: Addison-Wesley 1988

3.10 Glasser, L. A., Dobberpuhl D. W.: The Design and Analysis of VLSI Circuits, Reading: Addison-Wesley 1985

3.11 Integrierte FAST-Schaltungen, Datenbuch. Hamburg: Valvo/ Philips 1986

3.12 Integrierte TTL-Schaltungen, Datenbuch. Hamburg: Valvo/ Philips 1986

3.13 Pernards, P.: Digitaltechnik, Heidelberg: Hüthig 1989

4.1 Morris, R. L.; Miller, J. R.: Designing with TTL Integrated Circuits. New York: McGraw-Hill 1971

4.2 Tietze, U.; Schenk, Ch.: Halbleiter-Schaltungstechnik, 9. Aufl. Berlin: Springer 1989

4.3 Paul, R.: Einführung in die Mikroelektronik. Heidelberg: Hüthig 1985

4.4 Pernards, P.: Digitaltechnik, 2. Aufl. Heidelberg: Hüthig 1989

4.5 The TTL Data Book, Datenbuch Band 1 bis 3. Freising: Texas Instruments 1985 und 1987

4.6 Integrierte FAST-Schaltungen, Datenbuch. Hamburg: Valvo/Philips 1986

4.7 Schottky and Low-Power Schottky Data Book, Datenbuch. Sunnyvale, Ca.: AMD 1977

4.8 Integrierte Digitalschaltungen LOCMOS-Reihe HEF 4000 B, Datenbuch. Hamburg: Valvo/Philips 1983

4.9 Integrierte Logikschaltungen High Speed CMOS PC 74 HC/HCT..., Datenbuch. Hamburg: Valvo/Philips 1986

4.10 Advanced CMOS Logic Data Book, Datenbuch. Freising: Texas Instruments 1989

4.11 Ruge, I.: Halbleiter-Technologie, Reihe Halbleiterelektronik, 2. Aufl. Berlin: 1984

4.12 FAST Applications Handbook, Anwenderhandbuch. Fürstenfeldbruck: National Semiconductor/Fairchild 1987

4.13 F 100 K ECL Logicbook and Design Guide, Datenbuch. Fürstenfeldbruck: National Semiconductor 1989

4.14 MECL high speed integrated circuits, Datenbuch. München: Motorola

4.15 Queisser, H.: Kristallene Krisen, 2. Aufl. München: Piper 1987

4.16 Advanced CMOS Logic, Designer's Handbook, Entwicklungshandbuch. Freising: Texas Instruments 1987

4.17 Chiang, A.; Geis, M.W.; Pfeiffer, L.: Semiconductor-on-insulator and thin film transistor technology, Vol. 53. Boston, USA: MRS-Materials Research Society Symposium Proceedings, 1986

4.18 Introducing the World's Fastest Digital LSI Logic, Druckschrift. Camarillo, Ca.: Vitesse Corp. 1988

4.19 Shichijo, H.; Matyi, R.J.; Taddiken, A.H.: Co-Integration of GaAs MESFET and Si CMOS Circuits. IEEE Electron Device Letters, Vol. 9, S. 444 - 446, Sept. 1988

5.1 Linear Databook, Datenbuch Band 1 bis 3. Fürstenfeldbruck: National Semiconductor 1988

5.2 Professionelle Integrierte Analog -und Spezialschaltungen, Datenbuch Band 1 und 2. Hamburg: Valvo/ Philips 1988

5.3 Tietze, U., Schenk, Ch.: Halbleiter-Schaltungstechnik, 9. Aufl. Berlin: Springer 1989

5.4 Roberge, J. K.: Operational Amplifiers. New York: Wiley 1975

5.5 Hoefer, E.E.E., Nielinger, H.: SPICE, Berlin: Springer 1985

5.6 Jung, W.: An LT 1013 Op Amp Macromodel, Appl. Note No. 13: Milpitas: Linear Technology Corp. 1988

5.7 Bienert, H.: Einführung in den Entwurf und die Berechnung von Kippschaltungen, 2. Aufl. Heidelberg: Hüthig 1975

5.8 Uyemura, J. P.: Fundamentals of MOS Digital Integrated Circuits, Reading: Addison- Wesley 1988

5.9 Glasser, L. A., Dobberpuhl, D. W.: The Design and Analysis of VLSI Circuits, Reading: Addison-Wesley 1985

6.1 The TTL Data Book, Datenbuch Band 1 bis 3. Freising: Texas Instruments 1985 und 1987

6.2 Integrierte FAST-Schaltungen, Datenbuch. Hamburg: Valvo/Philips 1986

6.3 Integrierte Logikschaltungen High Speed CMOS PC 74 HC/HCT..., Datenbuch. Hamburg: Valvo/Philips 1986

6.4 Integrierte Digitalschaltungen LOCMOS-Reihe HEF 4000 B, Datenbuch. Hamburg: Valvo/Philips 1983

6.5 ICs für industrielle Anwendungen, Datenbuch. München: Siemens 1987/88

6.6 Blandford, D., Bishop, A.: Interfacing COS/MOS, Application Note SUN - 1109. Quickborn: RCA

6.7 F 100 K ECL Logicbook and Design Guide, Datenbuch. Fürstenfeldbruck: National Semiconductor 1989

6.8 Fleder, K.: Das Bergeron-Verfahren, Applikationsbericht EB 162. Freising: Texas Instruments 1985

6.9 Laws, D. A:, Levy, R., J.: Use of the AM 26 LS 29, 30, 31 and 32 quad driver/receiver family in the EIA RS 422 and RS 423 applications, Applikationsbericht. Sunnyvale: Advanced Micro Devices

6.10 Paul, R.: Optoelektronische Halbleiterbauelemente. Stuttgart: Teubner 1985

6.11 Optoelectronics Designer's Catalog 1988/1989, Datenbuch. Palo Alto: Hewlett Packard 1988

6.12 Optek Data Book 1989/90, Datenbuch. Carrollton: Optek 1989

6.13 Huba, G.: Verkürzung der Schaltzeiten von Standard-Optokopplern. Siemens Components, Bd. 24, Heft 5, S. 179 - 183, 1986

7.1 Hölzler, E., Holzwarth, H.: Pulstechnik, Band 1 und 2, 2. Aufl. Berlin: Springer 1986 und 1984

7.2 Schildt, G.-H.: Grundlagen der Impulstechnik, Stuttgart: Teubner 1987

7.3 Zander, H.: Datenwandler, Würzburg: Vogel und Frankfurt/Main: Frankfurter Fachverlag 1985

7.4 Sheingold, D. H. (Ed.): Analog-Digital Conversion Handbook, 3. Aufl. Englewood Cliffs: Prentice-Hall 1986

7.5 Tietze, U., Schenk, Ch.: Halbleiter-Schaltungstechnik, 9. Aufl. Berlin: Springer 1989

7.6 Data Converters and Voltage References, Maxim-Datenbuch, Bückeburg: Spezial Elektronik 1987

8.1 Nagel, L. W.: SPICE 2: A computer program to simulate semiconductor circuits. Berkeley: University of California. ERL - M520, 1975

8.2 Hoefer, E. E. E., Nielinger, H.: SPICE. Berlin: Springer 1985

8.3 Antognetti, P., Massobrio, G.: Semiconductor device modelling with SPICE. New York: Mc Graw Hill 1988

8.4 Tuinenga, P. W.: SPICE: A guide to circuit simulation and analysis using PSPICE. Englewood Cliffs: Prentice Hall 1988

8.5 PSPICE, Programmunterlagen. Irvine: MicroSim Corp. und Rosenheim: Thomatronik, H. M: Müller, Brückenstr. 1, 8200 Rosenheim

8.6 ISSPICE, Programmunterlagen. San Pedro: Intusoft, P.O. Box 6607, San Pedro, Ca. 90734

8.7 ASPICE, Programmunterlagen. Neu-Ulm: H. Ruff, Postfach 1942, 7910 Neu-Ulm

8.8 Jung, W. G.: An LT 1013 Op Amp Macromodel, Design Note No. 13. Milpitas: 1988

8.9 Buxton, J.: OP 42 Advanced SPICE macro-model, Application Note No. AN 117. Santa Clara: Precition Monolithics Inc. 1989

8.10 Boyle, G. R. et al.: Macromodelling of integrated circuit operational amplifiers. IEEE J. SSC. SC-9 (1974) 353-363

8.11 Nielinger, H.: Ein begleitendes simuliertes Labor zu einer Vorlesung "Elektronische Grundschaltungen" unter Verwendung von Makro-Modellen für Operationsverstärker. Beiträge zur Hochschuldidaktik der Fachhochschulausbildung. Abschlußbericht Furtwangen 1977

8.12 Uyemura, J. P.: Fundamentals of MOS Digital Integrated Circuits, Reading: Addison-Wesley 1988

8.13 Hageman, S. C.: Spice model handles linear optocouplers. Electronic Design News, 34 (1989), Sept. 14, 163-165

Sachverzeichnis